리모델링 사업

리모델링 총서 II

사단법인 한국리모델링협회 저

교재개편 발간사

우리나라 건설시장의 중요한 변화 중 하나는 신축 시장은 이미 성장 한계에 도달했고 이제부터는 기존 건물에 대한 대대적인 개·보수(증·개축 포함) 공사와 노후 건축물에 대한 리모델링의 역할과 필요성이 증대되고 있다. 현재 국내 리모델링 시장의 규모는 전체 건설시장의 10퍼센트에도 미치지 못하고 있지만 머지않아 30퍼센트에 육박하는 거대 시장으로 성장할 것이다. 결국 우리나라도 선진국처럼 리모델링 시장이 신축 시장보다 규모가 더 커질 것으로 전망하고 있다. 이에 따라 리모델링 정책 및 법규, 건설환경의 변화에 대응할 수 있는 리모델링 기술의 보급이 중요한 과제로 대두되었다.

포스트 코로나 시대에는 사회 전반적으로 비대면 활동을 뜻하는 언택트 현상이 가속화되었고 주거문화와 주거공간 역시 이러한 언택트 삶에 초점이 맞춰질 것이다. 건축에서도 환경·기후·도시·질병 등 복잡한 문제들을 해결하기 위한 융합적 접근이 필요하게 되어 리모델링 분야에 있어서 이러한 융합적 접근 방식의 적용이 요구되는 시점이다. 향후 우리 사회에서 건설의 역할과 기능이 변화되어 건설산업 전반에 걸쳐 총체적인 변화가 일어나게 될 것이다.

리모델링 산업의 활성화를 위해서는 사업타당성 검토, 조세·금융 지원, 제도적 장치 및 규제 완화, 부가가치 향상 등 관리 측면의 전략을 구사하는 것이 매우 중요하다. 더불어 리모델링 설계 기준 및 체크리스트 개발 같은 정량적·정성적 기술평가 방법 확립과 리모델링을 수행하는 데 필요한 공종별 리모델링 공법, 건물 성능 개선 관련 기술 개발 및 신소재에 관한 연구도 동시에 진행되어야 한다.

본서는 한국리모델링협회의 리모델링사업관리사(RMP : Remodeling project Management Professional) 자격검정시험의 교재로 채택되어 사용된 리모델링 총서 4권을 바탕으로 집필되었으며, 개편 방향은 다음과 같다.

(1) 사업관리 및 기술 분야 난이도 조정

리모델링사업관리사(RMP)는 기획·영업·조합 등을 조율하는 사업관리자의 역할에 그 취득 목적을 가지고 있으므로, 사업관리 분야는 초중급으로, 기술 분야는 초급으로 내용의 난이도를 조정하였다.

(2) 주거와 비주거 과정 구분 세분화

기존 교재 콘텐츠 구성은 주거와 비주거가 혼용되어 있어 전문성이 떨어지므로 주거와 비주거에 대한 구분을 명확히 하여 내용을 정리하였다.

(3) 콘텐츠 구성 보완

그린리모델링, 에너지 절약, 친환경 설비 등의 새로운 콘텐츠를 포함하고 사업수행에 있어서 기존 교재에서 설명이 부족하다고 제기된 항목(사업타당성, 사업비 분석, 리모델링 특화 공사 등)에 대한 충분한 설명을 보완하였다.

(4) 최신 사례 발굴 및 제시

10년 이상 오래된 예시들을 최신의 사례로 보완하여 사업 실무 지식을 쌓을 수 있도록 내용을 구성하였다.

건축물의 신축과 노후 건축물의 리모델링은 학문적으로나 실무적으로 다를 뿐만 아니라 접근 방법도 판이하다. 따라서 신축공사에 대한 내용으로 편성되어 있는 기존 건축학과의 교과목으로는 진정한 리모델링 기술자를 양성 배출하기 어려우므로, 가능한 한 여러 대학에 리모델링 전문 기술자 양성을 위한 학과 신설과 리모델링 현장기술자로서 갖춰야 할 기술과 실무지식을 습득할 수 있는 교육과정 개발, 그리고 리모델링 사업 전문가 자격증 제도의 신설이 필요하다. 본서는 이들 교육목표에 부응할 수 있도록 각 교과목별 교수요목과 강의계획서의 콘텐츠를 구성하고 그에 따라 리모델링 기술자로서 소양을 기를 수 있도록 필요한 내용을 구성하였다.

비록 작은 출발이지만 리모델링 사업관리 전문가 교육과정과 자격검정 시험제도를 통해서 우수한 리모델링 사업 전문가가 양성되고, 본서를 통해 리모델링 기술의 전문지식을 체계화시키고 개선된 리모델링 기술을 널리 보급하여 국내 리모델링 산업 발전에 도움이 되었으면 한다.

2024년 2월

사단법인 한국리모델링협회

회 장 김 학 겸

감 수 차 정 윤

총괄집필위원 임 호 진

차 례 CONTENTS

제 1 장

리모델링 사업과 부동산개발

1. 리모델링 시장과 부동산 개발시장 전망
2. 국내 리모델링 사업과 건설사업 영역 확장
3. 기존 건축물의 노후 수명과 리모델링 사업전망
4. 개발형 리모델링 사업과 사업추진 전략

1. 리모델링 시장과 부동산 개발시장 전망

1.1 국내 리모델링 시장의 성장규모와 전망

1.1.1 국내 리모델링 시장의 향후 성장 전망

국내 리모델링 시장은 성능개선과 개·보수 시장 위주로서 초기단계에 있다고 볼 수 있다. 앞으로는 국내 리모델링 시장도 성장 가능성이 높으며 일본 리모델링 시장과 유사한 흐름으로 진행될 것으로 전망된다. 일본과 한국은 상대적으로 짧은 기간에 산업화를 이루었고 아직까지도 신축에 대한 수요가 상대적으로 높으나 앞으로는 리모델링 수요가 점차 증가할 것으로 본다.

1.1.2 국내 리모델링 사업의 시장 성장 전망

1) 노후 건축물의 재고 증가

우리나라는 전후 30~40년간 고도의 성장기 및 저성장, 성숙기를 거쳐 오면서 엄청난 건축물 재고를 축적해 왔다. 재고 건축물의 축적은 단순히 건물의 재고가 늘어나는 것만을 의미하지 않으며 노후 건축물이 동시에 늘어난다는 것을 의미한다.

2) 고밀도 공동주택 재건축의 사업성 한계

일반적으로 재건축이 가능한 아파트 용적률의 상한선은 약 200% 정도로 보고 있다. 또한 재건축시 임대주택 의무건립과 초과이익 환수제로 초과이익을 반납하고 나면 사업성이 낮아지기 때문이다.

3) 건물의 사회적 노후화

리모델링 수요가 증가하는 것은 단순히 건축물이 물리적으로 노후화되고 있기 때문만은 아니다. 건축물은 물리적 노후화뿐만 아니라 사회적으로도 노후화되고 있다. 즉 건축물에 대한 사회적 요구기능이 빠르게 증가함에 따라 리모델링의 필요성도 동시에 급증하고 있다. 이러한 현상은 포스트코로나로 다양한 공간 활용에 대한 사회적 요구가 대두되고 있는데 기인하기도 한다.

4) 재건축에 비해 비용절감

리모델링 시장의 성장요인으로 경제적 측면을 들지 않을 수 없다. 아무리 필요성이 높다 하더라도 경제적 실현 가능성이 낮으면 사업으로 활성화되기 어렵다. 건물 소유자 입장에서 보면 리모델링은 재건축에 비해 적은 비용 투입을 요구한다. 통상적으로 리모델링은 신축에 비하여 1/3 내지 1/2 정도의 비용이 투입된다.

5) 정부의 정책적 지원 강화

리모델링 사업이 활성화될 수 있는 요인으로 정부의 정책적 지원이 강화되고 있다. 정부의 주택 또는 건설 관련 정책은 앞으로 기존의 양적 공급 확대 정책 못지않게 질적 유지관리와 개선을 동시에 중시하는 방향으로 바뀔 전망이다. 리모델링과 관련된 정책 지원이나 개선방안으로는 조세 및 금융상의 지원, 건축규제 완화, 리모델링 발주 및 산업정책 등의 세 가지가 있다.

1.2 국내 기존 노후 공동주택 현황과 규모 추이

1.2.1 국내 공동주택 2010년 기준 현황과 규모 추이

2010년 기준의 아파트 총 가구수는 860만 호(15년 경과된 아파트는 300만 호)이다. 15년을 경과한 아파트는 2011년 기준 310만 호, 2012년 기준 400만 가구, 2016년 기준은 500만 호이며, 서울시의 경우는 15년 경과된 아파트는 60만 호로 전체 아파트의 42%를 차지하고 있다(표 1.1 참조).

시기별 전국 아파트의 연평균 리모델링 시장규모 추이는 다음 표와 같다. 전국적으로는 2005~2009년 중 15% 실시 가정시 연평균 증축은 8,900억원, 대수선은 3,000억원 내외이다. 2015년~2020년은 40% 가정 시 연평균 증축 4,200억원, 대수선 6조 1,500억원 내외이다(표 1.2 참조).

표 1.1 15년 경과된 공동주택 현황과 규모 추이

구분		전국	수도권			광역시	지방
			계	서울특별시	경기도		
총세대수(2011년)		8,116,650	3,575,756	1,427,394	2,148,362	2,332,893	2,208,001
15년 경과된 주택수	2011년	3,098,208	1,269,187	603,031	666,156	1,011,562	817,459
	2012년	3,470,050	1,393,503	642,244	751,259	1,137,612	938,935
	2013년	3,903,303	1,564,802	703,798	861,004	1,269,919	1,068,582
	2014년	4,294,745	1,704,674	760,020	944,654	1,383,751	1,206,320
	2015년	4,663,117	1,879,715	841,906	1,037,809	1,474,974	1,308,428
	2020년	6,242,653	2,745,185	1,168,838	1,576,347	1,813,448	1,684,020
	2025년	7,819,025	3,424,730	1,391,470	2,033,260	2,257,663	2,136,632

표 1.2 시기별 전국 아파트의 연평균 리모델링 시장규모 추이 (단위 : 억원)

구분		15% 실시	25% 실시	40% 실시
2005~2009년	증축 리모델링	8,900	11,800	23,700
	대수선 리모델링	3,000	5,000	8,000
	계	11,900	16,800	31,700
2010~2014년	증축 리모델링	5,300	9,000	14,300
	대수선 리모델링	16,100	27,000	43,100
	계	21,400	36,000	57,400
2015~2019년	증축 리모델링	1,500	2,600	4,200
	대수선 리모델링	23,100	38,400	61,500
	계	24,600	41,000	65,700

주 : 리모델링 시장규모 추정방법 - 한국리모델링협회 연구논문 자료
- 리모델링 시장 규모(금액기준) = 대상 아파트 세대수×아파트 평균평수×평당 리모델링 단가
- 해당 유형의 아파트가 해당 기간에 리모델링을 실시하는 것으로 가정
- 재고 아파트 평균평수 : 21.2평

자료 : 공동주택 리모델링 시장전망과 활성화를 위한 정책방안, 윤영선, 2005, 세미나 자료, 한국리모델링협회

1.2.2 국내 2021년 기준 전체 주택 중 공동주택 비중 78.3%, 아파트 비중 63.3%

통계청은 최근 '2021년 인구주택총조사 결과(등록센서스 방식, 2021. 11. 1. 기준)'를 발표했다. 통계청 2021년 인구주택총조사에서 전체 주택 중 공동주택이 차지하는 비율이 78.3%이고 전체 일반가구 중 공동주택에 거주하는 가구가 63.3%를 차지하는 것으로

나타났다.

2021년 총 주택은 1,881만 호로 전년 대비 1.5%(29만호) 증가했다. 이 중 공동주택은 1,473만 호로 전년 대비 2.2%(31만호) 증가했으며, 전체 주택 중 78.3%를 차지했다. 공동주택은 아파트 1,195만 호(63.5%), 연립·다세대 278만 호(14.8%)를 합친 수치다. 아파트는 전년 대비 증가율이 2.5%(29만호)로 공동주택 중 가장 크게 증가했다. 전체 공동주택 중 아파트가 차지하는 비율은 81%였다. 단독주택은 387만 호로 전체 주택 중 20.6%를 차지하고 전년 대비 0.7%(-3만호) 감소한 것으로 나타났다. 비 거주용 건물 내 주택(주거용 면적보다 영업용 면적이 넓은 주택)은 21만 호로 전체 1.1% 수준이었다. 또 5년 전 대비 공동주택과 비 거주용 건물 내 주택은 각각 17.6%, 5.5% 증가하고 단독주택은 2.4% 감소했다. 시도별 주택종류 별 주택 비율을 살펴보면 전남과 제주는 단독주택의 비율이 각각 49.3%, 38.8%로 아파트 비율보다 높고, 나머지 15개 시도는 아파트의 비율이 가장 높았다. 아파트 비율은 세종(86.5%), 광주(80.8%), 대전(74.5%) 순으로 높고, 제주(31.8%)가 가장 낮았다. 단독주택 비율이 가장 낮은 시도는 인천(9.0%)이었다.

노후기간이 20년 이상 된 주택은 총 주택의 50.2%, 30년 이상 된 주택은 21.1%였다. 공동주택은 ▲아파트 43.9%, 11.3% ▲연립·다세대 42.6%, 17.7%로 20년 이상 된 곳이 86.5%, 30년 이상 된 곳이 29%였다.

표 1.3 국내 주택 종류별 구성 비율(2021년 기준) (단위 : 천 가구, % %p)

거치 종류		2016년	2016년	2016년	2016년	2016년	2016년	전년 대비	
								증감	증감률
가구	일반가구(계)	19,368	19,674	19,979	20,343	20,927	21,448	522	2.5
	단독주택	6,640	6,549	6,415	6,312	6,354	6,350	-4	-0.1
	아파트	9,422	9,671	10,013	10,405	10,780	11,138	357	3.3
	연립/다세대	2,219	2,269	2,312	2,339	2,387	2,446	59	2.5
	비거주용건물 내 주택	316	327	319	318	316	319	3	1.0
	주택이외 거처	770	858	920	969	1,089	1,195	106	9.7
구성비	일반가구(계)	100.0	100.0	100.0	100.0	100.0	100.0	-	-
	단독주택	34.3	33.3	32.1	31.0	30.4	29.6	-0.8	-
	아파트	48.6	49.2	50.1	51.1	51.5	51.9	0.4	-
	연립/다세대	11.5	11.5	11.6	11.5	11.4	11.4	-0.0	-
	비거주용건물 내 주택	1.6	1.7	1.6	1.6	1.5	1.5	-0.0	-
	주택이외 거처	4.0	4.4	4.6	4.8	5.2	5.6	0.4	-

거처종류별 일반가구[자료 제공=통계청]

2021년 총 가구는 2,202만 가구로 전년 대비 2.5%(54만 가구) 증가했다. 이 중 일반가구(친족가구, 비친족가구, 1인가구)는 총 가구의 97.4%(2,145만 가구), 기타 가구(외국인 가구 및 집단 가구)는 2.6%(57만 가구)를 차지했다. 거처 종류별로 보면 일반가구 2,145만 가구 중 아파트에 거주하는 가구가 전년 대비 0.4%p 증가한 51.9%(1114만 가구)로 가장 많고 단독주택 29.6%(635만 가구), 연립 · 다세대(244만 가구) 11.4% 순이었다.

아파트와 연립 · 다세대를 합친 공동주택 거주 가구는 총 1,358만 가구로 전체 일반가구의 63.3%를 차지하였다.

1.2.3 한국의 급속한 도시성장과 공동주택 급격한 노후화 속도

한국의 도시성장 외국에 비해 짧은 기간에 급속한 도시성장의 결과 도시의 노후화 또한 급격하게 진행되고 있으며, 특히 전체 주택의 62,3%를 차지하는 아파트의 노후화가 가장 큰 문제점으로 지적되고 있다. 외국과 한국의 60년 동안 도시의 증가속도를 비교해보면 다음과 같다.

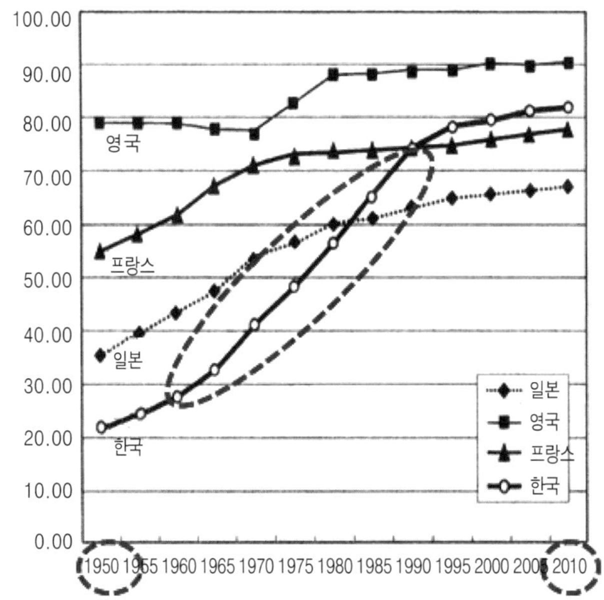

그림 1.1 너무 가파른 한국 도시성장 속도 비교

1.2.4 건설산업(건설/부동산)과 도시개발정책의 패러다임 변화

1) 건설산업(건설/부동산)의 패러다임 변화

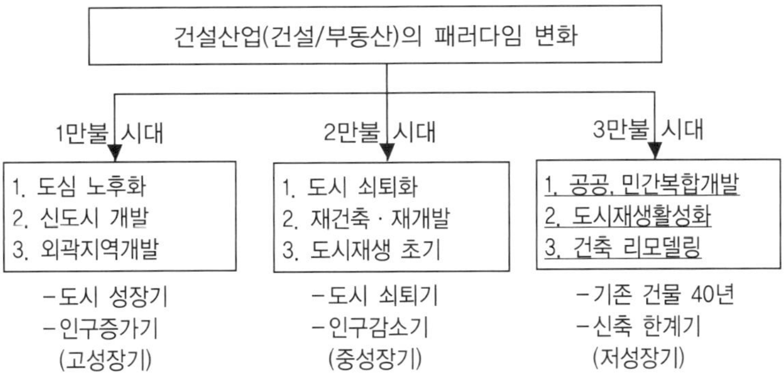

2) 시대별 건설산업과 도시개발 정책의 변화

도시인구 집중 및 신시가지 확대	신도시 개발 및 도시확장 지속	재건축 · 재개발 도시정비사업	도시재생 및 소규모 주택정비사업
1980~1985 (도시화율 57%)	1990~1995 (도시화율 80%)	2000~2005 (도시화율 88%)	2010~2020 (도시화율 90%)
국민소득 2천~3천 불	국민소득 7천~1만 불	국민소득 1만~2만 불	국민소득 2만~3만 천불

1.3 국내 부동산 시장 구조 분석과 전망

1.3.1 부동산 시장의 구조

1) 부동산 시장의 두 가지 기능(공간시장 · 자산시장)

부동산 시장의 기능은 크게 두 가지로 나눌 수 있는데, ㉠ 공간서비스 제공에 대한 수요와 공급에 의해 임대료가 결정되는 공간시장(임대시장)과 ㉡ 부동산 자체의 수요와 공급에 의해 부동산 가격이 결정되고 부동산의 매입과 매각이 이루어지는 자산시장 구조로 나눌 수 있다.

2) 공간시장과 자산시장의 상호관계

공간시장에서 공간에 대한 수요와 공급에 의해 임대료가 결정되면, 자산시장에서 가격이 결정된다.

자산시장에서 가격이 결정되면, 부동산개발업이나 건설업에서 신규 부동산 개발규모가 결정된다. 개발이 완료되면, 공간시장에서 공간의 공급량이 바뀌게 되고, 이것은 다시금 임대료를 변화시킨다.

결국 공간시장은 직접적으로 자산시장에 영향을 미치고, 자산시장은 부동산 개발시장을 통해 간접적으로 공간시장에 영향을 미친다.

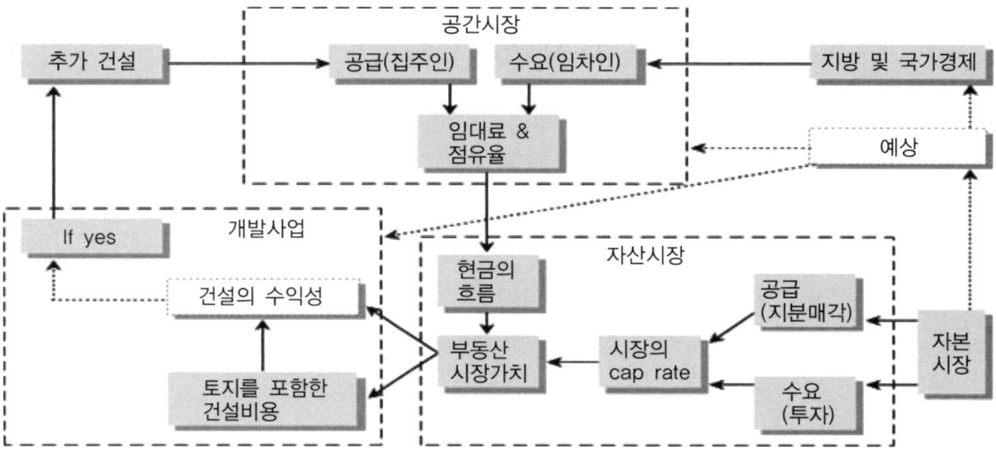

그림 1.2 부동산 자산시장의 구조

1.3.2 부동산 시장의 분류

1) 공간시장(Space Market)이란?

부동산 공간시장(Space Market)이란 토지 또는 건물과 같은 부동산 그 자체를 위한 시장으로 부동산의 공간서비스에 대한 수요와 공급에 의해 임대료가 결정되는 임대시장(Rental Market) 또는 부동산 이용시장(Usage Market)이라고도 한다.

2) 자산시장(Asset Market)이란?

부동산 자산시장(Asset Market)이란 부동산에 관련된 자산의 현금흐름과 관련된 시장으로 부동산 자체에 대한 수요와 공급에 의해 부동산의 가격이 결정되어 부동산의 매입과 매각이 이루어지는 시장을 말한다.

3) 개발시장이란?

부동산 개발시장은 공간시장과 자산시장의 동시적 균형을 위해 두 시장의 수요와 공급을 연결해주는 시장이다. 즉 개발시장은 신규 공급량과 재고시장에서 멸실량의 증감 변동에 따라 공간시장, 자산시장, 개발시장이 동시에 균형상태에 있을 수 있도록 부동산 시장 전체의 수요, 공급을 조율할 수 있는 시장이다.

4) 재고시장이란?

개발시장에서 신규공급량과 재고시장에서 멸실량의 증감변동에 따라 재고량의 증감이 결정되며 재고량의 증감은 공간서비스 증감량을 초래하여 공간시장에서 임대료변동과 자산시장에서 가격변동을 초래하게 된다.

1.3.3 공간시장과 자산시장의 동시적 균형과 개발시장

부동산 시장은 공간시장과 자산시장, 그리고 이 두 시장을 연결해주는 부동산 개발시장으로 구성되어 있다. 또한 공간시장, 자산시장, 개발시장은 동시적으로 균형을 이룬 상태인 경우 부동산 시장 전체가 균형 상태에 있을 수 있다. 즉 공간시장이 불균형 상태라면 자산시장과 개발시장이 균형 상태에 있다 하더라도 공간시장에서 임대료가 변하기 때문에 균형을 이루지 못할 수 있다. 예를 들어, 부동산 개발업에서 신규로 개발된 공간규모와 재고 부동산 중에서 멸실되어 사라진 공간규모가 일치하게 되면 공간시장에서 임대료는 더 이상 변하지 않게 된다. 이런 상황을 부동산 시장의 동시적 균형이라 한다.

1.3.4 부동산 시장의 순환 사이클

부동산시장은 단기는 3~4년, 장기는 10년 주기로 성장, 후퇴, 하향, 회복을 반복한다.

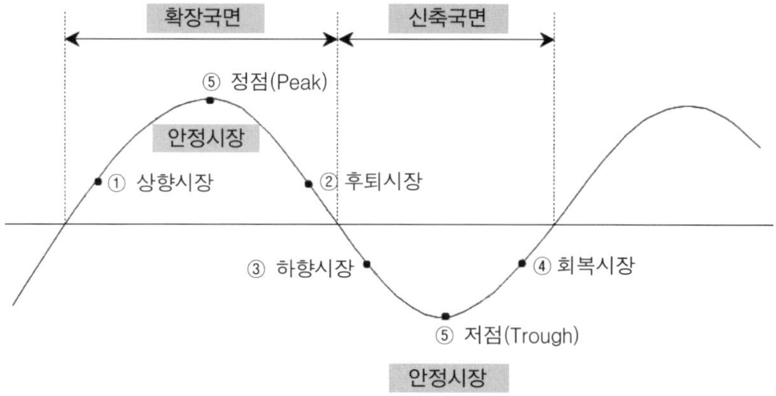

1) 순환 단계별 경기내용

순환 단계	경 기 내 용
1. 상향시장 (호황기)	1) 정점을 지나 하락가능성을 내포하고 있는 시기임 2) 거래 활발, 부동산 가격 상승시기임 3) 시중금리가 낮고 공실률이 최소화 시기임
2. 후퇴시장 (하락기)	1) 부동산 가격상승이 중단되고 급반전하여 하락하기 시작하는 시기임 2) 거래 한산, 부동산 가격 하락이 예고되는 시기임 3) 금리가 높고 여유자금 부족시기임
3. 하향시장 (불황기)	1) 부동산 가격이 하락하고 거래가 한산한 시기임 2) 시중금리가 높고 공실률이 높은 시기임 3) 저점을 지나 부동산 가격 상승을 내포하고 있는 시기임
4. 회복시장	1) 가격하락이 중단되고 가격상승의 반전이 시작되는 시기임 2) 거래가 활기를 띠고 금리가 낮고 여유자금이 생기는 시기임 3) 지속적인 가격상승이 예고되고 투자심리가 작용하는 시기임
5. 안정시장	1) 부동산 가격이 가볍게 상승하고 안정한 시기임 2) 장래 부동산예측이 가능하고 불황에 강한 부동산시기임

1.3.5 국내 부동산 시장과 자산 시장 분석 전망

1) 벌집모형을 활용한 국내 부동산 시장 분석

① 벌집모형 시장 분석이란 거시경제의 예측에 따른 주택거래량 변화와 주택공급 시차로 인한 수급불일치에 따른 주택가격 변화를 동시에 나타내는 모형으로, 6개 국면으로 구분하여 시장을 분석하는 것을 말한다.

② 6개 국면 순환주기 : 보통 10~12년

③ 1개 국면 주기 : 1.5~2년

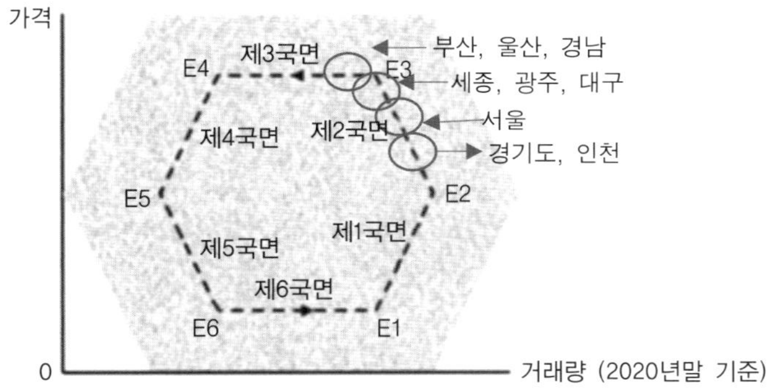

표 1.4 2012년 기준 국내 지역별 시장 분석

시장 국면	시장 지표	가격 지표	거래량 지표
1국면 (E1-E2)	회복기	증가 ↑	증가 ↑
2국면 (E2-E3)	활황기	증가 ↑	감소 ↓
3국면 (E3-E4)	침체 진입기	보합 →	감소 ↓
4국면 (E4-E5)	침체기	감소 ↓	감소 ↓
5국면 (E5-E6)	불황기	감소 ↓	증가 ↑
6국면 (E6-E1)	회복 진입기	보합 →	증가 ↑

2. 국내 리모델링 사업과 건설사업 영역 확장

2.1 도시 생애주기와 국내 도시의 시대별 성장과 노후화

2.1.1 도시 생애주기

도시 생애주기는 어떤 지역이 물리, 사회, 경제기능을 다하기까지 성쇠현상을 나타내는 연한을 말한다. 도시 생애주기에 의하면 도시는 시간이 흐름에 따라 성장기, 성숙기, 쇠퇴기, 천이기, 악화기를 거친다.

2.1.2 도시 생애주기 흐름

도시 생애주기 흐름은 다음 표와 같다. 성장기에는 신도시 개발 등을 통한 신규공급 및 지가상승이 일어나고 성숙기와 쇠퇴기에는 신규 공급이 부족해지고 리모델링과 임대수요가 증가한다. 천이기에는 재개발, 재건축이 일어나고 악화기에는 도시재생이 일어난다.

국내 도시의 시대별 성장과 노후화는 시작기, 성장기, 성숙기, 쇠퇴기로 구분해 볼 수 있다. 국내 도시는 2010년 쇠퇴기를 거쳐 천이기(과도기)와 악화기 사로 볼 수 있으며 각 시대별 내용은 다음과 같다.

표 1.5 도시 생애주기 흐름 및 국내도시 생애주기

도시단계	수명내용	수명주기	수급관리	국내도시
1. 성장기	• 신도시 개발시기의 전형적인 양상 • 지역 내 새로운 지역기능 형성 시기 • 지가가 상승하고 투기현상 발생 시기	15~20년	• 신규공급 • 지가상승	1970 ~1980년대
2. 성숙기	• 지가의 가벼운 상승과 안정 시기 • 부동산 가격이나 지역기능의 절정기	20~30년	• 신규공급 부족 • 리모델링 • 임대수요	1990년대
3. 쇠퇴기	• 지가의 하락 • 건물의 경제적 내용년수 경과 노후화 • 재개발 → 새로운 성장기 잠재시기			2000년대 초반
4. 천이기	• 지가상승의 현상이 나타나는 시기 • 이주민의 손바뀜이 활발한 시기 • 재개발 → 새로운 성장기	30~60년	• 재개발, 재건축	2000년대 중반
5. 악화기	• 개발되지 않으면 슬럼화되는 시기 • 건물의 물리적 내용년수 경과 시기 • 지역주민의 사회·경제적 수준 최저시기		• 도시재생	2015년 이후

국내도시(시작기)	국내주거 1.0(성장기)	국내주거 2.0(성숙기)	국내주거 3.0(쇠퇴기)
1970~1980년대 극심한 주택부족 시대	1980~1990년대 절대적 주택부족 시대	2000~2010년대 상대적 주택부족 시대	2010년대 이후 주택공급 과잉 시대
- 산업화 시작기 - 산업도시화 시대	- 도시 신축기 - 신도시 개발 시대 - 대가구 주택구조(4~5명)	- 도심 복원기 - 재건축, 재개발 시대 - 주택보급률 100%(2002년)	- 도시 재생기 - 리모델링 시대 - 주택가구 분화(1~2명)

2.2 국내 건설사업의 영역 확장

2.2.1 건설사업의 시장영역 확장

건설사업의 시장영역 확장이란 종전의 신축 위주의 양적 공급 위주에서 벗어나 유지, 보수, 관리, 서비스 차원의 건설 사업의 종합개발영역 확대를 말하는 것이다. 건물의 라이프사이클은 다음 표 1.6과 같이 기획 · 설계, 건설, 운영관리, 리모델링이나 매각의 단계를 거친다.

특히 건물 생애비용(LCC : Life Cycle Cost)에서 유지관리운영비(운영관리)가 차지하는 비중은 83.2% 정도이며, 이를 절감할 수 있는 대안으로 리모델링이 새로운 시장영역으로 고려될 필요가 있다. 운영관리가 고품질로 될 경우에는 건물의 가치 · 수익이 증대할 수 있지만 부실관리될 경우에는 가치 및 수익이 저하될 수 있다. 임대 유지관리 영역의 세부 사업 영역별 목표는 다음 표와 같다.

표 1.6 건물의 라이프사이클

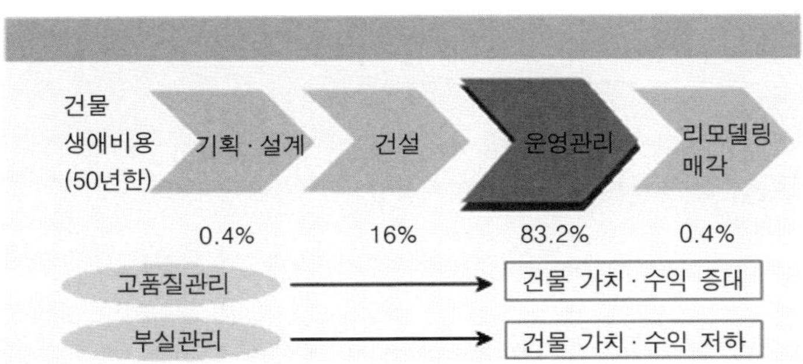

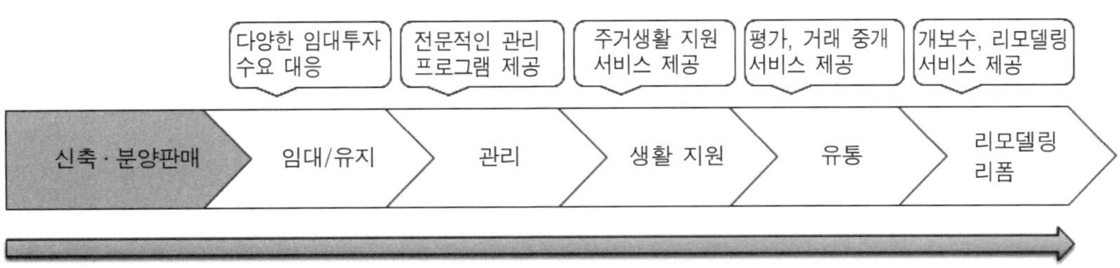

임대 유지관리의 영역 확대

2.2.2 주택건설 영역을 넘어 임대관리·중고주택 리모델링 가치 제고

우리나라 건설사업은 기존의 신축 중심의 주택건설 및 판매에서 다양한 분야로 확대될 필요가 있다. 이에 다음 그림과 같이 주거생활 가치 제고, 주거환경 가치 제고, 중고주택 가치 제고 등의 분야로 영역을 확대하는 것을 고려해볼 필요가 있다.

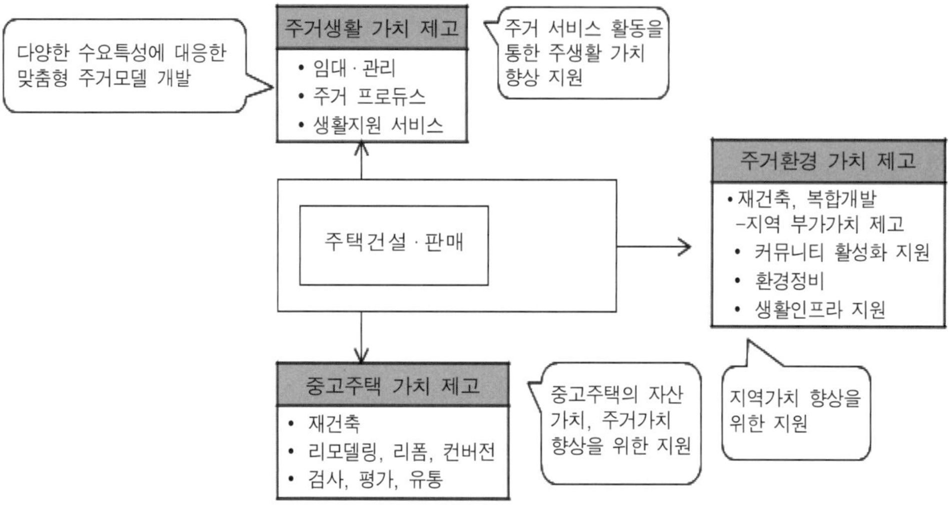

2.2.3 건설시장의 양적 성장 한계

우리나라 건설시장 중 많은 비중을 차지했던 주택시장은 주택 보급률이 100%를 상회하고, 인구가 감소하는 등 장기적으로 주택수요 감소가 예측됨에 따라 양적 성장의 한계가 도래하였다.

즉 기존의 신도시 등 택지개발을 통한 대량의 주택 공급과 같은 양적 성장의 필요성이 감소하고 기존 주택이 노후화됨에 따라 유지 및 개보수 리모델링, 재건축, 재개발, 도시재생과 같은 사업의 필요성이 증가되고 있다고 볼 수 있다.

2.3 해외 리모델링 사업영역과 범위

2.3.1 일본 리모델링의 특징과 사업영역

공동주택 리모델링시 주거면적 확대한 사례는 흔치 않으며, 발코니를 활용하여 면적을 확대하거나 엘리베이터 설치를 위해 외부에 덧붙이는 공법을 활용한다.

① 주거면적 증축 - 발코니 외부에 증축 부분을 덧붙이는 공법으로 주거면적을 확장 또는 철거하는 부분은 거의 없다.

② 발코니 실내화 - 발코니를 실내화 하여 주거면적으로 활용하는 방법으로 철거 부분은 거의 없다.

③ 엘리베이터 증축 - 복도식 및 계단식 아파트 모두 엘리베이터를 기존 건물에 덧붙이는 공법을 적용하며 철거하는 부분은 거의 없다

2.3.2 프랑스 리모델링의 특징과 사업영역

공동주택 리모델링 경우는 부엌을 확장하고 별도의 발코니를 추가적으로 설치하고 있으나, 대부분 철거 없이 덧붙이는 공법을 활용한다.

① 주거면적 증축 - 강재를 사용 기존 구조물에 덧붙이는 공법으로 부엌을 확장하나 철거하는 부분 거의 없다.

② 발코니 증축 - 발코니 또한 강재를 사용하여 기존 구조물에 덧붙이는 공법을 사용하며, 철거하는 부분 거의 없다.

2.3.3 독일 리모델링의 특징과 사업영역

공동주택 리모델링 경우는 발코니를 추가적으로 설치하고 있으나 대부분 철거 없이 덧붙이는 공법을 활용한다.

① 발코니 증축 - PC판 및 경량 철골 등을 이용하여 덧붙이는 공법을 사용하며, 대부분 철거하는 부분은 거의 없다.

② 엘리베이터 증축 - 복도식 및 계단식 아파트 모두 엘리베이터를 기존 건물에 덧붙이는 공법을 적용하며, 철거하는 부분은 거의 없다.

2.4 친환경, 생태적 도시재생 리모델링 전망

건축물에서 발생하는 에너지는 국가 전체 에너지의 1/3, 자원소비의 40%, 이산화탄소 배출의 50%, 폐기물의 40%를 발생시킨다. 이에 친환경, 생태적 리모델링의 요구가 높다. 일반 리모델링과 친환경, 생태적 리모델링을 비교하면 다음 표와 같다. 주요목적, 건축재료, 주이용 에너지원, 건축외관 개선, 에너지 절약 등에서 차이가 있다.

요약하면 친환경 리모델링은 친환경 생활 문화로 건축물에 대한 환경문제와 에너지 문화를 동시에 해결하는 리모델링을 말하며 수자원 전략, 자연생태 보전, 옥상조경, 태양열 이용, 단열시스템, 설비시스템, 재활용 유지관리 등이 있다. 생태적 리모델링은 기존 건물에 대한 지속성뿐만 아니라 주변환경 조건과의 생명체로서 지속성을 유지하고 자원을 유용하게 이용하고 환경부하를 최소화하기 위한 리모델링을 말한다. 패시브 솔라 시스템, 우수이용, 쓰레기 처리시설 등이 있다.

표 1.7 일반 리모델링과 친환경, 생태적 리모델링 비교

구분	일반 리모델링	친환경, 생태적 리모델링
1. 주요 목적	• 주거기능의 개선 • 설비 및 시설의 노후화 개선	• 주거기능 및 설비의 노후화 개선에 있어서 환경부하 최소화, 자연과의 접촉 최소화
2. 건축재료	• 용도에 따른 일반재료의 사용	• 거주지의 안녕 및 건강에 미치는 효과 고려 • 재생 가능성 및 재활용 가능성 • 재료와 이용의 적절성 • 가급적 해당 지역에서 생산되는 재료 사용
3. 주이용 에너지원	• 동력, 전력에너지	• 자연에너지 최대 이용
4. 건축외관 개선	• 페인팅, 마감재료의 교체 외벽단열재 부착 • 외벽 개구부 재계획 등	• 벽면녹화 등의 식물소재를 이용한 에너지절감 효과 및 자연의 도입
5. 에너지절약	• 건물이 지어졌을 당시보다 효율이 우수한 기기나 에너지 성능이 좋은 설비시설로 대체	• 남향에 면한 공기의 선룸(sunroom)화 • 자연외기에 면한 공간의 발코니 설치 및 접착공법에 의한 이중창 설치 • 밝은 색채로 마감 • 외벽 개선시 외벽단열재 시공

3. 기존 건축물의 노후 수명과 리모델링 사업전망

3.1 건축물의 물리적 수명과 사회적 수명

3.1.1 건축물의 물리적 수명이란?

콘크리트구조물이 물리적으로 견딜 수 있는 구조적인 수명을 말한다.

1) 콘크리트구조물의 법적 수명 산정기준

콘크리트구조물은 시간이 경과하여 오랜 기간이 지나게 되면 대기 중의 탄산가스(CO_2)와 화학반응을 일으켜 알칼리성을 잃고 산성화되어 콘크리트 속의 철근을 부식시킴으로써 콘크리트가 균열하여 물리적 수명을 다하게 된다.

따라서 대기 중의 CO_2가 콘크리트 피복두께(보통 3cm)를 뚫고 철근까지 도달하여 부식시킬 때까지의 시간으로 콘크리트구조물의 수명을 산정하고 있다. 보통 구조적 수명은 60~100년으로 보고 있다.

예) <u>콘크리트 피복두께 : 3cm인 경우 - 60년 수명</u>
<u>4cm인 경우 - 100년 수명</u>

2) 콘크리트 탄산화와 철근부식

콘크리트는 원래 강알칼리성($Ca(OH)_2$)인데 대기 중의 탄산가스와 CO_2와 만나게 되어 탄산화하게 되면 철근을 부식시키고 팽창하게 되어 콘크리트가 균열하여 수명을 다하게 되는 현상을 말한다.

3) CO_2에 의한 피해

① CO_2는 산소(O_2)의 반대말로 지구의 오존층을 파괴하여 전 세계에 이상기후 변화를 발생시킨다.

② CO_2를 밀폐공간(차량 안)에서 일정량 이상 사람이 흡입하게 되면 사망하게 된다.

③ 콘크리트구조물도 CO_2를 침투시켜 일정 시간이 경과하면 탄산화되어 수명을 다하게 된다.

4) 콘크리트 구조물 법적 내구수명

구분	수명 내용	비고
1. 구조적 수명	• 콘크리트구조물의 구조적 내력 수명 • 수명년수 : 60~100년	• 콘크리트 피복두께에 의한 구조물 수명 기준 - 피복두께 3cm 경우 : 약 60년 - 피복두께 4cm 경우 : 약 100년 ※ 물시멘트비(w/c) 60% 미만시
2. 사회적 수명 (기능적 수명)	• 콘크리트구조물의 사회적·기능적 수명 • 수명년수 : 30년(재건축 연수 기준)	
3. 경제적 수명	• 콘크리트구조물의 경제성 산출시 수명 • 수명년수 : 40년(감정평가법/법인세법 근거)	

※ 콘크리트구조물의 수명은 CO_2 침입에 의한 콘크리트 탄산화로 철근이 부식되는 연한으로 기준을 정하고 있다.

5) 각국의 아파트 예상 수명

영국	미국	프랑스	독일	일본	한국
121년	103년	86년	79년	30년	23~40년

3.1.2 건축물의 사회적 수명이란?

1) 건축물의 내부기능 저하

건축물의 사회적 수명이란 시대변화와 사회적 요구성능이 높아짐에 따라 건축물 내부의 기능, 즉 전기설비, 마감재 등의 수명이 다하여 교체·수선하기 위한 수명을 말하며, 일반적으로 15~25년으로 보고 있다.

2) 설비기기 및 마감재의 수명(수선)주기(일본)

공종	수선 항목	최소년수	최대년수	평균년수	표준편차
1. 전기설비	간선(幹線)	8	30	16.5	6.3
	옥내배선	20	30	25.0	3.5
2. 급배수 설비	옥내급수관	12	30	20.7	3.7
	옥외급수관	12	27	21.4	5.0
	옥내배수관	15	30	24.1	4.4
	옥외배수관	15	40	26.0	8.5
3. 외장	모르타르 바름	9	25	19.6	4.9
	타일붙임	9	60	40.3	17.2
	외벽마감 도장재	7	25	15.4	7.4
4. 옥상 방수	아스팔트방수	10	30	18.3	5.6
	시트(sheet)방수	13	20	17.7	4.0

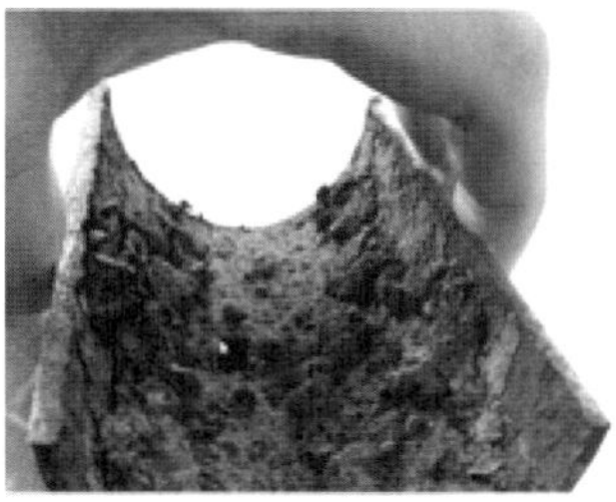
급수배관(백강관)

난방배관(백강관)

오 · 배수관(백강관)

3.1.3 건축물의 기능적 수명과 리모델링 시기

1) 건축물의 기능적 수명이란?

건축물의 구조적 수명(60~100년)이 많이 남아 있는데도 불구하고 이를 헐고 재건축하는 것은 국가적 손실이면서 폐기물에 의한 환경피해가 많으므로 구조체는 그대로 두고 내부 설비 마감재만 수선하여 성능을 높이기 위한 수명기준을 말한다.

2) 국내 신도시 아파트의 수명과 리모델링 시기

(2023년 기준)

구분	내 용
1. 초기 신도시 개발 (1980년 중반~1990년 초)	1) 5개 신시가지 개발 : 목동, 개포동, 상계동, 과천, 안산 2) 경과년수 : 33~43년 경과
2. 제1기 신도시 개발 (1991~1997년)	1) 5개 신도시 개발 : 분당, 평촌, 일산, 중동, 산본 2) 경과년수 : 26~32년 경과
3. 재건축, 재개발 호황기 (2002~2008년)	1) 서울 및 수도권 2) 경과년수 : 15~21년

3.2 아파트 구조형태별 특성과 리모델링 사업성 분석

3.2.1 70년대 아파트 구조(A형 리모델링 형태)

항목	내 용
1. 구조설계(라멘구조)	• 기둥과 보를 일체화하여 골조를 만들어 건물을 구성한 구조
2. 장 · 단점	• 기둥과 보의 라멘구조로 층고(3m)가 높고 내부는 조적식 칸막이 벽체의 철거로 가변성이 우수한 구조 • 내 · 외장 마감재의 변경 가능

항목	내 용
3. 리모델링 가능 여부	• 내부 조적 칸막이 벽체 철거 후 다양한 형태의 설계평면 변경이 용이하여 전면 리모델링 가능
4. 사업성 분석	• 리모델링 사업성이 가장 유리한 구조형태로 리모델링 후의 사업 효과가 가장 크다고 볼 수 있다. 예) 방배동 궁전아파트(쌍용)

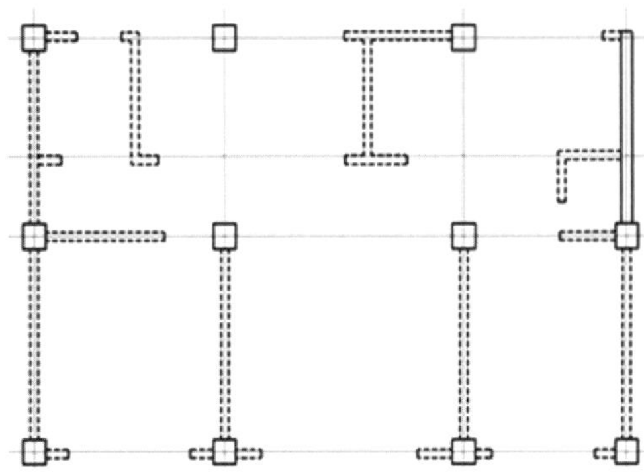

그림 1.3 A형 아파트 구조형태

3.2.2 80년대 아파트 구조(B형 리모델링 형태)

항목	내 용
1. 구조설계(부분 벽식구조)	• 기둥과 보 없이 가로벽과 바닥만으로 건물을 구성한 구조
2. 장 · 단점	• 층고를 낮게 하여 높은 건물의 시공이 가능하고 내부평면 변경의 한계는 있지만 가변성이 용이함
3. 리모델링 가능 여부	• 종방향의 벽식 구조로 내부평면 변경의 한계는 있지만 전면 리모델링이 가능함
4. 사업성 분석	• 70년대 구조보다는 사업성이 조금 떨어지나 리모델링 후의 사업효과는 크다고 볼 수 있다. 예) 서초동 삼호아파트(삼성)

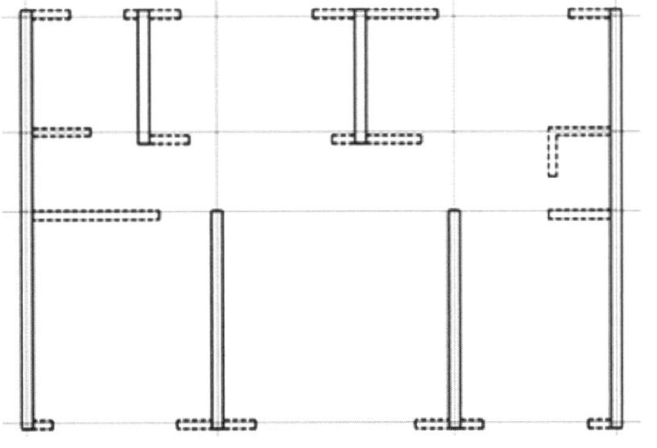

그림 1.4 B형 아파트 구조형태

3.2.3 90년대 아파트 구조(C형 리모델링 형태)

항목	내 용
1. 구조설계(전체 벽식구조)	• 기둥과 보 없이 가로, 세로벽과 바닥만으로 건물을 구성한 구조
2. 장 · 단점	• 최소 층고(2.6m), 시공 용이, 수평하중 저항성 우수 • 내부칸막이 마감공정은 감소되지만 수직 · 수평의 내력벽을 배치하므로 내부평면의 가변성이 없음
3. 리모델링 가능 여부	• 수직 · 수평의 내력벽구조로 평면의 가변성이 없어 전면 리모델링시 내력벽의 부분 철거 후 구조보수 · 보강이 필요하므로 공사비가 증가하여 유지관리형 리모델링이 권장됨
4. 사업성 분석	• 90년대 이후의 아파트 구조에서 투자수단의 리모델링은 선택적으로 이루어지고, 유지관리형의 리모델링은 사업성이 거의 없는 형태이므로 국가의 간접적 지원(세제, 금융 등)이 필요한 리모델링이라고 봄

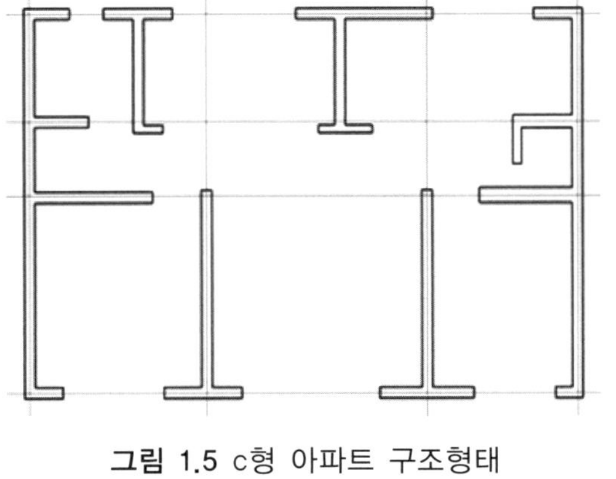

그림 1.5 c형 아파트 구조형태

3.3 공동주택 리모델링 유형별 특성과 사업추진 방안

3.3.1 공동주택 리모델링 사업유형별 특성과 방안

구분	리모델링 설계방법	리모델링 변경내용	적용 평형	장 · 단점
1. 대수선형	전용면적 증가 없이 설비교체, 내부마감 변경, 부대복리시설 및 주차장 설치	• 내부구조 변경 • 추가 발코니 설치 • 설비교체 • 내진구조 보강	30평형대 (계단형)	• 주거만족도 부족 • 저렴한 공사비 • 공사기간 단축 • 전용면적 미흡
2. 증축형	전용면적 증가와 설비 교체, 내부마감 변경, 부대복리시설 및 주차장 신설 • 전용면적 85㎡ 이상 : 30% 증축 • 전용면적 85㎡ 미만 : 40% 증축	• 전용면적 증가 • 복도식 → 계단실형 • 설비교체 • 내진구조 보강	20~30평형대 (복도형)	• 주거만족도 높음 • 내진보강 용이 • 높은 공사비 부담
3. 세대 구분형 (멀티형)	전용면적 증가와 임대세대 증설, 설비교체, 내부마감 변경, 부대복리시설 및 주차장 신설	• 전용면적 증가 • 세대구분 • 설비교체 • 내진구조 보강	40평형대	• 1~2인 가구 임대 가능 • 대형 평형 유리 • 수익창출 가능 • 주차문제 발생

3.3.2 수직증축형 리모델링 관련법 개정내용(2014.4.25 시행)

<table>
<tr><td>1. 수직증축 허용범위</td><td colspan="3">14층 이하 2층, 15층 이상은 3층까지 가능
(기존에는 수평증축, 별동증축만 허용)</td></tr>
<tr><td>2. 일반 분양비율 확대</td><td>전체 세대수 10% → 15%</td><td>용적률</td><td>2종의 경우 300%까지 가능</td></tr>
<tr><td>3. 구조안전성 검토 강화</td><td colspan="3">건축심의와 사업계획 승인 때 전문기관에서 구조설계에 대한 안전성 검토 2회 실시</td></tr>
<tr><td>4. 세대당 늘릴 수 있는 면적</td><td colspan="3">• 85㎡ 이하 : 기존의 40%
• 85㎡ 초과 : 기존의 30%</td></tr>
<tr><td>5. 세대분리형 가능 범위</td><td colspan="3">• 전체 가구수의 1/3까지 허용
• 900세대 단지의 경우 300세대까지 가구분리 가능
• 전용면적 100㎡, 아파트의 경우 50㎡, 두 채로 가구분할 가능 (1세대 임대 가능)</td></tr>
</table>

3.3.3 수직증축형 리모델링 구조안전성 확보

1) 증축형 리모델링의 안전진단

1차 안전진단이 샘플로 조사하는 것이라면, 2차 안전진단은 거의 전수조사 개념으로 보면 된다. 전체 아파트 구조에 대한 조사를 실시하여 검토하고, 검토내용과 기초, 파일 부분까지 테스트한다. 파일 테스트는 기초를 드러내야 하기 때문에 일부를 철거해 줘야 한다. 이러한 과정을 거쳐 2차 안전진단을 시행하고 결과에 따라 구조보강 설계가 바뀔 수도 있다.

2) 전문기관의 안전성 검토

수직증축형 리모델링을 하기 위하여 건축심의를 요청하면 우선 1차 안전성 검토를 받는다. 구조계획상 증축범위의 적정성 등을 확인하기 위하여 실시하는 1차 안전성 검토는 건축 구조·토질·기초 분야에 대한 세부 자료가 필요하며, 전문기관인 한국건설

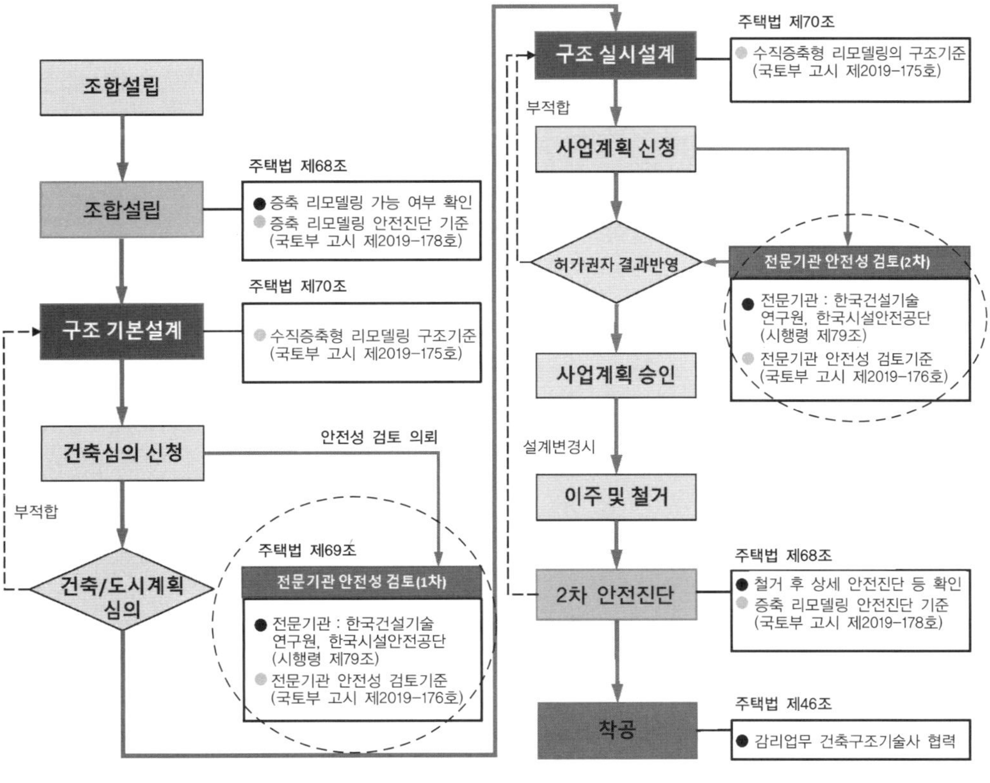

그림 1.6 수직증축 리모델링 구조안전성 확보 Process

기술연구원이나 시설안전공단에서 검토하고 적합하다는 결과가 나와야 건축심의가 진행된다. 2차 안전성 검토는 사업계획승인 신청을 하면서 진행된다. 1차 안전성 검토는 수직증축시 안전 보강 가능성에 중점을 두지만, 2차 안전성 검토는 시공을 전제로 세부적인 검토가 이루어지므로 구조부재의 철거 및 안전조치, 보강공법의 구조·시공 방안, 품질확보방안 등 상세한 설계가 요구된다(그림 1.6 참조).

3.3.4 리모델링 사업 추진 방안

1) 리모델링 결의

공동주택 리모델링 사업은 사업주체가 주택 소유주이기 때문에 소유주 간의 사업 추진에 관한 공감대 형성이 확보되지 않으면 사업 추진에 어려움이 발생한다. 이러한 공감대 형성이 반드시 필요하고, 이를 위해서 다양한 영역에서 사업추진을 도와줄 수 있는 용역업체를 선정한다. 특히 사업계획의 사업성, 적정성을 판단하는 데 전문적인 용역업체 활용이 필요하다.

조합설립 동의서를 걷을 때는 동의서 양식, 내용의 적정성을 지자체와 협의해야 한다. 지자체별로 법의 해석이 조금씩 다를 수 있기 때문에 지자체와의 협의가 중요한 것이다. 또한 소유주의 공감대 형성이 해결되어야 짧은 기간에 동의서 징구가 가능하다. 왜냐하면 동의서 징구는 리모델링을 본격적으로 시작하는 것과 마찬가지인 셈이다. 조합설립 인가가 나면 바로 착수되는 것이다. 그러니 조합설립 인가 전에 최대한 많은 주민의 공감대를 구하고 동의서 징구가 이루어져야 리모델링사업 성공률을 높일 수 있는 방법이다.

즉 다음과 같이 이해하면 된다. 인가를 받은 다음 조합 집행부가 구성되고 창립총회를 해야 하며 창립총회 때 조합장, 이사, 대의원이 선출된다. 이때 선관의 조합 집행구성원들을 선출하고, 집행구성원들 간의 화합도 중요하다. 그 다음 복리시설이 있다. 상가, 교회, 유치원이 단지 내에 별도의 시설로 소유주가 있는 경우는 시설물의 참여 여부, 조합에 참여할지 따로 할지도 정해야 한다. 시공사 선정은 경쟁입찰로 해야 하고, 안전진단을 실시할 때도 조합설립인가가 난 후 진행하려면 안전진단에 생각보다 기간이 많이 걸리기 때문에 사전에 준비해둘 것들은 미리 점검하는 것이 좋다(그림 1.7 참조).

단계	내용
리모델링 결의	• 추진위원회 구성/추진 명분, 절차 공감대 확보 • 용역 업체 선정, 설계 · 사업성 적정성 + 기본계획 수립
소유자 대상 조합설립동의	• 조합설립/단지 전체, 전체소유자 2/3 및 동별 소유자 과반수 이상 동의/동의징구방법 • 동의서 양식 및 내용 적정성, 소유주 공감대 형성
주택조합 설립인가	• 조합창립총회/지자체 인가 접수 • 조합 집행부 구성, 담당 지자체 인식 공유/복리시설 참여 여부
시공자 선정	• 조합총회 통하여 경쟁입찰 선정(국토부 고시 시공사선정기준, 조합원 50% 직참)
안전진단 실시	• 전항목 B등급시 수직증축 가능/C등급시 수평증축/D등급시 증축불가 • 진단업체 선정 신청 및 금액 예치, 세대조사, 지질조사
설계방향 설정	• 증축비율(조합원 - 일반), 지하주차장, 완화범위, 용적률, 주변환경 영향/의견 수렴
건축위원회 심의	• 건축법 완화 여부 및 범위 결정(통합심의 가능)+1차 안전성 검토(수직증축시)
도시계획위원회 심의	• 기반시설 영향, 도시 · 군 관리계획(기본계획)과의 부합 여부 심의 • 지구단위계획구역, 아파트지구/건축심의와의 순서
권리변동계획 및 허가동의	• 세대수증가 리모델링의 경우 권리변동계획(권리변동명세, 비용분담, 설계, 분양) • 단지 전체 3/4 및 동별 소유자 1/2 이상 허가동의
매도 청구	• 허가요건 구비 후 미동의자 매도청구 신청 가능, 시기/변호사 선임/감평시점 [최고 - 회답기간 2개월 - 제척기간 2개월 내 소송 - 가처분 - 감정 - 판결 - 공탁 - 명도]

그림 1.7 리모델링 사업 추진과정 Point_리모델링 결의 절차

2) 사업계획 승인 내용

사업계획 승인 단계에서 최근에는 교육환경 추가 인허가 등이 많은 이슈가 된다. 예를 들어 사업지 주변, 특히 북쪽에 학교나 유치원이 있는 아파트는 그 교육시설에 대한 일조, 공사상 영향 등을 미리 계획에 반영해야 한다. 그렇지 않으면 사업 추진에 어려움이 발생할 수 있다. 즉 사업계획승인까지 받는 단계에 왔는데 교육환경이 문제되어 설계변경해야 하는 사례까지 발생할 수 있으니 조심해야 한다.

분담금 확정 총회는 모든 사안을 어느 정도 정해서 최종 총회에 붙이는 것이다. 이주나 착공, 입주하는 단계에 대해서는 대동소이하다.

리모델링 시 상황별로 받아야 하는 인허가 사항이 다르다. 도시계획심의는 50세대 이상 증가될 때나 아파트지구 및 지구단위계획인 경우 받고, 안전성 검토나 2차 안전성 검토는 수직증축 리모델링 시 받으며, 권리변동계획 수립은 세대수 증가가 없으면 안 해도 된다. 리모델링 허가는 30세대 미만, 사업계획 승인은 30세대 이상 세대수 증가시 리모델링 허가와 사업계획 승인을 같이 받아야 한다. 30세대 이상 세대수 증가 시 분양승인도 받게 되어 있다. 29세대 이하 세대수 증가는 분양승인을 안 받고 자유롭게 분양할 수 있는 여지가 있다. 그리고 기본계획 수립 여부인데, 기본계획은 지자체별로 수립해야 하는데 수립이 안 되어 있다고 해서 사업추진이 안 되는 것은 아니다. 법조항이 허가 시에는 기본계획 부합 여부를 확인하도록 되어 있다. 이러한 조건들 때문에 기본계획이 해당 지자체에 수립되어 있는지 확인할 필요가 있다(그림 1.8 참조).

단계	내용
사업계획승인/ 리모델링허가	• 30세대 이상 세대수 증가 여부로 구분 +2차 안정성 검토(수직증측시) • 교육환경 등 추가 인허가절차 검토기관 진행
분담금 확정 총회	• 권리변동, 비용분담, 금융, 이주 확정 • 본 계약 협상, 금융조건, HUG, 조합원 공감대 형성
이주 및 착공	• 감리자 지정/세대수 증가 주택 분양 +2차 안전진단(수직증측시) • PF, 석면, 철거, 민원, 구조안전 기존파일 재하실험 외
사용 검사(입주) 및 조합 청산	• 변경 등기/하자보수보증 및 장기수선계획 수립 제출 • 리모델링주택조합 청산 및 해산

구 분	내 용
도시계획심의	50세대 이상 세대수 증가시/아파트지구 · 지구단위계획
안전성 검토(2회)/2차 안전진단	수직증축 리모델링시
권리변동계획 수립	세대수 증가시
리모델링 허가	30세대 미만 새대수 증가시
사업계획 승인	30세대 이상 새대수 증가시(주택건설기준 등)
분양승인	30세대 이상 새대수 증가시(주택공급에 관한 규칙)
기본계획	세대수 증가형 리모델링 – 수립 (허가시 기본계획 부합여부 확인 : 50세대 이상 증가시)

그림 1.8 리모델링 사업 추진과정 Point_사업계획승인

3.3.5 리모델링 사업타당성 분석과 수직증축 특화방안

1) 일반 분양분의 분양성과 분양가 문제

① 분양가는 보통 1,600만원 이상 단지라야 사업성이 가능

② 강남이든 강북이든 공사비 단가는 같기 때문에 상대적 분양가가 낮은 강북지역이 더 힘들 것으로 판단

2) 수직증축 부분 분양 특화전략

① 수직증축 세대의 벽체는 경량벽체를 사용함

② 증축 세대는 복층형 평면으로 분양성을 특화함

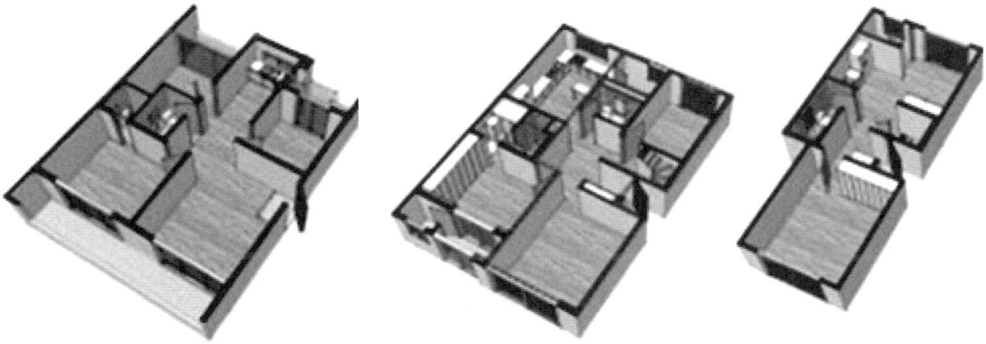

증축 리모델링 변경 전 기존 평면　　　　증축 리모델링 변경 후 복층형 평면

3.4 재건축과 리모델링 사업의 차이 비교 · 분석

3.4.1 재건축과 리모델링의 사업주기 비교

리모델링은 주택법에 따라서 준공 후 15년이 경과한 시점부터 사업추진이 가능하다. 15년이 안 되었더라도 14년차, 15년이 다가올 때쯤 준비해도 된다. 그리고 재건축 추진 가능 연한은 준공 후 30년 경과이다. 추진 시기가 30년 경과라고 해서 준공 후 30년이 지나 바로 재건축할 수 있는 것은 아니다. 재건축은 안전진단을 통과해야 한다(표 1.8 참조).

표 1.8 리모델링, 재건축 비교

구 분	리모델링	재건축
관련법령	주택법	도시 및 주거환경정비법
추진 시기	준공 후 15년 경과	준공 후 30년 경과
세대수	기존 세대수의 15% 이내	용적률 범위 내 자율적
인허가 동의요건	동별 1/2(50%) 이상, 전체 3/4(75%) 이상	

리모델링과 재건축을 비교해보면, 리모델링 세대수 증가는 기존 세대수의 15%이지만 재건축은 용도지역, 도시계획 내지 도시 상위법인 국토계획법의 법령상 서울시의 경우 서울시 도시계획상 해당되는 정해진 위치에 용적률 범위 내에서 증가가 가능하다. 추진 제안부터 조합해산, 청산까지 있다. 조합설립부터 완공까지 통상적으로 7~8년이 걸린다. 수직증축은 1년 정도 더 걸린다. 안전성 검토와 안전진단이 들어가기 때문이다. 수직으로 증축한다는 것은 기존 건축 위에 1, 2층을 심지어 3개 층을 올리는 것인데, 이때 기존 구조체의 안전에 문제가 있는지 여부를 당연히 살펴야 한다(표 1.9 참조).

표 1.9 공동주택 리모델링 증축 및 일반분양

구 분	내 용	주택법
가능연한	• 사용검사일로부터 15년 이후 증축 가능	법 제2조 25, 영 제13조
증축범위	• 주거전용면적의 30% 이내 전유부분 증축 (전용면적 85㎡ 미만인 경우 40% 이내)	
일반분양	• 기존 세대수의 15% 이내 (증축가능 면적 내에서 증축 및 일반분양)	
수직증축	• 리모델링 대상 건축물의 구조도면 보유시 • 15층 이상 최대 3개 층, 14층 이하 최대 2개 층(필로티 포함) • 단, 인접대지 일조권 침해시 증축 불가 (건축법시행령 제6조제1항 일조완화 삭제, '13. 5. 31 이후)	

서울시 통계에 의하면 재건축은 조합설립부터 완공, 해산까지 걸리는 시간이 10~11년은 소요된다. 리모델링은 재건축사업보다 여러 가지 장점이 있지만 가장 중요한 것은 리모델링은 통상 3~4년 정도의 기간만 소요된다는 것이다(그림 1.9 참조).

아파트는 보통 15년~20년 이상된 아파트가 리모델링 추진을 검토하거나 추진하는데 그러다 보면 옛날 규정의 면적 체계를 갖고 있다. 현관문을 열고 들어와서 개인적으로 전용해서 쓰는 공간 중 발코니 같은 서비스 면적을 제외한 공간을 전용면적이라고 한다.

참고로 전용면적은 등기부등본 표제부에서 확인이 가능하다. 이러한 전용면적이 85㎡ 이하면 국민주택, 이상이면 국민주택이상으로 규정되어 있다. 그런데 이 전용면적 기준이 시대에 따라 변화가 있었다. 예전에는 아파트 벽체 면적을 옆의 세대와 같이 쓰고 있었다. 그 벽체의 반을, AD PD라고 해서 파이프라든가 환기구가 지나는 경우 전용 면적에 포함되어 있었다. 현재는 리모델링 후 설계도 상 나와 있는 면적에 대해서 그 면적이 요즘 기준의 면적인 것이다. 따라서 리모델링 시 대부분 예전 기준의 면적이 나타나 있기 때문에 반드시 확인해야 한다.

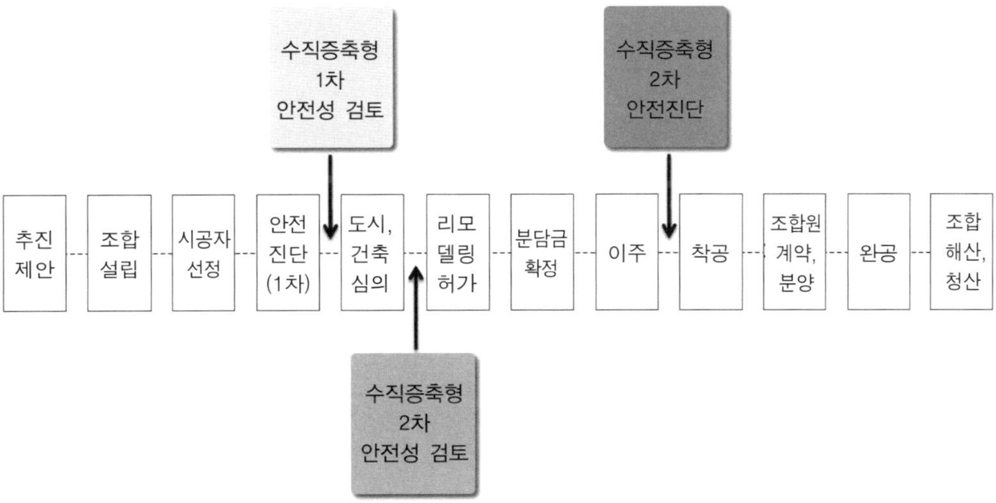

그림 1.9 공동주택 리모델링 추진 절차

전용면적과 별개의 개념으로 분양면적이라는 것이 있다. 우리 집은 '24평이다, 32평이야!'라고 하는 것이 분양면적을 의미한다. 분양면적에도 옛날 아파트는 아파트 지하층의 일부라든가 시설이 다 포함되어 있었다. 실제로 따져보면 보통 1~2평, 넓은 평수는 3평 이상 차이가 난다. 옛날 아파트의 32평에 살고 있는데, 근래에 분양하는 32평에 가보면 아무래도 기존 집보다 훨씬 크게 느껴질 것이다. 이런 차이는 여러 가지 서비스 면적 확장 등도 있겠지만 면적 기준의 법률적 차이가 발생한 부분도 있다는 것이다. 이에 리모델링에 대한 증축 개념을 완벽히 이해해야 정확한 사업성 분석이 가능해진다. 사업성 분석 시에는 이러한 면적 변천을 이해하고 면적 기준을 명확히, 그리고 형평성에 맞게 비교할 필요가 있다.(그림 1.10 참조)

옛날 평형을 분석하면 이 아파트는 전용면적이 18평이고 분양면적이 24평인데,

실제로 전용면적은 18평이 아니고 17평 미만이고 분양면적은 24평이 아니고 22평밖에 안 나온다. 리모델링함에 있어서 다른 면적은 필요 없고 전용면적 기준으로 전용면적이 18평이면 18평의 40%를 합한 면적이 국민주택규모이기 때문에 리모델링 후 면적은 40%까지 늘어날 수 있다. 일반분양 없이 개별 세대를 40%까지 다 확장할 수도 있고 일부만 확장하고 일부는 일반분양을 할 수도 있다. 예를 들어 최대 전용면적이 18평이면 25평까지 확장할 수 있고 공급면적 기준으로는 24평, 그대로 안 늘릴 수도 있고 34평까지 늘릴 수도 있다.

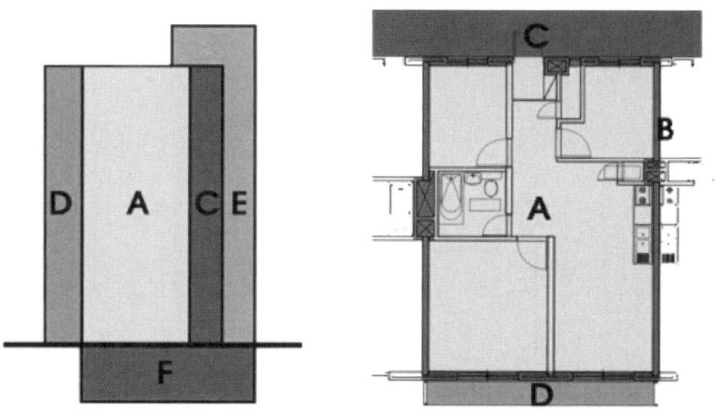

구분	종전 규정	현행 규정
전용면적	A+B	A
주거공용	C+E	B+C+E
분양면적	A+B+C+E+F	A+B+C+E
기타공용	F	F
계약면적	A+B+C+E+F	A+B+C+E+F
서비스면적	D	D

그림 1.10 아파트 면적 이해

통상적으로 24평의 경우 28~29평, 일반분양을 29~30평으로 분양하면 비율이 어느 정도 나오는 구조로 되어 있다. 그리고 서비스 면적이라고 해서 발코니 면적이 있는데, 이는 면적에 들어가지 않는다. 복도식 아파트는 앞에 발코니가 있고, 뒤에 복도가 있으므로 발코니가 없다. 그런데 계단식으로 바꾸면서 뒤에도 발코니가 생기고 옆으로 늘어날 수 있는 평면의 경우는 옆으로 늘어나면서 발코니가 생긴다. 요즘 발코니 확장이 합법화되어 있기 때문에 발코니 확장이 합법화 내에서 실 사용면적은 증가면적보다 훨씬 더 클 수 있다. 리모델링 통해 실사용 면적의 증가폭이 커지는 것을 알 수 있다(그림 1.11 참조).

리모델링 설계 참고 사례로 다음의 그림에서 면적을 설명하면 리모델링이 어떻게 되는지 6개 라인에 복도식 아파트가 있으면 내려와서 양쪽 두 세대의 경우 옆으로 늘려서 3베이를 만들고 나머지 세대는 그냥 2베이가 되고, 또한 계단실 앞쪽을 활용해서 3베이를 만들고 나머지는 2베이, 또한 세대에 따라 복층, 1,2,3층은 3세대니까 2층을 비워서 2층을 1층이 반, 3층이 반 쓰게 한다. 내부의 계단실을 복층형 구조로 만드는 아파트들도 있다(그림 1.12 참조).

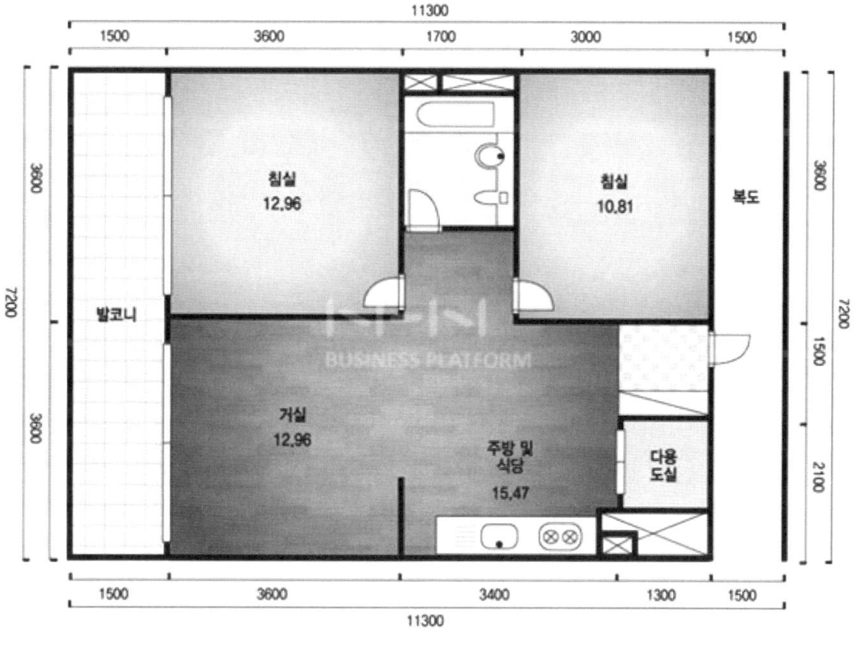

전용 : 59.74, 공용 : 21.85, 분양 : 81.62, 계약 : 81.75, 서비스 : 10.78

▣ 평형 면적 분석
- 전용면적 : 18평
- 공급(분양)면적 : 24평형

→ 최대 전용면적 : 25평
→ 가능 공급(분양)면적 : 24~34평형

- 서비스 면적 증가 별도

- 복도실 → 계단식
- 지하주차장 확보(주차대수 확보)
- 다양한 평면 구성 가능
- 발코니 확장 기본 가능
- 제도(안목치수) 따른 면적 증가 별도
- 수치상 증가 대비 실사용면적 증가폭 큼

그림 1.11 리모델링 현재 평면 분석

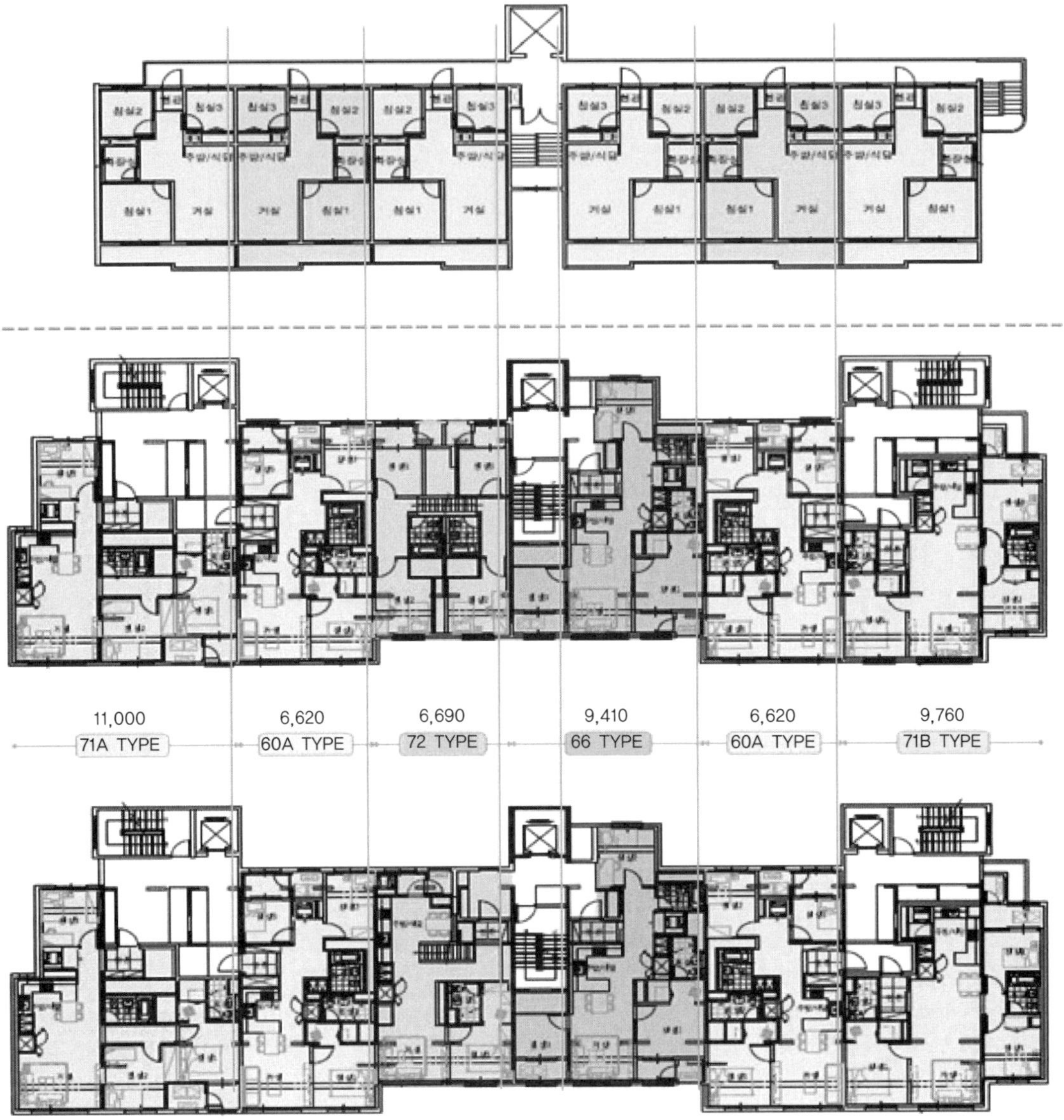

그림 1.12 리모델링 평면_참고 사례 예시

왼쪽이 리모델링 전 구조이고, 오른쪽이 리모델링 후 구조이다. 복도에 있던 부분이 없어지면서 복도와 발코니는 구조적으로 약해지므로 잘라내고 계단실을 다시 만들어 증축했던 상황이다. 진하게 칠한 부분이 원래 내력벽이다. 이것이 양쪽의 내력벽들은 세대 간 벽이다(그림 1.13 참조).

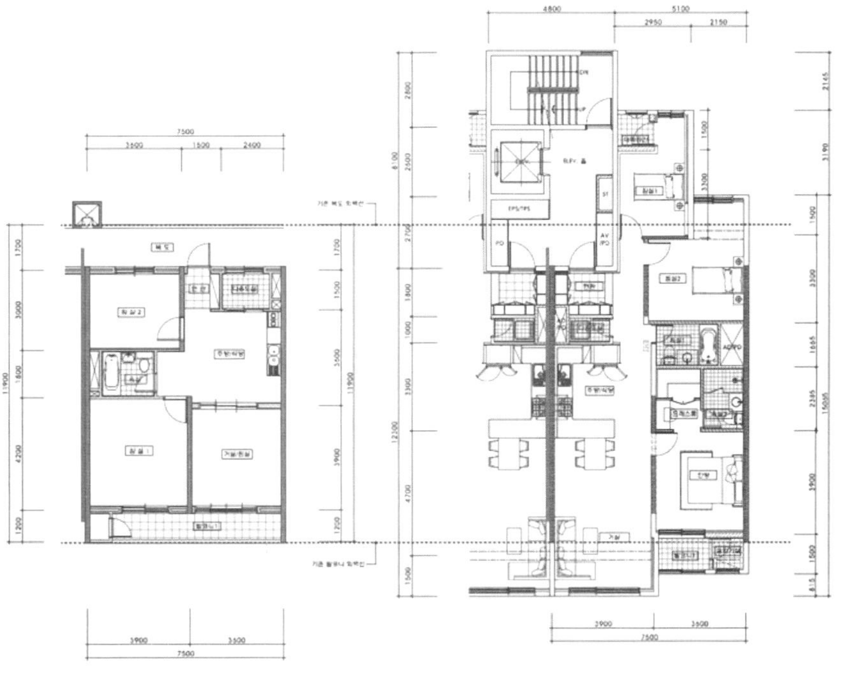

그림 1.13 리모델링 평면_복도와 발코니

아파트의 외관이 특화되면서 신축 아파트와 동일한 디자인으로 바뀐다. 옥탑 디자인, 측벽 디자인, 저층부에 석재로 마감한다든지, 입면 디자인 특화, 단지내 입구 문주 디자인 특화, 저층부 보행로 근처의 측벽을 LED나 석재로 디자인을 특화시키는 식으로 신축과 같은 효과를 가져 올 수 있다(그림 1.14 참조).

그림 1.14 리모델링 적용 사례_외관이 특화되면서 신축 아파트와 동일한 디자인

오래된 아파트의 리모델링 추진은 단지의 각 동 앞에 주차하면서 이중주차까지 하는 등 어려움이 있었는데 지하로 주차장을 내려 보내고 지상에 공원이나 수공간, 산책로 등을 만들어서 신축 아파트와 같은 주거환경을 개선하는 쪽으로 조경을 특화하고 있다(그림 1.15 참조).

그림 1.15 리모델링 적용 사례_조경의 특화

커뮤니티 시설을 쉽게 이해하려면 골프연습장, 카페, 키즈카페, 어린이집, 독서실, 도서관, 운동시설, GX룸 등을 생각하면 되는데, 옛날에 지어진 아파트는 구비가 안 되어 있는 경우가 많다. 최근에 생활 패턴이 달라지면서 이러한 시설들을 얼마나 갖췄느냐가 주거환경이나 자산가치에 영향을 미치므로 그 중요도가 높아졌다. 그래서 요즘 리모델링하면 대단지냐 작은 단지냐에 따라 다르겠지만 이러한 커뮤니티 시설도 포함하고 있다(그림 1.16 참조).

그리고 시스템 부분도 신경 써야 한다. 신축 건물에 들어가는 IoT(사물 인터넷)라든가, 요즘 카카오톡에서 음성으로 제어하거나 스마트폰으로 제어·보안·에너지절감까지 컨트롤 가능하며, 특히 에너지절감은 중요한 부분인데 리모델링을 하면 관리비가 올라가지 않고 내려간다. 왜냐하면 단열성능 등이 법규제 강화와 기후협약 때문에 강화되어 신축과 동일한 수준의 단열과 에너지절감 시스템이 적용되고 주차장에도 광폭주차 구획, 주차 시스템 구축으로 차량인식, 차량 유도까지 신축과 시스템적으로 다를 게 없다. 이렇게 리모델링 후 장점을 통해 건물의 가치상승이나 환경개선이 될 수 있다(그림 1.17 참조).

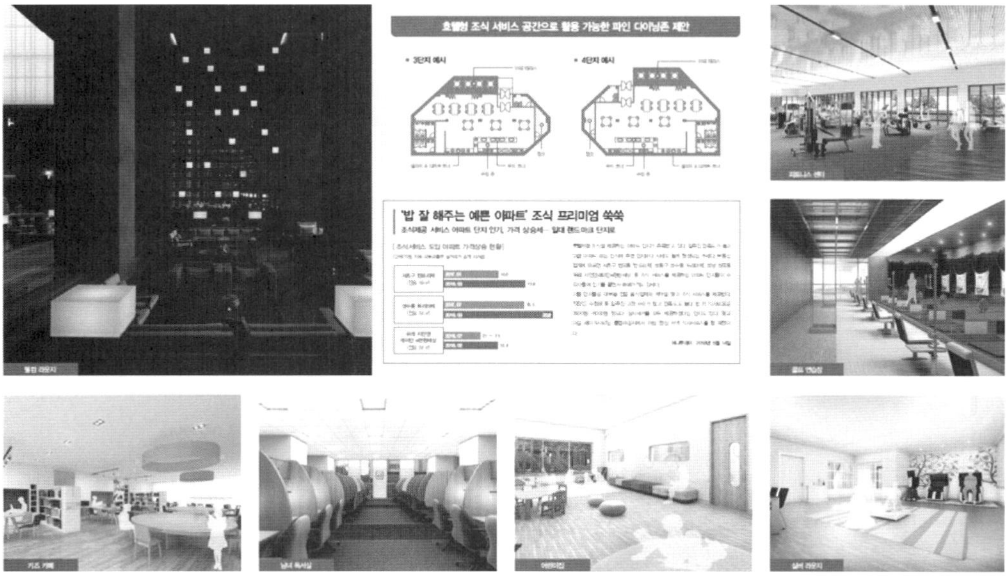

그림 1.16 리모델링 적용 사례_커뮤니티

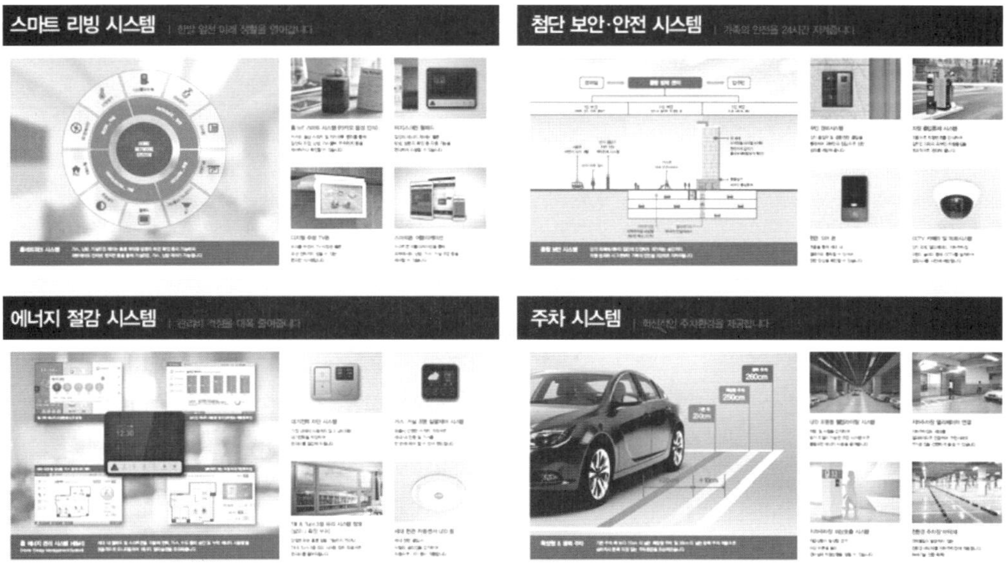

그림 1.17 리모델링 적용 사례_시스템

방이나 화장실 마감도 최신 유행에 따라 신축과 동일한 사양으로 선택, 적용된다(그림 1.18 참조).

그림 1.18 리모델링 적용 사례_방이나 화장실 마감

3.4.2 리모델링과 재건축의 경제성에 대한 기존 인식 문제

1) 재산 증식 수단의 증축 리모델링 한계

① 리모델링을 재건축과 비교하여 재산증식의 투자수단으로 인식하여 리모델링 후 재산가치 상승으로 잘못 인식하고 있음

② 서울 강남의 일부지역을 제외한 다른 지역은 리모델링으로 인해 재산증식이 어려움

③ 2010년까지가 증축 리모델링의 한계임

2) 유지관리형 리모델링 활성화

① 80년대 중반 이후로 아파트는 기존 용적률 200% 이상의 고층아파트로 재건축이 불가하며, 따라서 유지관리형 리모델링으로 활성화될 것임.(골조는 그대로 둔 채 내부설비 및 마감재 교체 리모델링)

② 외국의 리모델링은 대부분이 유지관리형 리모델링임

③ 2010년 후 대수선형 리모델링 활성화 전망

④ 국가의 정책적 지원 강화(세제경감, 대출 등)

3) 재건축과 리모델링의 경제성 인식 문제

재건축과 리모델링의 경제성 비교는 단순한 공사 투입비와 공사 후 가치 증식의 문제로 판단하는 것이 아니라 경제성은 물론 유지관리성, 환경성을 종합적으로 분석하여 가치가 평가되어야 한다.

3.4.3 공동주택 재건축 사업의 한계성

1) 기존 공동주택의 용적률이 높다

① 평촌, 산본, 중동 신도시 : 용적률 200% 이상

② 분당, 일산, 목동 신도시 : 용적률 179~180% 이상

2) 기존 공동주택 용적률 사업성 한계

재건축이 가능한 아파트 용적률 상한선은 약 200%라고 본다. 그 이상은 리모델링이 유리하다는 설명이다. 서울에 용적률 200%인 아파트(3종 일반주거지역)를 재건축한다고 가정하면 용적률을 최대 250%까지 높일 수 있고, 여기에 임대주택을 짓는 조건으로

용적률 인센티브를 받아 최대 300%까지 올릴 수 있다. 다만 인센티브의 절반은 임대주택으로 짓고 기타 대지 기부채납 등을 고려하면 재건축을 통해 조합은 용적률 약 255~260%만큼을 분양해 수익을 낼 수 있다는 계산이 나온다.

같은 아파트를 리모델링 해도 비슷한 수준이다. 주택법상 리모델링을 통해 가구별 전용면적의 최대 40%를 늘릴 수 있다. 전용면적 증가분과 각종 공용공간 등을 고려하면 용적률은 평균적으로 45%가량 늘어나 최대 290%까지 올릴 수 있다.

또 다른 문제는 임대주택 의무건립과 초과이익환수제로 초과이익의 50%를 반납하고 나면 수익의 메리트가 없다.

표 1.10 리모델링 vs 재건축 비교

	리모델링	재건축
근거	주택법	도시 및 주거환경 정비법
성격	건축물 노후화 억제 및 기능 향상 성격	노후불량 구조물 밀집 지역 주거환경개선 및 주택 공급
안전진단	수직증축 B등급 이상, 수평증축 C등급 이상	최소 D등급 이하(D, E)
최소 연한	준공 후 15년 이상	준공 후 30년 이상
공사방식	대수선 또는 부분철거 후 증축	전면 철거 후 신축
증축범위	기존 전용면적의 30~40% 이내	용적률 범위 내
용적률	법적 상한 초과(건축심의로 결정)	법정 상한 이하 (3종 일반 주거지역 300%)
건축기준 완화	건폐율, 용적률, 높이제한, 조경 등	완화 없음
구조	기존 구조를 보수·보강해, 현행기준에 맞는 내진설계 기준 적용	현행 기준에 적합하게 설계 및 시공
기부채납	없음	도로, 공원, 녹지 등 제공
기타	초과이익환수제 등 미적용, 국민주택기금 지원 기능	초과이익환수제, 임대주택의무건립 등 규제 적용

자료 : 성남시, 미래에셋증권
https://magazine.securities.miraeasset.com/contents.php?category=advisory&division=all&page=0&search=&viewer=thum&orderby=recent&idx=293

3) 1기 신도시 아파트단지 기존 용적률 현황

구분	합계	분당	일산	평촌	산본	중동
위치	-	경기도 성남시 분당구 일원	경기도 고양시 일산구 일원	경기도 안양시 동안구 일원	경기도 군포시 산본동, 안양시 안양동 일원	경기도 부천시 중구, 남구 일원
부지면적(㎢)	50.1	19.6	15.7	5.1	4.2	5.5
주택건설(천 호)	292	97.6	69	42	42	41.4
수용인구(천 인)	1,168	390	276	168	168	166
인구밀도(인/ha)	233	199	175	329	399	304
용적률(%)	198	184	169	204	205	226
개발기간	89~96	89~96	90~95	89~95	89~95	90~96
도시계획조례 용적률(%)	2종일반 주거지역	210	230	240	230	200(250)
	3종일반 주거지역	280	250	260(280)	280	250(300)

4. 개발형 리모델링 사업과 사업추진 전략

4.1 리모델링 유형별 사업 추진 분야

4.1.1 리모델링 사업 목적과 추진방향

건축물 유형별로 리모델링의 사업목적과 범위는 다양하므로 그에 적합한 리모델링 사업 목적과 방향을 파악하고 개발하는 것이 매우 중요하다.

1) 리모델링 사업 목적

- 이용가치 향상, 수익성 증대

2) 리모델링 추진 방향

- 용도변경, 성능향상

4.1.2 리모델링 유형별 사업 추진 분야

유형	리모델링 발생 동기	사업 분야
1. 사무실 빌딩	정보화·OA화 대응, 에너지 절감, 업무환경 개선, 입주자 요구에 대한 부응	• 일반사무실 • 공공사무실
2. 상업용 빌딩	이미지·디자인 개선, 고객접근도 및 동선 개선, 재고물품의 관리 및 이동 편리, 고객 계층별 주거환경 개선(공용 부분)	• 백화점 • 쇼핑센터
3. 주거시설	방 및 거주공간의 위치 및 크기 변경, 내부 거주 및 시설환경의 변화, 증축 및 전용 부분의 확대, 주거환경 개선(공용 부분)	• 단독주택 • 제1기 신도시 공공주택
4. 호텔 및 숙박시설	• 외관 이미지 현대화 • 내부기능 및 설비 쾌적화, 관리 개선	• 호텔 • 유스호스텔 등
5. 의료시설	환자에 대한 서비스 향상, 신기능 부가, 환경개선, 에너지 절감	• 중소의원 • 대학병원
6. 교육 및 연구시설	학생수 증감에 대한 대응(증·개축, 여유시설의 용도변경), 정보화 대응, 안전성 강화	• 초중등교 • 대학교
7. 스포츠시설	법적 규제에 대한 대응, 여성 이용자 증대에 대한 대응, 서비스 수준의 제고	• 체육관 • 스포츠센터
8. 생산설비	작업환경 개선, 물류시스템 개선, R&D 대응	• 플랜트설비 등

4.2 개발형 리모델링 사업과 타당성 분석

4.2.1 개발형 리모델링 개념과 사업전략

1) 개발형 리모델링 사업의 개념

개발형 리모델링이란 기존 건물을 용도변경하여 건물의 가치 향상과 수익성을 창출하기 위한 리모델링을 말한다.

2) 개발형 리모델링 목적

개발형 리모델링의 목적은 기존 건물이 너무 낡아 임대가 잘되지 않을 때, 또는 현재보다 건물의 가치를 향상시켜 수익성을 올리기 위한 것이다.

3) 개발형 리모델링 전략

① 이용가치 증대의 리모델링 전략

리모델링 사업은 단순 공사가 아니라 부동산개발 사업의 관점에서 접근해야 한다. 리모델링 사업은 건축주 입장에서 보면 건물의 이용가치를 증대시키고 수익성을 올리기 위한 것이다. 리모델링 시장은 부동산 경기의 영향을 크게 받으므로 부동산 경기침체 시에는 리모델링 사업 역시 사업성이 떨어져 시장이 위축될 수 있다. 경기불황 시에는 일반적으로 건물 매입가격의 하락과 리모델링 시공비용을 낮출 수 있어 부동산개발 측면에서 리모델링 기법을 활용하여 성능개선과 용도변경을 통하여 수익성을 증대시킬 수 있다.

② 수익증대 목적의 리모델링 전략

수익증대 목적의 리모델링은 건물의 성능을 향상시키고 용도를 변경함으로써 가능하다. 일반건물은 성능 향상 리모델링을 통하여 수익증대가 가능하다. 주택이나 상업시설의 경우는 용도변경 리모델링을 통해 수익증대가 가능하다. 리모델링 사업은 대기업보다는 중소업체들이 접근하기 쉬우므로 적극적으로 추진해볼 필요가 있다.

4.2.2 개발형 리모델링 용도변경 인허가 절차

1) 개발형 리모델링시 용도변경 허가요건

개발형 리모델링시의 용도변경 방법은 현재 용도보다 하위군으로 변경할 시에는 문제가 없지만 상위군으로 변경 시에는 허가를 다시 받아야 하며, 허가 또한 쉽지 않기 때문에 충분한 검토가 필요하다. 예를 들어 주거용 건물은 오피스나 근린생활시설로 변경할 시에는 동일시설군이므로 큰 문제가 없지만, 사무실이나 근린시설을 도시형 생활주택이나 숙박시설로 변경하는 경우에는 상위군(상업시설군)으로 바뀌는 것이기 때문에 시장·군수의 허가를 받아야 하므로 충분한 검토를 한 후 리모델링 여부를 결정해야 한다.

2) 용도변경 시설군 분류 사례

↑ 상위군

시설군	시설
• 영업 및 판매시설군	판매 및 영업시설, 숙박시설, 위락시설
• 문화 및 집회시설군	문화 및 집회시설, 운동시설, 관광휴게시설
• 산업시설군	공장, 위험물저장 및 처리시설, 자동차관련 시설, 분뇨쓰레기 시설, 창고시설
• 교육 및 의료시설군	교육연구 및 복지시설, 의료시설
• 주거 및 업무시설군	단독주택, 공동주택, 업무시설, 공용시설
• 기타 시설군	제1종 근린생활시설, 제2종 근린생활시설, 동물 및 식물관련 시설, 묘지관련 시설

※ 상부로 갈수록 상위군으로 분류한다.

4.2.3 개발형 리모델링 사업의 타당성 분석

1) 사업타당성 분석

개발사업 관점에서 리모델링을 추진하기 위해서는 사업성 분석능력과 자금조달능력이 필요하다.

개발형 리모델링의 사업성 분석은 건축주로부터 기존 건물의 가치 향상 리모델링을 의뢰받거나 특정 건물을 직접 매입한 후 리모델링을 통해 수익성을 낼 수 있는지 여부를 판단하는 분석을 말한다. 개발형 리모델링 사업은 사업성 분석능력이 사업의 성패를 가늠하는 중요한 능력이 된다.

개발형 리모델링 사업성 분석시 고려사항은 다음과 같다.

① 대상 리모델링 건물의 노후도와 주변상권 변화, 경쟁 건물 등의 조사가 핵심이다.

② 잘 나가는 인근 빌딩을 벤치마킹한다.

③ 리모델링이나 용도변경 등 건물의 가치를 높일 방법과 투입비용을 계산해야 한다.

④ 임차 업종 전환이 필요한지 고민해야 한다.

⑤ 더 좋은 빌딩으로 리모델링한다면 매물과 비용을 꼼꼼히 확인해야 한다.

⑥ 리모델링할 임차 업종 구성이나 임차인 관리는 전문가의 도움을 받는 것이 좋다.

재건축에서는 신축처럼 토지를 매입해서 건축하는 것과 같은 기술적인 검토가 필요하지 않다. 그러나 리모델링 사업은 재건축 사업과 다르게 우리나라 아파트 변화에 맞추어 어떻게 리모델링해야 할지 현황을 분석하고 거기에 맞는 설계를 하고 공법을 적용해야 하며 공사비와도 연계되어 있다. 그래서 이를 토대로 경제성 검토와 조합원의 동의를 얻는 등 세 가지 요소가 동시에 작동되어야 성공적인 리모델링 사업을 할 수 있다. 특히 리모델링 사업은 조합설립 동의 이후에 다시 리모델링 허가 동의를 받아야 하는 두 번의 동의절차가 필요하므로 사전에 이러한 기술적 검토가 없으면 리모델링 허가동의서를 받는데 상당한 어려움이 따를 수 있다(그림 1.19 참조).

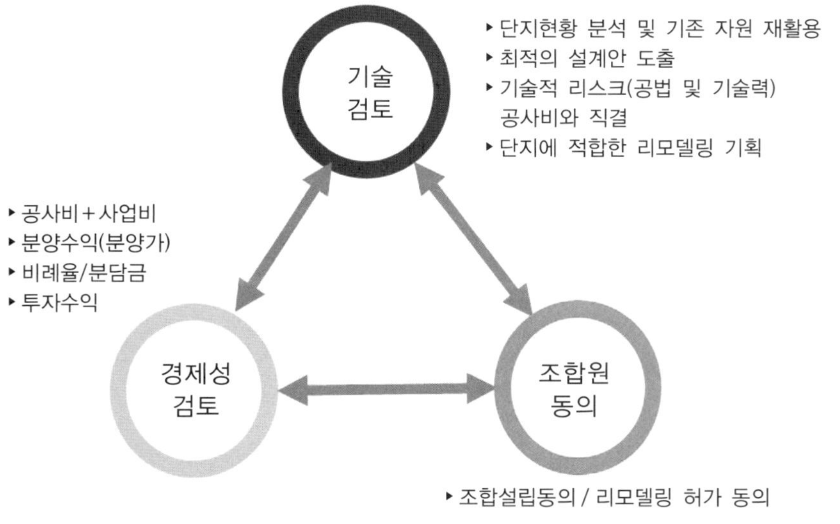

그림 1.19 리모델링 사용성 검토 3요소

먼저 기술적 검토를 위해 기존 단지에 대한 현황을 파악해야 한다. 특히 준공년도, 일조권, 주민이 원하는 평형, 지역지구, 단지 현황을 분석하고 도면을 토대로 단지가 어떤 형태의 아파트 형식을 취하고 있는지 파악한 후 리모델링을 기획해야 한다. 리모델링은 조합원의 면적 15%까지 규정되어 있는 세대수를 증가할 수 있는지, 수평증축할 것인지 수직증축할 것인지, 지하주차장은 어떻게 꾸밀 것인지에 대해 검토하고 이를 토대로 단지의 리모델링을 기획해야 계약면적, 분양면적, 세대수가 나와야 리모델링에 대한 경제성 평가를 할 수 있다. 경제성 평가는 경제성 검토가 필요한데 종전의 평가, 현재의 시세, 감정평가 이전이므로 현재시세 기준으로 평가한다. 종후 평가는 인근의 신규아파트를 토대로 조합원의 아파트 평가, 일반분양가를 산정한다. 공사비와 사업비는 난이도에 따라 추정할 수 있다. 일반분양 수익을 산출하고, 비례율도 산출하며, 평형별 분담금까지 산출해서 이를 토대로 사업성이 있는지 타진한 후 리모델링 추진을 결정한다(그림 1.20 참조).

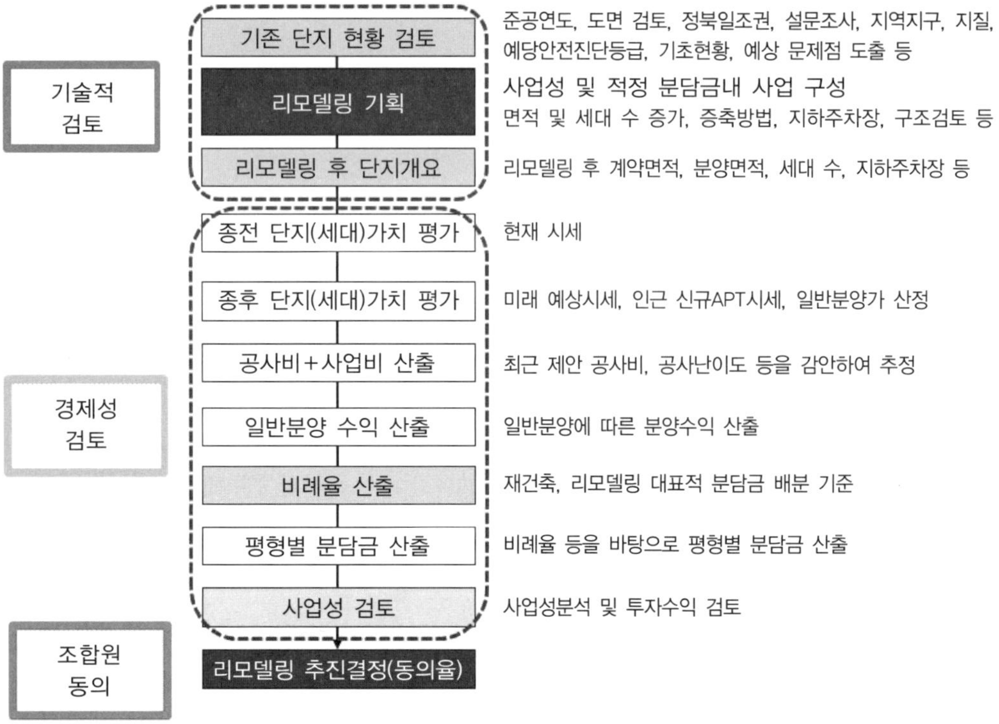

그림 1.20 리모델링 사용성 검토 프로세스

준공년도에 따라 아파트 형태가 달라서 리모델링하는 사업지는 1990년대 초반에 했던 사업지들이 준공되어 있는 경우가 많고 근래 진행되는 단지는 1995년 이후 2000년 초반까지의 건축물 리모델링에 대한 검토와 추진이 활발한 상황이다. 사업지에 따라 리모델링 방식은 달라질 수밖에 없다. 안전진단에 대한 예상이 필요하고, 1990년 이후에 지어진 아파트이더라도 어떤 시공이냐에 따라 D등급도 C등급도 나올 수 있다.

그 다음에 기초를 평가해야 하는데, 안전진단에서 가장 중요한 부분으로 많이 누락된 경우가 많고, 지역·지구에 따라 리모델링의 수직증축 등도 연계되어 있기 때문에 주의해야 한다. 가장 눈여겨볼 사항은 암반이 있느냐 없느냐이다. 암반이 있다면 수직증축에서 제도화되어 있는 안전성 검토는 쉽지만 지하주차장을 확보하는데 어려움이 생길 수 있다(그림 1.21 참조).

항목	내용
준공년도	• 수선형 리모델링 : 없음 • 대수선 리모델링 : 10년 • 증축형 리모델링 : 15년 • 준공연도에 따른 단지 특성 발췌
안전진단 예상등급	• 증축형 리모델링 : 구조부문 C등급 이상 C등급 : 수평, 별동 증축 B등급 : 수직, 수평, 별동 증축 • 재건축 판정을 받았어도 구조부문 C등급 이상이면 추진 가능
지역/지구	• 지구단위계획 수립지역 • 군사보호구역(성남비행장 영향) • 교육환경
지질/지형	• 암반 등 지질상태 추정 • 지형현황

그림 1.21 리모델링 기술검토 주요 항목_리모델링 기술 검토 항목

기존 설계도서를 검토해야 한다. 특히 구조도면이 없으면 수직증축을 할 수 없으므로 반드시 구조도면을 확인해야 하고 아파트 내력벽 등 아파트 구조에 대한 검토도 이루어져야 한다.

또 가장 중요한 것은 기초부분이다. 안전성 검토의 대부분은 기초를 어떻게 보강할 것인가가 중요한 요인으로 작용한다. 특히 오래된 아파트의 경우 파일의 설계 지지력이 표기 안 된 경우가 많아서 이런 경우에는 파일의 지지력을 확인하는 방법을 찾아야 한다.

그리고 기존의 도면을 토대로 흙막이나 암반 및 지질과 연관 있는 지하주차장을 어떤 식으로 확충할지 고민해야 한다. 구조체의 육안검사는 완벽하게 할 수는 없고 지하층을 중심으로 기초와 가장 가까이 있는 지하층을 중심으로 검토해서 중대한 결함이 없는지 살펴보아야 한다. 증축에 따른 간섭 등이 있는지도 확인해 두어야 한다(그림 1.22 참조).

기존 설계도서 (건축, 구조)

- 구조도면은 수직증축 리모델링의 경우 필수 없으면 수평, 별동 증축가능
- 내력벽 등 아파트 구조 검토
- 기초 현황 검토(파일의 설계 지지력이 표기 안된 단지의 경우 어려움 예상)
- 지하주차장 확장방안 수립

구조체 육안검사

- 사업착수 전 검토
- 중대결함 여부 확인
- 공용부위 위주로 확인

설계 및 시공상 문제점

- 증축에 따른 간섭
  - 수직, 수평, 별동 증축에 따른 간섭 여부
  - 베이 증가 여부
- 기존 지하주차장 상태
  - 구조적 안전성, 크랙, 진입방식, 주차면적, 재활용 여부

그림 1.22 리모델링 기술검토 주요 항목_기존 설계도서 검토

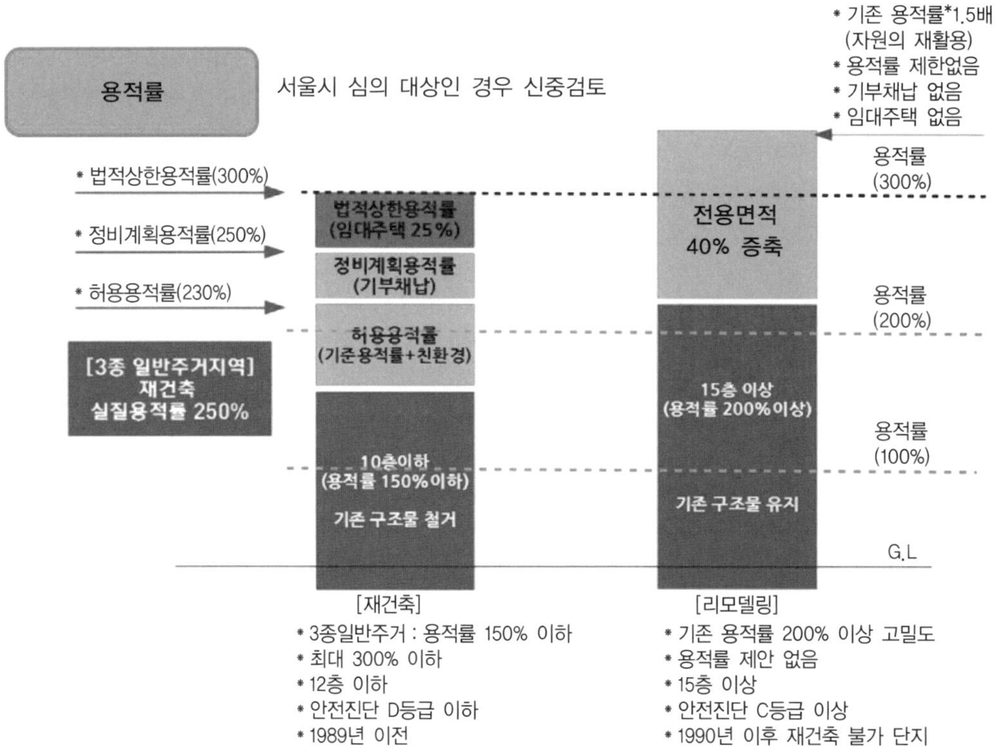

그림 1.23 리모델링 기술검토 주요 항목_용적률

리모델링 사업에서 재건축과 큰 차이는 용적률이다. 재건축의 경우 법적 상한 용적률 300% 범위 내에서 임대주택을 25% 짓는 조건으로 300%까지 가능하지만 리모델링은 전용면적의 30~40%까지 증축할 수 있기 때문에 300%를 초과해서 사업할 수 있다. 따라서 350% 정도 되는 단지들이 400% 후반까지 리모델링 사업을 추진하고 있고, 일반적으로 부천시 등의 인허가는 원활한 편이지만 서울시의 경우 용적률이 큰 경우 상당히 신중한 검토가 필요하다(그림 1.23 참조).

가장 중요한 부분이 설계도에서 보면 기존에 있는 파일의 지지력이 표시되어 있기도 하고 없기도 하다. 표시되어 있지 않으면 리모델링 사업이 굉장히 어려운데, 이 기존 파일의 지지력을 현재 법제화된 것은 2차 안전진단 이후에 기존파일에 대한 실제 지지력을 확인 · 실험하도록 되어 있다. 그러다 보니 파일의 지지대 표현이 없는 경우는 추정해서 설계할 수밖에 없다.

만약 그렇게 해서 주민들을 이주시킨 다음 2차 안전진단에서 기존 파일의 지지력이 확인되었을 때 지지력이 추정지지력보다 안 나오는 경우는 다시 안전진단으로 돌아가야 한다. 즉 건축심의부터 다시 해야 하고, 설계도에 지지력이 표현되어 있는 경우는 실제 지지력이 나오는지 확인까지 해야 한다. 상황이 이럴 때는 이 부분을 어쨌든 이주한 이후에 2차 안전진단에서 하게 되므로 리모델링 수직증축을 하는 리모델링 사업지에서는 굉장히 큰 리스크가 발생할 수 있는 부분이다. 이에 1차 안전진단 시에 할 수 있는 기술이나 공법을 개발할 필요가 있다(그림 1.24 참조).

리모델링 사업비 중 가장 큰 비중을 차지하는 것은 공사비이고 그 다음은 조합에서 사용하는 사업비이다. 사업비는 분양 수익이 들어오게 되는데 분양 수익을 뺀 금액이 전체적인 리모델링 사업비가 된다. 더불어 부수적으로 개별 세대에 대해서는 금융비용, 개별 제세공과, 취득세 등이 발생하게 된다. 여기에서 15% 이내 증가 세대의 분양 수익이 발생되면, 그 분양 수익을 비용에서 차감하고 남은 비용을 조합원들이 분담하는 구조이다.

정리하면 일반 분양이 없다면 공사비와 조합사업비를 모두 조합원이 분담하게 된다. 반면 일반 분양 수익이 크다면 분담금이 적어질 수 있다. 결과적으로 조합원 기준에서 사업의 성공 가능성, 사업성, 사업수지 등의 측면에서는 조합원이 부담해야 하는 사업비 대비 증가되는 면적 및 일반 분양의 가치가 얼마나 크냐가 중요하다(그림 1.25 참조).

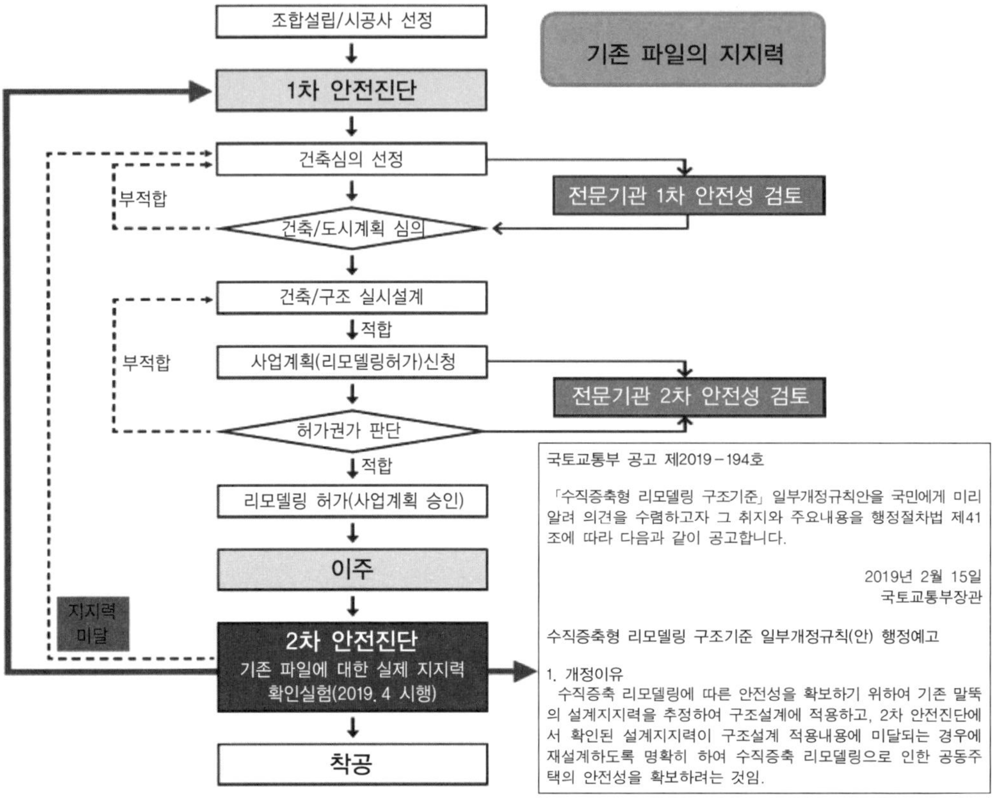

그림 1.24 리모델링 기술검토 주요 항목_설계

▣ 리모델링 사업비 = 공사비 + 조합사업비 − 분양수익 [+금융비 & 개별비용(제세공과 등)]

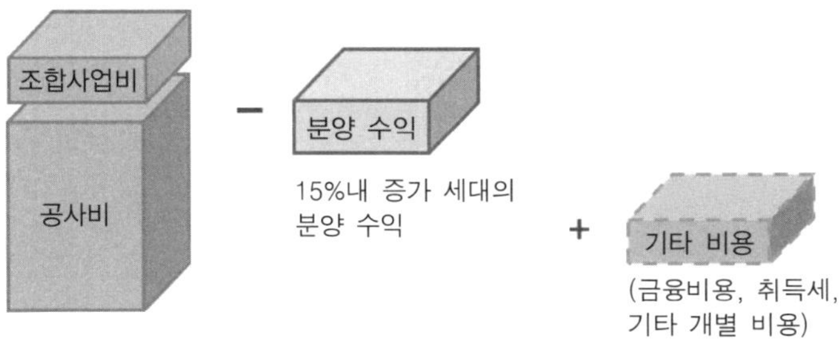

▣ 사업성공 가능성 : 사업비 부담≪평형증가 · 신축효과

그림 1.25 리모델링 사용 비용

리모델링 공사비는 직접비, 간접비, 부대비로 나눌 수 있다. 순공사비에는 공통가설 공사가 있다. 공통가설 공사는 공사할 때 전력을 사용해야 하기 때문에 필요한 가설전력을 의미한다. 그 다음 토목공사가 있다. 토목공사에는 땅 파기, 흙이 무너지지 않게 막는 흙막이 공사, 포장 등을 하는 부대토목공사, 파일공사가 있다. 건축 공정에는 콘크리트, 철근, 조적, 형틀, 미장, 방수, 타일, 유리, 수장 등 여러 가지 보강 공사가 있다.

리모델링 공사에서는 아파트 부분의 골조공사, 주차장이나 부속동의 골조공사, 세대 마감의 마감공사, 공용 외장 부분의 마감공사, 가구 · 가전공사, 보수 · 보강공사로 나눌 수 있다.

골조공사의 경우 아파트 골조공사가 훨씬 더 많이 들고 주차장보다 아파트에 대한 것, 세대 마감이나 공용부분 마감이 주차장 마감보다 마감공사비가 더 많이 들 수밖에 없다. 가구 · 가전을 얼마만큼 비중 있게 다루느냐에 따라 차이가 발생하는 부분이다.

그 다음으로 신축과 똑같은 조건이라 여기고 설비공사는 냉난방, 위생, 소화 등의 공사이고, 설비도 세대에 들어가는 것, 세대 외 공용에 쓰이는 것이 있다. 전기공사도 마찬가지이다. 전력, 조명, 제어, 통신, 인터넷, 소방, 보안에 대한 보강 등이 모두 전기공사에 포함되고, 이 또한 세대와 세대 외 공용으로 나눠진다. 예를 들면 글자도 색깔이 다른 것이 있고, 굵은 글씨, 얇은 글씨가 있듯이 색깔이 다른 글자를 공사에서 신축과 리모델링으로 견줄 수 있다. 공통가설이나 주차장 골조, 가구 · 가전들을 모두 가져다 놓는 것이다. 싱크대를 설치하는데 있어서 리모델링이라 해서 신축과 싱크대가 다르지는 않다.

토공사의 경우도 땅을 파는데 대지를 한꺼번에 다 팔 수 있는 것이 아니라 차이가 있고 흙막이공사도 마찬가지이다. 그러나 철거와 보수 · 보강이 신축에는 없다. 건물을 새로 짓는 데는 필요 없는 공정이기 때문이다. 철거를 위한 가설과 보수 · 보강을 위한 가설이 생기고, 철거 후 폐기물을 처리해야 하고, 보수 · 보강을 하는데 벽체보수, 균열보수, 단면보수, 파일까지 다 들어가야 하는 것이 리모델링이 신축과 차별화되는 점이다.

공통공사비는 현장관리비, 현장직원들에게 적용되는 법정 질병, 안전관리 등의 제비용이 들고 매입세도 발생한다. 매입세의 경우 국민주택규모 이하로 리모델링하거나 국민주택규모 이하였는데 30%까지 증축됐다면 부가세가 면세된다. 면세 조건에 의해 공사비와 설계비까지 면세된다. 그래서 부가세 10%를 내지 않아도 된다. 그 이상이 되면 현재도 국민주택규모 이상이던가 아니면 국민주택규모 이하였는데 30% 이상 증가하면 부가세 10%를 내게 되어 있다. 그런데 문제는 부가세를 면제받는 면세사업장이라고 하더라도 소비자(조합원)는 부가세를 내지 않지만 공사를 하기 위하여 자재를 매입하는 경우에는 부가세를 내야 한다. 그래서 면세사업장에서 건축자재 매입 시 발생되는 부가세를 매입세라고 한다. 또한 공사상 민원처리비가 발생한다. 공사 시에 발생하는 소음 · 분진에 관련된 것이 민원처리비이다.

부대비는 리모델링함에 있어서 발생하는 설계나 인허가 추진, 분양까지 시공사에서 할 수도 있고, 여러 가지 사업을 추진하면서 드는 비용과 시공사에서 사업을 추진하면서 드는 비용 등이 부대비용에 속하므로 공사비에 추가된다. 그리고 나머지 일반관리비, 금융비, 공과잡비, 세금 이런 것들로 공사비가 이루어진다(표 1.11 참조).

표 1.11 리모델링 공사비 구성

▣ 리모델링 사업비=직접비+간접비+부대비

<table>
<tr><th colspan="2">구분</th><th>항목</th><th>비고</th></tr>
<tr><td rowspan="19">순공사비</td><td>공통가설공사</td><td>공통가설 사무실, 가설전력, 현장 등</td><td rowspan="19">철거
폐기물
보수보강
벽체보강
균열보수
단면보수
마이크로파일</td></tr>
<tr><td rowspan="4">토목공사</td><td>토공사</td></tr>
<tr><td>흙막이공사</td></tr>
<tr><td>부대토목공사</td></tr>
<tr><td>파일공사</td></tr>
<tr><td rowspan="8">건축공사
콘크리트, 철근, 형틀, 철골, 조적, 미장방수, 타일, 석, 목, 창호, 유리, 수장, 가구, 도장, 금속, 가전 보강, 가설 기타</td><td>골조공사-APT주동부 골조</td></tr>
<tr><td>골조공사-주차장/부속동 골조</td></tr>
<tr><td>마감공사-세대마감</td></tr>
<tr><td>마감공사-공용/외장</td></tr>
<tr><td>가구/가전공사</td></tr>
<tr><td>보수보강-철거/가설</td></tr>
<tr><td>보수보강-구조보강</td></tr>
<tr><td>보수보강-보강파일</td></tr>
<tr><td rowspan="2">설비공사
냉 · 난방, 위생, 소화, 소방 외</td><td>세대마감</td></tr>
<tr><td>세대외 공용</td></tr>
<tr><td rowspan="2">전기공사
전력, 조명, 통신, 제어, 보안 외</td><td>세대마감</td></tr>
<tr><td>세대외 공용</td></tr>
<tr><td rowspan="2">조경공사</td><td>본공사</td></tr>
<tr><td>기존수목 제거/임목폐기물 처리</td></tr>
</table>

<table>
<tr><th></th><th>구분</th><th>비고</th></tr>
<tr><td rowspan="4">공통공사비</td><td>현장관리비</td><td></td></tr>
<tr><td>법정제비용</td><td></td></tr>
<tr><td>매입세</td><td></td></tr>
<tr><td>민원처리비</td><td></td></tr>
<tr><td rowspan="3">부대비</td><td>설계/인허가 관련</td><td></td></tr>
<tr><td>사업추진 관련</td><td></td></tr>
<tr><td>분양 관련</td><td></td></tr>
</table>

<table>
<tr><th></th><th>구분</th><th>비고</th></tr>
<tr><td rowspan="4">간접비</td><td>일반관리비</td><td></td></tr>
<tr><td>금융비용</td><td></td></tr>
<tr><td>공과잡비</td><td></td></tr>
<tr><td>세금</td><td></td></tr>
</table>

리모델링 공사를 위해 철거 시 최소한 골조 정도는 남겨 놓게 된다. 그렇기 때문에 완공 기준으로 봤을 때 50% 정도는 완성된 건물이라는 의견이 있다. 이때 철거하지 않고 남겨 놓은 골조를 존치골조라 한다. 존치골조는 결국 기존 골조를 그대로 사용하는 것이기 때문에 콘크리트나 철근의 비용이 절약된다. 엄밀히 신축에 비해 일정 부분의 비용 절약이 가능한 것은 맞다. 그러나 신축에 비해 비용이 증가하는 것도 있다. 즉 주변 민원, 흙막이공사, 공기증가, 공사구조의 보강 증가, 철거, 공사의 난이도에 따른 증가 비용이다. 비용의 증감은 설계에 따라 달라진다. 존치골조가 많이 남을 수 있도록 설계하면 신축보다 비용이 적게 들고, 존치골조를 많이 안 남게 설계하면 신축보다 비용이 많이 발생할 수 있다. 이러한 비용 문제를 설계단계에서부터 고민하면서 사업을 추진해야 한다. 이러한 설계와 비용관계에서 사업타당성 확인은 조합원 또는 조합의 집행부뿐만 아니라 전문적인 컨설팅 회사를 이용해 검토하는 것도 필요하다.

리모델링 공사비 특성은 사례에서도 설명했지만 신축에 비해 골조 수량이 적다는 것이다. 존치골조로 인해 투입되는 골조의 양이 많게는 80%에서 적게는 50%가 될 수도 있다.

철근, 콘크리트, 타설, 여러 배관들에 들어가는 비용은, 신축 때는 전체적으로 한꺼번에 견적내겠지만 리모델링의 경우는 증축 부위, 기존 부위에서 철거된 부위만 하는 식으로 한정적이다. 또한 인건비나 여러 가지 품이 많이 들어가 단가가 올라가기도 한다. 이러한 골조공사의 특성이 리모델링사업의 특징 중 하나이다(그림 1.26 참조).

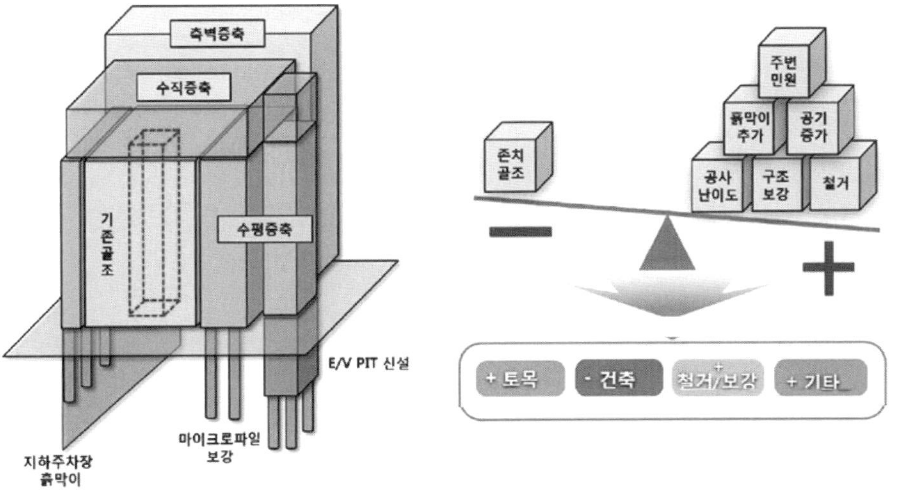

■ 골조수량은 低, 단가는 高

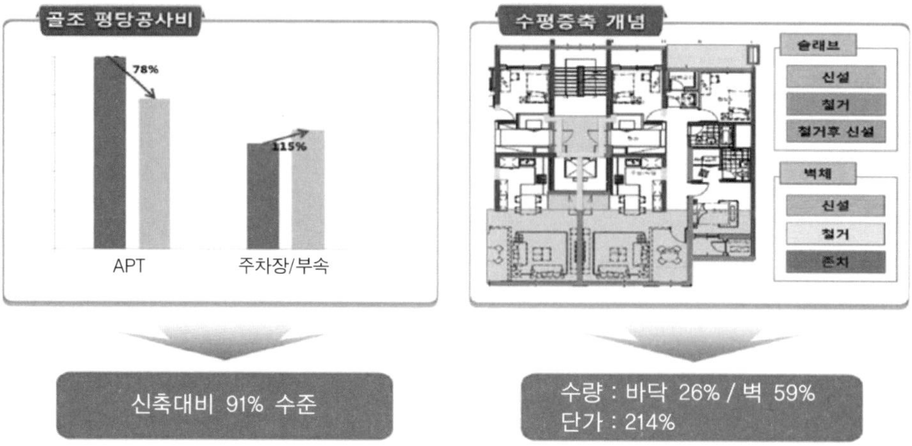

그림 1.26 리모델링 공사비의 특성 개요

철거, 보수·보강은 신축에 비해 공사비가 많이 추가된다. 신축할 때는 한꺼번에 견적내면 된다. 아무리 큰 리모델링 사업 단지이더라도 보통 2~3개월이면 작업이 끝낼 수 있지만 공사를 하다보면 변수가 발생하여 철거만 하는데 10개월 이상이 걸리는 경우도 있다(그림 1.27 참조).

■ 기존 건축물 철거 및 구조보강 필요

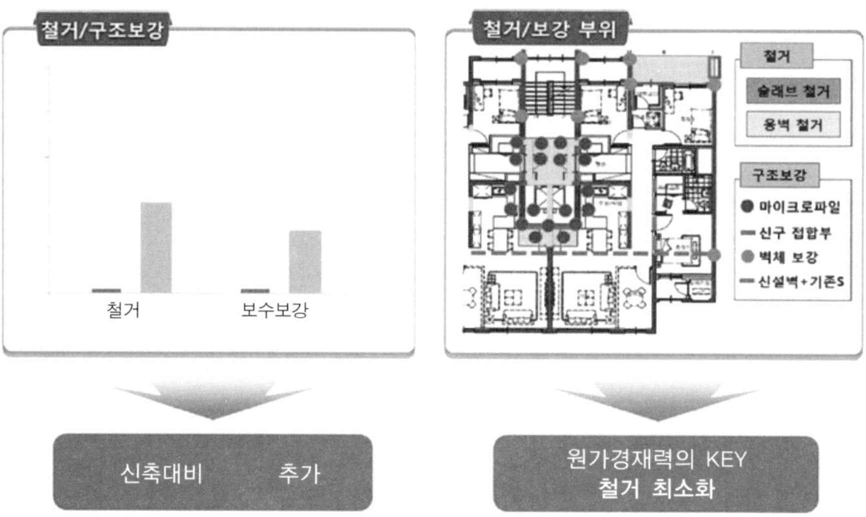

그림 1.27 리모델링 공사비의 특성_기존 건축물 철거 및 구조보강 필요

2) 자금조달

개발형 리모델링은 사업성 분석결과를 토대로 투입한 자금을 기대하는 시점에 자금을 다시 회수할 수 있는 현금흐름을 정확히 판단하여 자금을 조달할 수 있는 능력이 필요하다. 리모델링 사업시 금융기관을 통해 자금을 조달하는 것은 아직까지 활성화 되어 있지 않아 어려움이 있기 때문이다. 개발형 리모델링은 사업성 분석능력과 그에 따른 자금조달능력이 사업의 성패를 결정할 수 있는 능력이라고 볼 수 있다.

3) 안전진단기술 검토 분석

리모델링 사업은 기존 구조물의 안전진단 결과에 따라 보수, 보강비용의 차이가 많이 나므로 안전진단에 대한 기술적 검토가 중요하다. 기존 구조물의 안전진단 결과에 따라 리모델링 범위가 달라질 수 있으므로 전문적인 기술 검토가 필요하다.

4.2.4 개발형 리모델링의 사업전략과 추진방식

1) 개발형 리모델링 사업전략

기업들이 리모델링 사업을 추진하기 위해서는 대형사업의 경우에는 대기업이 기술력과 자금력 등에서 유리할 수 있으나 중소업체들의 경우에는 보수와 부분적인 개수사업에 주력하여 리모델링 상품에 대한 특화전략이 필요하다고 본다. 리모델링 사업은 신축과 달리 사전에 공사내용이 비용을 예측하기가 어렵기 때문에 발주자들로부터 불신을 받는 경우가 적지 않으므로 합리적인 공사비 설정과 철저한 사후관리를 통해 발주자와의 신뢰를 쌓아가는 것이 중요하다.

2) 개발형 리모델링 사업 추진방식

① 단순도급방식

단순공사에 대한 도급방식으로 리모델링을 추진하는 방식을 말한다. 단순수주의 경우라도 시공자가 개발사업 관점에서 기존 건물의 가치향상을 위한 사업방식으로 접근하면 수주의 기회를 확대할 수 있다.

② 개발사업방식

건축주로부터 기존 건물의 가치향상 리모델링을 의뢰받거나 시공업체가 직접 사업주체가 되어 리모델링을 추진하는 방식을 말한다. 대부분 시공업체가 직접 건물을 매입하여 리모델링을 추진하고 임대 또는 매각을 통하여 수익을 확보하는 방식으로 추진하고 있다.

③ 리스크 분담 사업 방식

건설업체와 건물주가 공동으로 리스크를 분담하여 리모델링을 추진하는 방식을 말한다. 리스크 분담방식은 리모델링 건물에 대한 리스크 최소화 차원에서 건설업체가 20%, 사업주가 80%를 분담하는 방식도 예가 될 수 있다.

• 일부도급 + 일부분양도급

사례 : 일반건물 리모델링시 : 리모델링 후 미분양시 대물로 공사비 부담
공동주택 리모델링시 : 수직증축 리모델링 미분양시 대물공사비 부담

3) 개발형 리모델링의 사업전략 방향

① 수익성 증대 목적의 리모델링 활성화 방안

㉠ 건물의 성능을 향상시키고 용도변경 등으로 실현 가능

㉡ 단독주택, 상업시설, 일부 아파트

㉢ 일반빌딩/호텔/백화점

② 성능 향상 목적의 리모델링 증대 방안

㉠ 모든 건물에서 추진이 가능

㉡ 관공서 건물/학교 건물 등

㉢ 공동주택 아파트

4) 개발형 리모델링 사업전략 방법

① 단순수주방식 탈피

시공회사가 단순도급보다는 개발사업적 관점에서의 적극적인 사업 제안 방식으로 접근할 때 수주기회의 확대가 가능하다.

② 직접 매입 개발사업방식 활성화

시공회사가 직접 사업주체가 되어 추진하는 방식으로 건설업체가 건물을 직접 매입하여 리모델링을 추진하여 수익을 확보하는 방식의 활성화가 필요하다.

③ 기업 규모별 차별화 접근방식

대형건설업체는 리모델링 전체 용역의 조사, 진단, 기획, 설계 등의 전문화 부분의

접근이 필요하다. 중소건설업체는 유지 · 보수 부분과 리모델링 시공 부분의 전문화가 필요하다.

4.3 개발형 리모델링 입지선정과 사업 유형별 사례

4.3.1 수익형 부동산개발 입지 선정 분석

1) 리모델링 입지선정

리모델링을 위한 매물을 찾을 때는 먼저 어떤 지역에 어떤 유형의 건물에 투자하는 것이 매우 중요하다. 리모델링 입지 선정을 위해서는 대상지역의 인구, 학군, 자연환경 등 여러 가지 입지 선정기준이 있겠지만, 주변 도심의 개발 가능성이 높은 지역에 투자하는 것이 리모델링 건물의 가치를 올릴 수 있는 좋은 방법이 되기 때문이다. 오래된 지역에 기존 건물을 매입해 리모델링을 통해 스스로 건물 가치를 높이는 것도 중요하지만 국가나 지방자치단체 등이 주변 환경 개선을 위해 투자 가능성이 있는 지역이면 투자가치를 더 올릴 수 있기 때문이다.

2) 리모델링 투입 비용에 따른 임대료 상승의 한계점

노후화 된 건물을 리모델링 해서 주변보다 경쟁력 있는 건물을 만들수는 있지만 대상지역의 임대료 한계 마지노선은 정해져 있다. 따라서 아무리 많은 돈을 투입하여 리모델링을 한다고 해서 임대료가 투입비에 비례하여 상승하지는 않기 때문이다.

3) 차별화 된 지역의 리모델링

도심의 혐오시설이나 기피시설이 있던 지역이 이전되는 지역의 경우에는 그 지역이 시민에게 이익이 되는 다중이용시설이 들어오게 되면 임대료가 상승하게 되어 건물의 가치가 상승되는 경우도 있기 때문이다.

4) 노후 도심 또는 기피시설 리모델링 부지개발 사례

① 경의선 지중화 홍대 경의선 숲길 조성

② 당인리발전소 지중화 공원 조성

③ 경춘선 폐도로 숲길 조성

④ 성동구치소 이전 지역부지개발

⑤ 구의 동부지방법원 이전 지역부지개발

4.3.2 재건축시와 리모델링시 사업성 검토 사례

개발형 리모델링 건축 사업성 분석시에는 먼저 재건축 시와 리모델링 시 사업타당성을 검토하여 수익성이 유리한 쪽을 선택해야 한다.

다음은 재건축 시와 리모델링 시 사례를 분석한 것이다. 아래 사례의 사업 타당성 분석 내용의 사업 금액은 참고용으로 산출 시점에 따라 현실과 다를 수 있다.

부동산 개발 재투자는 리스크에 의한 투자결정을 하는 경우와 수익률에 의한 투자 결정을 해야 하는 경우가 있다. 수익률이 비슷할 경우에는 투자자본이 적게 들어가는 "B" 사례인 리모델링 대안이 유리하다고 볼 수 있다.

구분	투자자본	투자이익	수익률	비고
"A"사례	10억	1억	10%	재건축 투자
"B"사례	5억	5천만원	10%	리모델링 투자

사례 1 : 서울시 강남구 도곡동 OO도시형생활주택 재건축 투자 사례

① 사업 개요

- 서울 강남구 도곡동 제2종 일반주거지역(용적률 182.6%)
- 토지면적 : 207㎡(63평), 건축연면적 : 380㎡(115평)
- 규모 : 원룸형 10가구(전용면적 12㎡)
  주인거주형 1가구(전용면적 115㎡)

② 총투자금액 : 51,920만원

- 공사비 : 51,920만원(380만원/평당 + 빌트인 비용)

③ 실투자금액 : 41,920만원

- 보증금 : 1억(10가구×1,000만원)
  51,920만원 − 10,000만원 = 41,920만원

④ 월 수익 : 600만원

- 공실률 : 10% 가정
- 유효 매출액 : 600만원(10가구×60만원)

⑤ 연 수익률 : 17.8%

7,200만원÷41,920만원=17.8% 수익률

신축 전 전경

신축 후 전경

사례 2 : 서울시 강남구 역삼동 OO도시형생활주택 리모델링 투자 사례

① 사업 개요

- 강남구 역삼동 지하 1층, 지상 4층 상가빌딩
- 리모델링 : 지하 1층(소형 오피스), 1층(상가), 지상 2~4층(고시원 12가구)
- 리모델링 총투입비용 : 4억(2억원은 융자, 연 6% 금리)

표 1.12 역삼동 4층 건물 리모델링 사업 전후 비교 (단위 : 만원, 자료 : 코쿤하우스)

리모델링 전			리모델링 후		
구분	보증금	월세	구분	보증금	월세
지하 1층(PC방)	2,000	150	지하 1층(오피스 10실)	2,000	650
1층(음식점)	10,000	250	1층(점포)	10,000	350
2~4층(사무실)	무보증금 사무실	300	2~4층(고시원 12실)	없음	700
			잠재매출	12,000	1,700
			공실 10% 반영한 유효매출		1,530
합계	12,000	700	합계	12,000	1,130*

※ '*'는 유효매출에서 2억원 대출에 대한 월 이자 100만원과 월 운영비 300만원을 제외한 수치

리모델링 전

리모델링 후

사례 3 : 서울 은평구 대조동 근린상가 리모델링 투자 사례

① 사업 개요

- 부지위치 : 서울 은평구 대조동 ○○번지
- 대지면적 : 716㎡(217평)
- 연면적 : 330㎡
- 규모 : 근생 2층 1동(60평), 주택 1층 1동(40평)
- 용도지역 : 제3종 일반주거지역, 전면 30m 도로, 측면 3m 도로
- 사업조건 : 현재 근생시설은 보증금 5천만원, 월세 250만원, 주택은 비어 있음
  유치원 건물로 리모델링 : 1억천만원 소요

㉠ 부지 위치도

㉡ 기존 건물 현황

㉢ 부지 지번도

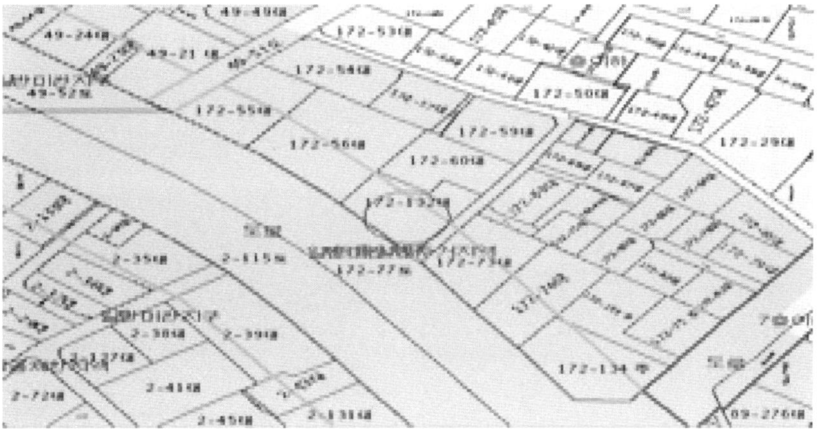

② 개발형 리모델링 투자 분석

㉠ 법규 분석

- 제3종 주거지역으로 용적률/건폐율 문제 없음
- 건물높이/인접경계선/일조건/건축할 수 있는 용도 등

㉡ S.W.O.T 분석

장 점	약 점
1. 양쪽 전철역세권 중간지점으로 대로변 인접	1. 역세권에서 조금 떨어져 도시형생활주택이 어려움
2. 다가구와 아파트 배후지역	2. 토지비(1800만원/3.3㎡)가 높음
3. 초·중·고등학교 교육시설이 풍부함	3. 연립, 다가구 개발은 수익성에 한계가 있음

㉢ 자산투자 분석

ⓐ 문제점

- 역세권에서 떨어져 도시형생활주택 개발이 어려움.
- 연립, 다가구 주택 개발시 수익성이 별로 없음.

ⓑ 투자대책

- 신축개발로는 수익성에 한계가 있으므로 주변 배후지역의 특성을 살려 유치원으로 리모델링한 후 임대 또는 매각방안을 마련함.
- 유치원 리모델링 비용 : 약 1억 3천~1억 5천만원 정도
- 유치원 입주자 사전 마케팅

사례 4 : 노후 주택 용도변경 개발형 리모델링 상가

- 아래 노후 주택은 왜 신축을 하지 않고 리모델링을 했을까?

용도변경 전 증축 리모델링

용도변경 후 증축 리모델링

① 재건축시 사업성 부족

- 기존 소규모 노후 주택의 재건축의 경우는 대부분 사업성이 나오기 어렵다.
- 신축 경우는 주차장을 추가 설치로 인한 수익성이 악화 될수 있기 때문이다.

② 용도변경 증축 리모델링시 사업성 유리

- <u>리모델링 경우는 50㎡ 까지는 추가 주차장 증설 없이도 증축이 가능하여 사업성에서 유리하다.</u>
- 일반적으로 국민소득 3만불이 넘게 되면 주차장법 강화 등에 따라 노후주택을 허물고 재건축 하는 것은 쉽지 않다.

사례 5 : 공동주택 개발형 리모델링 별동 증축 아파트

• 분당 한솔마을 별동 증축 리모델링 아파트 사례

① 사업개요

• 규모 : 총 세대수-1,156세대, 동수-12개동, 층수-15층, 25층

• 준공일 : 1994년 10월 25일

• 용적률 : 170%

② 4개동 별동증축 리모델링

• 별동증축 리모델링 총세대수의 15%에서 20%로 상향

리모델링 전 아파트

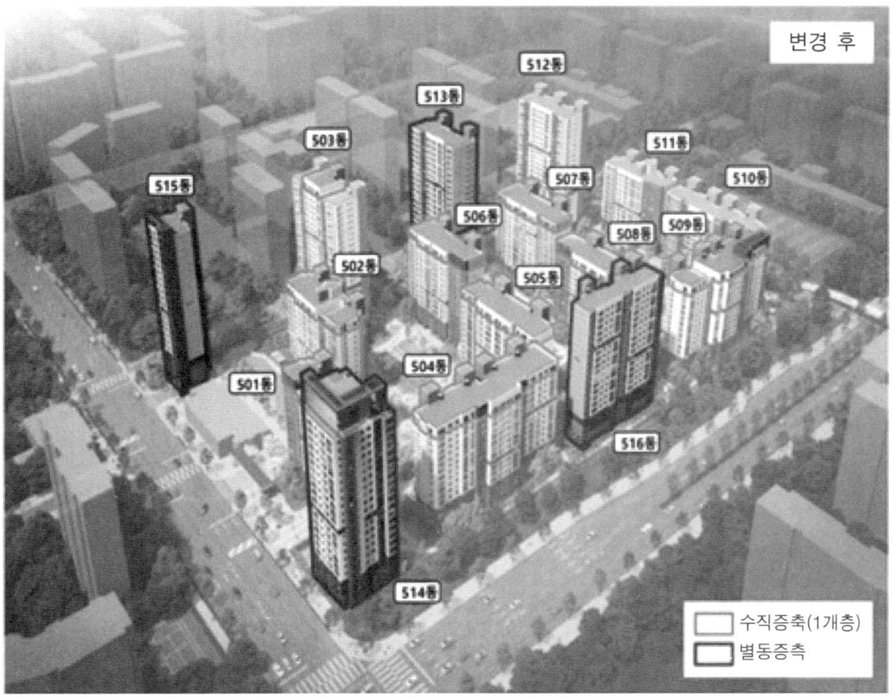

제 2 장
리모델링 마케팅 전략 및 실무

1. 리모델링 마케팅 개요
2. 리모델링 시장의 마케팅적 특성
3. 리모델링 마케팅 기본전략
4. 리모델링 마케팅 수주 및 홍보 전략

1. 리모델링 마케팅 개요

1.1 마케팅이란 무엇인가?

마케팅이란, 한국마케팅학회의 정의에 따르면 조직이나 개인이 자신의 목적을 달성시키는 교환을 창출하고 유지할 수 있도록 시장을 정의하고 관리하는 과정이라고 한다.[1] 이러한 마케팅의 정의는 기업체가 수익을 많이 내기 위해 여러 가지 서비스를 제공하여 고객을 확보하려 노력하는 행위에 초점을 맞추고 있다. 하지만 최근 마케팅은 일반적인 용어가 되어가고 있으며, 다양한 조직에서도 활용하고 있는 현실이다. 따라서 조금 폭넓은 개념으로 정의할 필요가 있다.

'어떤 이가 상대가 가진 어떤 것을 얻기 위해 노력하는 과정'[2]이라는 정의는 조금 넓은 의미를 함축하고 있지만, 확장되어 가는 마케팅의 영역을 고려한다면 시의적절한 정의라고도 볼 수 있다. <u>리모델링과 같은 건설부동산 상품이 일반 재화와 동일하다면 굳이 기존의 마케팅 정의와 영역을 확장할 필요가 없지만 주택과 같은 주거용 부동산 상품에는 특히 공적인 요소가 많이 포함된다.</u> 따라서 이를 일반 재화와 동일하게 시장의 수요와 공급의 논리에만 맡겨둘 수는 없으며 정부차원의 일정부분 시장 개입이 필요할 수 있다.

이런 이유로 건설부동산 마케팅은 일반 재화에 비해 조금 확장된 개념의 마케팅을 고려하는 것이 바람직할 것이다.

1) 마케팅 정의 제정위원회, 한국마케팅학회의 마케팅 정의, 2001
2) 강승규, 주식회사 서울을 팔아라, 랜덤하우스중앙, 2006. 6

1.2 마케팅의 트렌드 변화

1.2.1 마케팅의 시대별 트렌드 변화

마케팅 1.0시대 (70~80년대)	마케팅 2.0시대 (80~90년대)	마케팅 3.0시대 (90~20년대)	마케팅 4.0시대 (2010~)
1. 상품 중시	1. 소비자 중시	1. 가치 중시	1. 상생 중시
2. 제품 중시 • 안전성 • 품질관리 • 대량생산시대	2. 제품+차별화 (디자인) • 차별성 • 서비스관리 • 소량 다품종시대	2. 제품+차별화+가치 중시 • 기능성+관리성+공익성 • 경험과 문화관리 (well being) • 복지화시대 (디자인+웰빙사회)	2. 제품+차별화+따뜻한 가치 • 활용성+다양성+상생성 • 웰빙+사회 상생관리 • 웰빙, 라이트시대
3. 고객만족시대 • 감동시대	3. 고객감동시대 • 감성시대	3. 고객관계시대 • 감성+이성시대	3. 고객 상생시대/로하스시대 (웰빙+사회 상생과 환경) • 감성+이성+행복시대
4. 판매시대	4. 분양시대	4. 스토리텔링 마케팅	4. 스토리텔링 마케팅
고전자본주의 (70~80년대)	수정자본주의 (90~2000년대)	신자본주의 (2000~2010년)	책임자본주의 (2010~2020년)

1.2.2 스토리텔링 마케팅 사례

1) 사례 1 : 일본 "합격사과" 스토리텔링 마케팅 사례

① 스토리텔링 마케팅이란?

스토리텔링 마케팅이란 상품의 기능을 따분하게 설명하는 것이 아니라 상품에 담겨 있는 의미나 개인적인 이야기를 제시함으로써 상품에 대한 몰입과 재미를 불러일으키게 하는 주관적이고 감성적인 마케팅 기법이다.

② 스토리텔링 분양전략

1991년 일본의 아오모리현은 연이은 태풍으로 사과의 90%가 떨어졌다. 한 농부가 나무에 간신히 매달려 있는 사과를 따서 "결코 떨어지지 않는 사과"라는 이름으로 수험생에게 1개에 10배 가격에 판매, 그것이 바로 입시생들에게 대히트를 쳤던 합격사과 '스토리텔링 마케팅 전략'이다.

1.2.3 마케팅 정보 전략의 패러다임 변화

1) 마케팅 목표와 전략의 변화

1. 마케팅 목표	시장 점유율 마케팅 Market Share	고객점유율 마케팅 Customer Share
2. 마케팅 전략	대중 · 표적 마케팅 Mass · Target	일대일 마케팅 One-to-One
3. 마케팅 과정	거래량 마케팅 Transaction	고객관계 마케팅 Relationship
4. 마케팅 전달	단방향 마케팅 One-way Communication	양방향 마케팅 Double-way Communication

2) 고객정보 마케팅의 변화

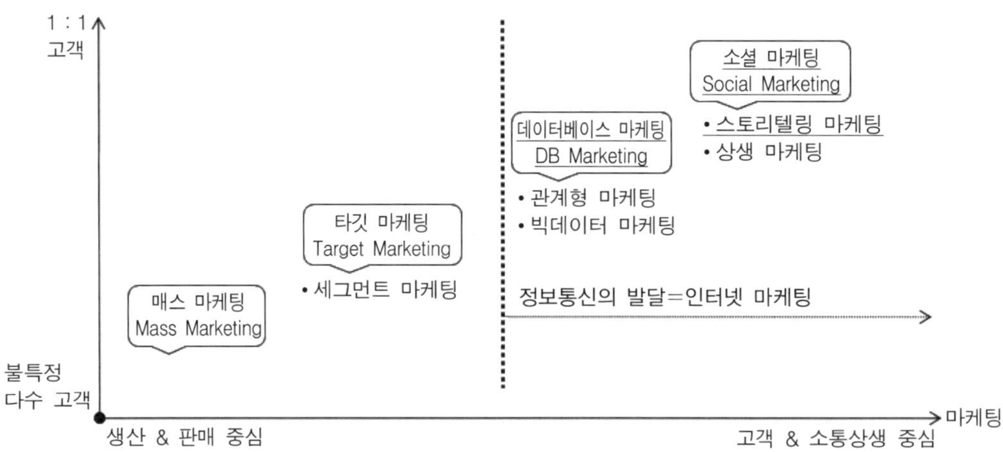

고객정보 수집의 흐름 변화

3) 온라인 인터넷 부동산 마케팅 정보화 전략

① 부동산 종합정보 서비스

- 네이버 / 다음 / 부동산 114 등

② 부동산 정보망 서비스

- 블로그 / 카페 / 모바일 / 투자정보 서비스

<table>
<tr><td colspan="3">부동산 종합정보 서비스
Naver/다음/부동산114</td></tr>
<tr><td>블로그</td><td>카페</td><td>모바일 서비스</td></tr>
<tr><td colspan="2">• 부동산 투자정보 서비스
• 부동산 매물정보 서비스</td><td>• 임대전문/공실정보 서비스
• 포털카페 서비스</td></tr>
</table>

③ 부동산 정보검색 경로

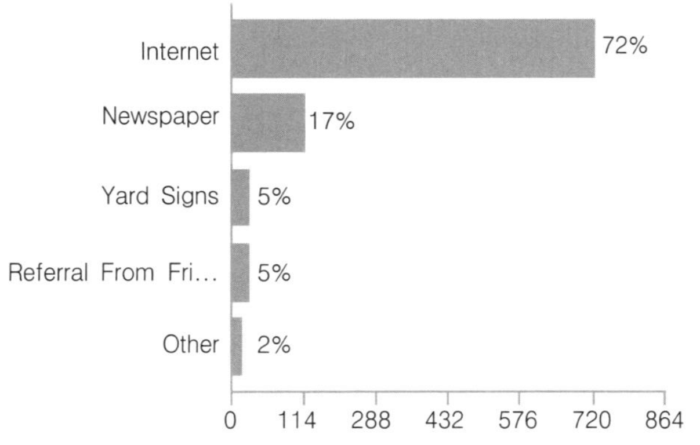

출처 : rentbits(2012)

4) 온라인과 오프라인 홍보전략과 방법

부동산 마케팅 방법에는 off-line과 on-line 방법이 있으며, 지금까지는 부동산 마케팅에서는 off-line마케팅이 많았으나 앞으로는 on-line마케팅이 증가 할 것으로 본다.

<u>① Off-line방법</u>

- Off-line 마케팅 방법으로는 D/M방법, F/M방법, E/M방법, T/M방법, M/M 방법, 현수막 부착 등이 있다.
- 임대설명회, 미디어작업도 Off-line마케팅 방법으로 유효하다.

② On-line방법

- On-line 마케팅 방법은 인터넷을 활용하여 현재의 임차인을 발견하거나 미래 예상 임차인을 찾아내는 방법을 말한다.
- 임대전문 사이트를 활용하거나 자체 또는 업무제휴로 부동산 전문 사이트를 이용하는 마케팅이다.

1.3 리모델링 마케팅의 개념과 이해

리모델링 마케팅은 경영학의 마케팅 이론을 건설부동산 상품에 적용한 건설부동산 마케팅의 한 영역이라 이해할 수 있다. 즉 마케팅 대상이 리모델링 상품에 한정되는 분야라고 볼 수 있다. 따라서 리모델링 마케팅은 리모델링 상품을 팔기 위해 마케팅적 도구를 어떻게 활용하고 전략적으로 접근할 것인가가 가장 중요한 사항이라 여겨진다.

사실 건설부동산 마케팅도 국내·외로 오랜 기간 동안 학문적 영역으로 정착되어 연구되었던 분야가 아니기 때문에 아직 리모델링 마케팅의 학문적 관심은 높지 않은 것이 현실이다. 하지만 건설부동산 마케팅 관련 학술논문의 숫자가 최근 들어 급속히 증가하고 있는 추세와 함께 리모델링 마케팅에 대한 학술논문도 조금씩 발표되고 있다. 국립중앙도서관의 학위논문 검색에서 리모델링 마케팅이라는 단어로 검색을 하면 2000년 이후 3편의 논문이 검색된다.

표 2.1 연도별 건설부동산 관련 마케팅 관련 학위논문 수

(단위 : 건, %)

연도		1980년대	1990년대	2000년대
건설부동산 마케팅	건수	1	6	42
	전년대비 증가율	–	600%	700%
리모델링 마케팅	건수	0	0	3
	전년대비 증가율	–	–	300%

* 국립중앙도서관, 2006.12

건설부동산 마케팅 관련 논문이 1990년대 이전에는 1983년 발표된 한 건이 전부였으며, 1990년대까지 발표된 논문도 7편에 지나지 않았으나, 2000년 이후에는 42건의 논문이 발표되어 폭발적으로 증가하고 있음을 알 수 있다. 현재 리모델링 마케팅도 건설부동산 마케팅과 같이 2000년 이후에는 많은 관심과 함께 상당수의 논문이 발표될 것으로 기대한다.

리모델링 마케팅은 건설부동산 마케팅의 하위시장[3]이라고 볼 수 있다. 하위시장은 상부시장의 영향을 받는 서열구조의 형태를 띠기 때문에 건설부동산 시장이 침체하면 리모델링 시장은 별다른 이슈가 없어도 침체하는 경향을 띠기도 한다. 따라서 산업별로 보면 몇 단계의 하위시장인 리모델링 시장은 상부시장 경기의 호·불호에 따라 상당한 파급효과가 있음에 유의할 필요가 있다.

리모델링 마케팅이란 건설부동산 마케팅의 한 영역이라고 볼 수 있다. 건설부동산 마케팅을 세 가지 기준으로 분류하면 1)거래조건에 따른 유형 2)상품개발 시기에 따른 유형 3)판매주체에 따른 유형을 들 수 있다. 다른 유형들과의 차별점을 찾기는 어렵지만 리모델링 마케팅은 상품개발 시기에 따른 유형 중 사후 판매와 밀접하게 관련되어 있다. 즉 리모델링 마케팅은 일반 건설부동산 상품이 사전판매인 것에 비하면 상품이 만들어진 후 판매가 이루어지는 사후판매에 가깝다. 물론 리모델링 마케팅도 완벽한 사후판매 상품은 아니지만 건설부동산 상품에 있어 가장 중요한 지역성이라는 변수를 확인할 수 있다는 점은 사전판매보다는 사후판매에 가깝다고 이야기할 수 있다. 따라서 리모델링 마케팅은 다른 건설부동산 마케팅에 비해 지역성 분석에 많은 시간이 투여되지 않으며 현재 존재하는 건물의 활용도를 어떻게 제고시킬 것인지가 논의의 초점이 될 수 있다.

표 2.2 상품개발 시기에 따른 건설부동산 마케팅의 유형

구분	내용	유형
사전판매	상품이 만들어지기 전 판매	분양, 임대
사후판매	상품이 만들어진 후 판매	매각, 임대, 교환

3) 하위시장이란 하위시스템을 일컫는 말이다. 시스템 체계의 서열구조에서 상대적으로 소규모이며 상위시스템의 지배를 받는 일정 영역을 뜻한다. 경제학에서는 대기업에 경제적으로 예속되어 있는 중소기업, 아니면 백화점을 중심으로 형성된 소규모 상권을 뜻하기도 한다. 정치경제학에서는 범국가적 정치경제 공동체에 예속된 단위국가를 뜻한다.

1.4 리모델링 마케팅 환경론

경영학에서 일컫는 '전략'이라는 용어는 경쟁자와의 관계에서 파악된 내부역량(자원)을 외부환경에 대응하여 효율적으로 배분하는 일이라고 한다. 따라서 경영전략에 있어서 외부환경의 중요성은 지대하며 경영전략의 성패를 가늠하는 마케팅에 있어서 환경적 요인 또한 그러하다.

리모델링 시장에서의 외부환경은 부동산의 특성상 일정 부분은 정부의 간섭이 전제되므로 매우 중요한 변수라고 할 수 있다. 정부의 정책에 따라 리모델링 시장의 상부시장인 건설부동산 시장이 활성화되기도 하고 장기간의 침체로 접어들기도 한다. 특히 건설부동산 상품은 기획에서 생산까지 3년 내외의 기간이 소요되며 리모델링 시장도 기획 부분에서 소요되는 시간이 상당하므로 기간 내에 추진될 수 있는 정부정책의 중요성은 더욱 커진다고 하겠다.

리모델링 마케팅 환경(Remodeling marketing environment)이란 리모델링 시장과 대내·외적으로 관련 있는 제반환경 변수들의 총체라고 정의할 수 있다. 이러한 환경은 리모델링 시장과 상호교류를 통해 서로의 목적달성에 기여한다. 리모델링 마케팅 환경은 자연환경, 경제환경, 정치환경, 그리고 사회환경으로 구분할 수 있다.

1.4.1 자연환경

리모델링 마케팅을 둘러싼 환경적 요인 중 자연환경은 최근 '지속가능한 개발'[4]이 건설부동산 산업의 화두로 대두되면서 부각되는 환경적 요인이다. 대규모 시설물을 지을 때 주변에 미치는 환경적 영향을 평가하는 '환경영향평가제'도 이러한 리모델링 마케팅의 환경적 요인 중 하나인 자연환경에 속한다고 볼 수 있다.

4) 미래 세대가 그들의 필요를 충족시킬 수 있는 가능성을 손상시키지 않는 범위에서 현재 세대의 필요를 충족시키는 개발. 1972년 '로마클럽'의 제1차 보고서인 〈성장의 한계〉에서 환경과 개발에 관한 강한 우려를 표명하면서 '지속가능한 발전(sustainable development)'이라는 용어를 사용하였다. 그 후 1980년 국제자연보호연합(IUCN), 국제연합환경계획(UNEP), 세계자연보호기금(WWF)에 의해 〈세계환경보전전략〉이 공동으로 작성되었는데 여기서 생태계, 생명계의 유지, 생물종의 다양성 보전, 자원의 지속적 이용의 확보가 거론되었다. 또한 '지속가능한 사회', '지속가능한 생활' 등 유사한 단어들이 등장하였다.

그리고 층간소음, 새집증후군(sick house syndrome)[5], 실내공기질 등의 주거시설 내의 환경적 문제도 광의적으로는 리모델링 마케팅의 자연환경에 포함된다고 볼 수 있다.

1.4.2 경제환경

리모델링 마케팅도 전체 경제시스템의 한 부분이다. 따라서 리모델링 마케팅도 특정 시점의 경제구조와 경기변동 상황에 따라 영향을 받는다. 경기변화에 따라 마케팅의 방법이 달라지듯이 경기변동은 가격과 수요에 즉각적인 영향을 미친다.

1.4.3 정치환경

정치, 행정적 환경은 리모델링 마케팅에 영향을 미치는 가장 강력한 환경적 요인이라고 알려져 있다. 정부의 간섭과 규제가 명분을 얻을 수 있는[6] 건설부동산 시장에 있어 정부의 정책기조에 따라 경기가 호황을 누리거나 침체의 늪에 빠뜨리거나 할 수 있다.

정치환경은 꼭 억제수단으로만 사용되는 것은 아니며 경기진작을 위해서는 부양책으로 사용되어지기도 한다. 즉 정치환경은 강력한 억제수단과 동시에 기회요인으로도 작용한다. IMF 이후 침체된 건설부동산 시장에 도입되었던 분양권 전매제도는 2000년대 초 부동산 시장의 활황을 주도했던 대표적인 정책변수로 일컬어진다.

아직까지 리모델링 시장이 활성화되지 못한 이유 중에도 리모델링 관련 정책들이 제대로 갖추어지지 못했기 때문이라는 의견이 지배적일 정도로 정치환경의 중요성은 크다고 볼 수 있다.

1.4.4 사회환경

최근 리모델링 상품도 소비자의 기호의 변화에 따라 그에 맞는 최적의 상품들이 출시되고 있다. 웰빙 바람이 불면서 건강과 친환경적인 웰빙아파트의 출현은 단적인

5) 새로 지은 건물 안에서 거주자들이 느끼는 건강상의 문제 및 불쾌감을 말하며 주로 벤젠, 톨루엔, 클로로포름과 같은 휘발성 유기화합물로 발생한다. 일본은 이를 법적으로 규제하고 있다.

6) 사적 시장에서는 자원이 부적절하게 할당될 수 있는데, 이를 '시장의 실패'라고 하며 이러한 시장의 실패가 정부개입의 명분이 된다. 부동산 시장은 다주택 보유자들로 인해 자원할당의 왜곡현상이 일어나는 대표적인 시장이라는 것이 정부개입론자들의 주장이다.

예라고 할 수 있다. 이렇듯 트렌드의 변화는 리모델링 마케팅의 환경적 요인으로 새롭게 부각되고 있는 변수이다. 이러한 사회환경으로 최근 건설부동산 광고에는 자연주의적 콘셉트가 부각되고 있다.

이러한 웰빙 트렌드와 함께 첨단화 트렌드도 함께 부각되고 있는데, 리모델링 사업의 경우 웰빙보다는 상대적으로 첨단화 트렌드에 초점을 맞추고 있다. 이는 리모델링이 기본적으로 노후된 건물을 새로운 건물로 바꾸는 목적에 우선하고 있기 때문이다.

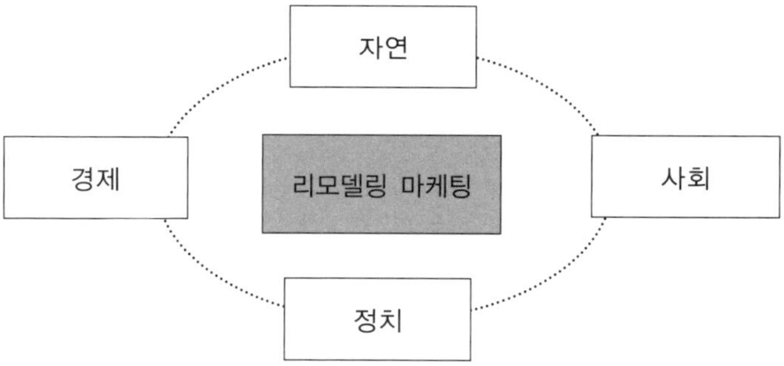

그림 2.1 리모델링 마케팅 환경론

이러한 환경적 요소를 다른 방식으로 분류할 수도 있다. 환경적 요소가 가지고 있는 시간적 지속성과 영향력이라는 기준을 가지고 fad(일시적 유행), fashion(유행), trend(트렌드), culture code(국민성)로 분류할 수 있다. Fad는 for a day의 줄임말로서 하루밖에 지속되지 않는 일시적인 유행을 뜻한다. 2000년 중반 새집증후군을 해소하기 위해 새 아파트에 입주하는 가구가 코팅을 하는 것이 유행이었던 적이 있다. 하지만 이러한 유행은 1년여 지속되다 거의 사라져 현재는 새집에 입주를 하더라도 코팅하는 경우는 거의 없다. 이러한 사회적 현상이 바로 fad이다.

fashion은 유행이기는 하지만 fad에 비해서는 상당기간 지속되는 성향을 가지며 fashion의 가장 중요한 특성은 주기성을 갖는다는 것이다. 고장난 시계라도 하루에 두 번은 시간이 정확히 맞듯이 오래 전에 유행했던 옷들도 시간이 지나 다시금 유행하는 경우가 생긴다. 물론 정확히 똑같은 옷이 유행하는 경우보다는 트렌드에 맞게 다소 간의 수정된 옷이 유행하는 경우가 일반적이다. trend는 10년이라는 시간을 두고 장기간 유행하는 거대한 사회적 흐름을 뜻한다. 트렌드는 유행하기도 쉽지 않지만 유행하기만 하면 상당기간 지속되는 특징을 가진다. fad나 fashion하고는 다르게 트렌드는 예측 가능하다고 한다. 많은 트렌드 전문가들이 다가올 트렌드를 예측하고 이를 통해 사회에 미치는 영향들을 분석하기도 한다. 문화 코드(Culture code)는 문화인류학자인 라파엘 박사가 저술한 저서에서 원용한 단어인데 아무리 거대한 흐름(트렌드)이 다가오더라도 변하지 않는 집단 무의식을 의미한다.

표 2.3 환경적 변수의 판단

구분	Fad	Fashion	Trend	Culture Code
의미	일시적 유행	유행	대세	국민성
기간	단기	순환	장기	최장기
예측	불가능	어려움	가능	가능

이러한 환경적 요인을 나타내는 4가지 정의들을 이해하는 것은 중요하다. 마케팅 활동을 수행하는 주체들이 통제할 수 없는 변수가 일시적인 유행인지 몇 십 년이 지속될 트렌드인지를 아는 것은 외부환경에 대응하여 내부역량을 어떻게 배분해야 하는 결정을 내리는 경영전략과 함께 마케팅전략 수행에 커다란 영향을 미치는 필수적인 변수이기 때문이다.

2. 리모델링 시장의 마케팅적 특성

2.1 리모델링 사업의 특성[7)]

1) 사업규모는 소규모이나 편차 심함

리모델링 공사의 단위물량 규모는 소규모이지만 그 편차가 매우 심한 특징을 보인다. 리모델링 수주 공사의 편차가 크다는 것은 근본적으로 리모델링 사업의 종류 또는 특징에 따라 매우 다양하게 발생한다는 것을 의미한다.

7) '윤영선, 중소 건설업체의 건축물 리모델링 시장 진출방안과 제도개선 과제, 한국건설산업연구원, 2006. 12'을 참조하였음

2) 수익성 확보와 경영의 안정성에 긍정적 효과 제공

리모델링 공사는 회사의 매출 규모를 확대하는 데는 별 도움을 주지 않지만 수익성을 높이고 자금흐름 측면에서 경영의 안정성을 제고하는 데는 효과적이다. 이런 측면에서 리모델링을 중심으로 사업을 영위하려는 업체들은 회사의 외형적 매출규모 확대보다는 경영의 안정성을 중시하는 경향을 보인다.

3) 민간 상업용 건물이 주된 시장

리모델링 수주 분야는 대체로 민간 분야의 상업용 건물이 주류를 이루고 있다. 상업용 건물은 단위개수가 많아 리모델링의 잠재적 수요가 풍부하다. 리모델링 사업을 추진하는 업체들은 거의 대부분 상업용 건물을 중점 영업대상으로 하고 있다. 이에 비하여 특정 유형의 건물에 특화하여 리모델링 사업을 추진하는 경우는 쉽게 발견하기 어렵다. 이는 리모델링 시장이 아직은 초기 형성단계에 있는데다 전문화를 통한 사업 추진에 익숙하지 않다는 점이 복합적으로 작용한 결과로 판단된다.

4) 지인을 통한 소개방식의 수주에 의존

리모델링 수주는 여전히 지인 등을 통한 소개가 주류를 이루고 있다. 이는 대부분의 리모델링 공사가 소규모이며 업체의 체계적인 수주영업 전략이 확립되어 있지 않음을 보여준다.

5) 발주유형은 사업제안 방식이 주류

민간 부문의 리모델링 수주는 주로 소개에 의한 지명경쟁을 통하여 이루어지는데, 구체적으로 가격경쟁입찰방식과 사업제안방식 중 한 가지로 추진된다. 이 중 사업제안 방식이 보다 많이 활용되고 있는 편이다.

6) 사업제안 능력이 수주의 핵심 관건

리모델링 수주가 주로 사업제안방식의 경쟁을 통하여 이루어지므로 사업제안 능력이 수주의 핵심적 관건이 되고 있다. 즉 발주자의 요구조건을 잘 반영하고 설득할 수 있는 사업제안서 작성 능력이 수주의 열쇠가 되는 경우가 많다.

7) 종합적 엔지니어링 능력이 핵심 경쟁력

리모델링 수주에 있어서 사업제안 능력이 중요하다는 것은 이를 뒷받침할 수 있는 핵심 경쟁력을 보유해야 한다는 것을 의미한다. 리모델링 사업에서 요구되는 핵심

경쟁력은 종합적인 엔지니어링 능력이다. 리모델링은 비록 기존 건물을 대상으로 하는 소규모 사업이지만 기술적인 측면에서 풍부한 경험과 기술적 노하우를 필요로 하는 사업이다.

8) 리스크 요인 및 능력 부족으로 자체 개발사업 추진업체는 제한적

도급방식 이외에 자체 개발방식으로 리모델링 사업을 추진하는 업체는 아직 많은 편이 아니다. 여전히 많은 업체들이 도급형 사업에 주력하는 경향을 보이는데, 이는 개발형 사업에서 직면할 수 있는 리스크를 줄이려는 경향 때문이다. 그러나 다른 한편으로 개발형 사업 추진을 기피하는 것은 중소업체 스스로 리모델링 사업에 대한 적극적인 사업 분석과 추진능력을 아직 확보하고 있지 못한 것으로도 해석된다.

2.2 리모델링 사업의 마케팅적 특성

리모델링 시장은 도입기 시장으로서의 특징을 보인다. 따라서 경쟁업자들은 중요하지 않을 수 있다. 물론 시장에는 많은 잠재 경쟁업자가 존재한다고 하더라도 유력한 경쟁업자는 없기 때문에 경쟁전략 수립의 중요성은 떨어진다. 전반적인 전략은 시장 확보에 초점을 맞추어야 하며 적자상태를 당분간 감수해야 하는 경우도 있다. 유통경로는 선택적으로 사용하며 초기 수용층(early adaptor)을 목표로 한 마케팅 전략 수행이 필요하다. 홍보전략으로는 정부정책에 대한 홍보전략을 업계 차원에서 추진하는 것이 시장 저변 확대에 필수적이라고 볼 수 있다.

<u>도입기 시장은 고가 위주의 전략을 추진하는 것이 일반적이지만 리모델링의 경우는 도입기 상품이면서 가격 위주의 차별화 전략을 수행해야 한다.</u> 한 설문조사에 의하면 리모델링을 추진하는 목적으로는 '주민부담금절감'이 가장 높게 나온데 반해 재건축은 '사업 후 개발이익'이 주목적으로 나타났다. 이 조사에 의하면 리모델링 사업의 시행 여부에 있어 비용절감이 상당히 중요한 비중을 차지한다는 것을 알 수 있다. 가격 위주의 리모델링업체 선정은 재건축과 경쟁관계에 있는 리모델링 시장의 포지셔닝을 더욱 어렵게 만드는 요인으로 작용하여 업체들의 창의력을 빼앗기도 한다. 하지만 이러한 시장특성을 감안하여 원가절감에 노력하는 것이 성공적인 사업수행에 절대적인 요소가 된다.

표 2.4 리모델링 추진목적[8)]

선호도	재건축	리모델링
1순위	사업 후 개발이익(30%)	주민부담금 절감(16%)
2순위	원하는 평면형태(11%)	단지의 환경 보존(9%)
3순위	주차 및 단지(9%)	대형 평형 확보(5%)

리모델링 사업에 있어 가격 위주의 전략이 정착된 원인은 정보 부족에 기인하는 경우도 있다. 건물 소유자들은 리모델링과 관련된 전문지식이나 사업자에 대한 신뢰성 있는 정보를 거의 보유하고 있지 않다. 이러한 상황 하에서는 분쟁발생 가능성을 사전에 대비해야 하는데 따라서 제안입찰방식에 따른 종합기획력을 보유하고 사전마케팅을 통해 발주자의 신뢰를 끌어낼 수 있는 방안이 중요하게 대두된다.

부동산은 서비스 산업이다. 리모델링의 경우는 신축에 비해 더욱 서비스 마케팅적 요소가 크다. 서비스는 무형성, 비분리성, 소멸성, 변동성 등의 요소가 특징이다. 이러한 서비스적 요소에 대응하는 마케팅 방법으로는 비주얼한 소프트웨어를 활용하여 리모델링 후의 조감도를 보여주는 방식 등으로 최대한 유형화시켜야 하며, 서비스가 제품과 분리되지 않는 성향은 서비스의 접점, 즉 고객과 만나는 MOT(moment of truth)를 적절히 관리하는 전략이 필요하다. 그리고 서비스가 곧 소멸되며 그 질이 변동 가능한 점은 직원교육의 강화를 통해 서비스를 매뉴얼화하여 해결할 수 있을 것이다.

리모델링 수요는 잠재된 수요로서 공급자가 발굴해야 하는 경우가 많다. 필요하면 수요에 대응하는 방식이 아닌 욕망을 창출해야 하는 경우도 발생한다. 이러한 리모델링 수요에 대응하기 위해서는 턴키베이스 형식의 사업제안형 수주전략이 필요하다. 고객이 자신의 욕구를 파악하지 못할 경우 수동적인 자세보다는 능동적으로 패키지형 상품을 제공해야 하기 때문이다.

잠재된 시장은 시장세분화도 어렵게 만든다. 현재는 리모델링 시장에서 활동하는 업체들이 이러한 시장 세분화에 대한 의지가 높지 않으나 장기적으로는 전문성 확보 측면에서 초기에는 공급자 위주의 시장세분화 전략이 필요할 것이다. 이러한 시장 세분화 전략은 특히 회사가 자원을 많이 확보하고 있지 않은 중소건설업체들에게 더욱 절실할 것이다.

---

8) 이정복, 공동주택 리모델링에 관한 포지셔닝 및 건설사업관리 적용방안, 2005. 12

리모델링의 수요는 여러 속성을 가지고 있다. 따라서 리모델링 사업을 수행하기로 결정하기까지 복잡한 경로를 밟을 가능성이 높다. 리모델링의 의사결정변수를 크게 ㉠ 물리적 요소, ㉡ 사회 물리적 요소, ㉢ 입지적 특성, ㉣ 경제적 특성으로 나눌 수 있는데 물리적 요소에는 주택의 규모, 실내인테리어 수준, 건축물의 노후도, 단지 내 녹지 및 조경상황 등을 들 수 있다. 사회 물리적 요소로는 도로교통 소음, 외부인으로부터 사생활 보호 정도가 포함되며, 입지적 특성은 편익시설 이용의 편리성을 의미한다. 경제적 특성은 주택의 현 시장가치, 매매의 용이성을 들 수 있다.[9)]

표 2.5 리모델링 의사결정의 주요 변수

대분류	소분류
물리적 요소	주택의 규모(평)
	실내 인테리어 수준
	건축물의 노후도
	단지내 녹지 및 조경
사회, 물리적 요소	도로교통 소음 및 기타
	외부인으로부터 사생활 보호
입지적 특성	편익시설 이용의 편리성
경제적 특성	주택의 현 시장 가치
	매매의 용이성

또한 리모델링은 유통경로를 설정하는데 어려움을 겪는다. 상품과 고객이 명확해야 다음 단계로 유통경로를 설정할 수 있으나 리모델링 사업의 경우 상품도 맞춤식이며 고객은 잠재되어 있는 경우가 많아 유통경로 설정이 원천적으로 어렵다. G건설의 경우 리모델링 사업을 검토하는 초기단계에서 리모델링 프랜차이즈 사업[10)]을 유통경로 확장 차원에서 검토했던 이유도 리모델링 사업이 가진 마케팅믹스 차원의 특징으로 인해 유통경로 확보가 쉽지 않을 것이라는 인식 때문이었다.

리모델링 시장은 범위는 넓고 다양하다. 즉 단위공사 규모는 작으나 발생건수는 많은 특징을 가지고 있다.

9) 윤여완 외, 사용자 요구 분석을 통한 리모델링 방법 선정에 관한 연구, 한국건축사공학회, 2004. 6

10) 리모델링 프랜차이즈 사업에 대한 고민은 궁극적으로 리모델링이 수주형 산업인가 상품형 시장인가에 대한 고민이기도 하다.

이는 국내 건축물에서 5백 제곱미터 이하의 소형 건축물이 차지하는 비중이 90%로 압도적인데 기인하는 점이 크다. 따라서 마케팅 전략은 다품종 소량생산체제로의 전환이 필요하다. 이러한 다품종 소량생산체제는 리모델링 수요에 대한 대응차원에서는 바람직한 것으로 여겨지나 문제는 이러한 상품은 전반적인 서민경제의 경기상황과 밀접하게 연관되어 있어 조금만 경기가 어려워지면 불요불급하지 않은 지출을 줄이는 특성으로 인해 경기변동에 따라 사업이 심각한 어려움에 처할 수 있다. 따라서 투자형[11) 리모델링 사업을 적극적으로 발굴하는 대안을 마련할 필요가 있다. 자금이 선투입되는 부담은 있지만 아이디어만 있으면 경기변동에도 꾸준한 물량 확보가 가능하며 상당한 수준의 초과 수익도 기대할 수 있기 때문이다.

리모델링 사업의 수주는 여전히 지인 등을 통한 소개가 주류를 이룬다. 그리고 다양한 마케팅 전략을 수행한 업체의 경험으로도 소개 이외에 홍보전략은 효과가 높지 않은 것으로 나타난다. 따라서 리모델링 사업에 있어 입소문 마케팅(buzz marketing)[12) 의 중요성이 크다고 볼 수 있다.

이러한 소개를 통한 수주를 탈피하기 위해서는 체계적인 영업활동과 마케팅 시스템 구축이 필요하다. 이를 위해 마케팅 채널을 다양화시키는 노력이 요구되는데, 홈페이지를 통한 수주 다변화와 함께 박람회 등의 이벤트를 적극적으로 활용하는 자세가 도움이 될 수 있다.

리모델링 수주는 소개에 의한 지명경쟁으로 이루어진다. 구체적으로는 가격경쟁입찰방식과 사업제안방식으로 분류되는데 사업제안능력이 수주의 핵심적 관건이 된다.

---

11) 용도변경형 또는 개발형이라고도 한다. 예를 들면 낡은 상가를 매입하여 리모델링 후 되파는 또는 지분매각하는 사업형태를 말한다.

12) 입소문마케팅이란 소비자들이 자발적으로 메시지를 전달하게 하여 상품에 대한 긍정적인 입소문을 내게 하는 마케팅기법이다. 꿀벌이 윙윙거리는(buzz) 것처럼 소비자들이 상품에 대해 말하는 것을 마케팅으로 삼는 것으로, 입소문마케팅 또는 구전마케팅(word of mouth)이라고도 한다.
모양이나 기능이 뛰어나고 편리하게 사용할 수 있으며 효율성과 가격 면에서도 앞서는 상품, 사람들의 눈에 잘 띄는 상품이 주요대상이 되는데, 예를 들면 폴크스바겐의 딱정벌레차와 비아그라 · 해리포터 시리즈 등이 대표적인 성공 사례이다.
매스미디어를 통한 마케팅기법에 비해 비용이 저렴하며 기존의 채널로는 도달하기 어려운 소비자에게 접근할 수 있다. 그러나 여론 형성에 주도적인 역할을 하는 사람을 찾아내 적극적으로 활용해야 하며, 공급을 제한하고 커뮤니티를 잘 활용해야 한다. 또한 일정한 궤도에 오르면 광고와 매스미디어를 활용하고, 입소문은 부정적인 면도 갖추고 있으므로 만약의 사태에 항상 대비하는 자세가 필요하다.

일반적으로 발주자는 리모델링 추진의 방향 설정과 사업 타당성 분석까지를 요구하는 경우가 많다. 따라서 사전마케팅(pre-marketing) 활동이 중요하며 종합적인 엔지니어링 능력이 수주의 핵심관건으로 등장한다.

마지막으로 리모델링 사업은 하자보수와 분쟁해결을 위한 합리적인 장치가 마련되어야 한다. 즉 사후서비스(after service)가 중요하게 작용한다. 이를 위해 사전조사와 진단을 철저히 하여 불확실한 요인을 사전에 제거하려는 노력이 선행되어야 한다. 이와 함께 계약을 철저히 하고 시공보증 등의 행위를 통해 고객의 불안요소를 해소하며 사후 적극적 서비스를 통해 고객과의 관계정립에 노력해야 한다. 가장 중요한 점은 하자가 아닌 하자까지 책임지게 되는 사태를 미연에 방지하기 위해 직극적인 커뮤니케이션이 필요하다.

3. 리모델링 마케팅 기본전략

3.1 STP 전략

STP(Segmentation, Targeting, Positioning) 전략은 다양한 고객의 욕구를 발굴하여 유사한 고객집단으로 분류하고(시장 세분화, Segmentation), 자신이 보유한 역량과 자산을 고려하여 가장 적합한 시장을 찾아내고(표적시장의 선정, Targeting) 그 표적시장에서 자사의 제품을 알리는(포지셔닝, Positioning) 일련의 과정을 수행하기 위한 전략을 말한다.

이러한 마케팅 전략의 수행과정인 STP 전략은 통합적으로 움직여야 한다. 시장세분화는 표적시장 선정의 목적을 가지고 고객집단을 분류해야 하며 포지셔닝은 선정된 표적시장 내에 자사 제품을 어떻게 인식시키는가가 중요하다. 따라서 STP 전략은 각 구성요소들 간의 상관관계와 상호 작용의 중요성을 간과해서는 안 된다.

리모델링 상품의 경우에도 STP 전략은 중요하다. 리모델링 상품은 상품이 가지는 특성으로 인해 개인화된 고객들을 대상으로 차별화된 상품을 공급하기에는 한계가 많다. 특히 집합건물 내 호수별로 분리된 상품의 경우 일대일 마케팅 수준의 차별화된 상품을 공급한다는 것은 거의 불가능하다.

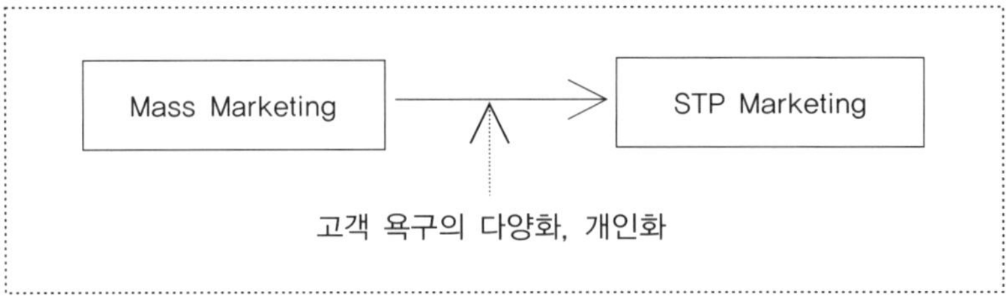

그림 2.2 STP전략 도입 배경

이로 인해 리모델링 상품은 상품이 가지는 물리적인 특성보다는 이러한 물리적인 특성에 포함된 서비스를 통해 고객만족을 꾀할 수밖에 없다. 따라서 STP 전략의 서비스적 요소의 중요성이 더욱 커진다고 할 수 있겠다.

3.2 시장세분화(Segmentation)

시장세분화란 특정 리모델링 상품에 대해 효과적으로 마케팅 목표를 달성하기 위해서는 상품의 가망 고객을 분석하고, 이를 토대로 시장을 세분화시키는 일이 선행되어야 한다. 이를 통해 기업은 해당 상품의 수급동향 및 매력도를 정확히 예측할 수 있으며, 나아가 신규상품 개발의 근거자료를 확보할 수 있다.

시장 세분화를 통해 기업은 첫째, 마케팅 활동 수행의 전제단계로서 리모델링 시장의 수급 동향을 예측할 수 있다. 리모델링 시장의 수급 동향을 예측하기 위해서는 시장을 최대한 세분화시켜 분석하는 것이 중요하다. 이러한 시장 세분화는 수요자 입장에서 할 수도 있으며 공급자의 입장에서도 수행할 수 있다.

수요자의 입장에서는 신혼가구, 독신가구, 3세대 동거가구 등 가구별 특성에 따른 리모델링 상품의 수요를 예측할 수 있다. 최근 1인 가구가 급속히 증가하고 있으나[13] 이러한 변화는 주택보급률에도 포함되지 않으므로 1인 가구 수요 예측을 통해 새로운 리모델링 상품을 개발한다면 틈새시장 개척의 의미를 가질 수 있을 것이다.

---

13) 일반가구와 총 가구는 5년간 각각 11.0%, 11.1%의 증가에 그치고 있으나 1인 가구와 외국인 가구의 5년간 증가율은 각각 42.5%, 29.8%에 이른다. 특히 1인 가구의 경우 2000년에는 총 가구에서 차지하는 비중이 15.5%였으나 2005년에는 무려 20%를 차지하고 있어 5가구 중 1가구는 1인 가구일 정도로 급속히 늘어나고 있다. 이러한 추세는 향후에도 지속될 것으로 보여 주택보급률 산정의 기초자료가 수정될 필요성이 제기되고 있다.

시장 세분화를 통해 기업은 둘째, 신규 리모델링 상품 개발의 근거자료를 확보할 수 있다. 궁극적으로 시장을 세분화하는 목적은 그 세분화된 시장에 맞는 상품을 개발해내기 위해서이다.

또한 시장 세분화란 마케팅 활동을 수행할 만한 가치가 있는 명확하고 유의미한 구매자 집단으로 시장을 나누는 활동을 말한다. 즉 시장의 규모나 특성이 관련 회사가 사업을 수행하기에 규모가 작거나 적합하지 않을 경우에는 시장 세분화의 의미가 약해진다. 시장 세분화의 의미를 결정하는 기준으로는 원가 등 비용 측면이 중요하게 고려된다. 특히 대기업의 경우 소규모 시장에 대한 진출은 비용 측면에서 하기 힘든 경우가 많다. 따라서 일률적으로 세대수를 언급하기는 곤란하지만 아파트 사업의 경우 서울은 100세대, 수도권은 200세대, 지방의 경우는 500세대는 되어야 사업성을 검토하는 것이 일반적이다. 하지만 현재 리모델링 시장은 이보다 훨씬 적은 세대수라고 하더라도 진입기의 시장이므로 적극적인 세분화 대상으로 포함시키는 것이 바람직할 것이다.

3.3 표적시장(Target Market) 선정

표적시장이란 마케팅 환경 변화에 대응하여 경쟁사와의 관계에서 살펴본 자사가 보유한 역량과 자원이 최대한의 시장성과를 달성할 수 있는 최적의 시장을 찾아내는 전략을 말한다. 즉 표적시장이란 회사가 보유한 상품이 가장 잘 팔릴 수 있는 시장을 말한다. 표적시장에서 가장 중요하게 살펴보아야 하는 변수는 표적시장을 선정하는 기준과 선정된 표적시장에 어떻게 도달할 수 있는가 하는 커버리지 전략(Coverage strategy)이다.

리모델링 사업의 표적시장을 선정하는 기준은 3단계로 나누어볼 수 있다. 먼저 입주년도가 증축 리모델링에 적합한 기준년한(15년 이상) 이상의 단지 인지를 파악하여 필요조건을 충족시켜야 한다. 2단계로는 10층 이상의 단지는 재건축 사업성이 현저히 떨어져 리모델링 사업의 경쟁력을 확보할 수 있으므로 이러한 단지를 선택하여야 한다. 마지막으로 최종적인 사업성을 살펴야 하는데, 현재 리모델링 공사비는 대략 300만 원 내외라고 볼 수 있는데, 이러한 공사비에 현재 아파트 시세를 추가했을 때 지역 내 상위 아파트 단지의 시세보다 낮은 단지를 찾는 것이 필요하다.

3.4 포지셔닝(Positioning) 전략

포지셔닝이란 기업의 자사 제품이 경쟁사 제품과는 다른 차별화된 특징을 보유하고 있음을 고객에게 인지시키기 위한 과정을 포지셔닝 전략이라고 한다.

최근에는 이러한 포지셔닝에 있어 제품이 가진 물리적 특성보다는 소비자의 심리적 요인에 더 많은 비중을 두는 경향이 있다. 즉 진출하려는 표적시장이 비교적 안정되어 있고 강력한 선두주자가 있는 경우에는 고객의 선호도는 쉽게 변하지 않으며, 이런 경우에는 제품의 물리적 특성을 변경시키려는 노력과 함께 소비자의 심리적 인지도가 더욱 강조되고 있다.

그러나 한 번 설정된 포지셔닝은 영원하지 않으며 경쟁상황과 소비자 욕구의 변화에 따라 재포지셔닝(repositioning) 하여야 한다. 제품 개발과 출시 시점에서 목표한대로 포지셔닝이 훌륭하게 되었어도 시간이 지남에 따라 이 포지셔닝이 부적합할 수도 있다. 소비자 욕구나 경쟁상황이 달라지거나 또는 성장하리라 예상했던 표적시장이 너무 작은 경우가 바로 그러한 예라고 할 수 있다. 이때는 당초 포지셔닝에 안주하지 말고 철저한 조사를 통해 자사 제품의 포지션을 분석하고 새로운 포지션을 개발하는 재포지셔닝 전략을 수행해야 한다.

리모델링 사업에 있어서도 건설회사들의 브랜드가 중요한데, 대우건설의 경우 푸르지오란 브랜드를 론칭(launching)할 때 처음 푸르지오의 브랜드 콘셉트는 깨끗하고, 산뜻하고, 젊다는 의미의 '푸르다'와 지구와 대지를 의미하는 지오(geo)가 결합된 당시 유행하던 웰빙에 초점을 맞추었다. 과거 서민적, 튼튼한, 중후, 장대의 이미지에서 웰빙, 섬세함, 모던함 등의 이미지로 상징성이 바뀌었다. 2005년 들어 대우건설은 프리미엄이 있는 아파트, 트렌드를 창출하고 정착시키는 역할을 하는 'value trend setter'라는 방향으로 재포지셔닝 전략을 추진하였다. 당시 재포지셔닝 전략을 추진했던 이유는 '웰빙'이라는 트렌드가 경쟁사에서 너도나도 도입하여 흔한 브랜드 콘셉트가 되었으며 소비자의 욕구도 아파트를 '투자가치' 있는 상품으로 보기 시작했기 때문이다. 따라서 이러한 소비자 욕구와 시장경쟁 상황의 변화에 대응한 재포지셔닝 전략을 추구하였다고 볼 수 있다.

3.5 4Ps전략

마케팅믹스란 기업이 마케팅 목표에 따라 설정한 시장 표적에 마케팅 활동을 집중시키기 위해 사용하는 모든 투입변수 등을 해당 기업의 환경과 상황에 맞게, 그리고 마케팅 효과가 최대화될 수 있도록 구성하는 마케팅 전략을 일컫는다. 이러한 마케팅 믹스의 요소로는 상품(Product), 가격(Price), 유통채널(Place), 판매촉진(Promotion) 등 4가지를 들 수 있다. 흔히 이를 영어단어의 첫 글자를 따서 4Ps라고 한다.

STP전략과 4Ps전략은 모두 마케팅 기획이라고 볼 수 있다. STP전략은 상품개발단계에서의 기획이고 4Ps전략은 상품개발 후의 판매기획이라고 할 수 있다. STP전략으로 개발할 상품의 위치를 파악하고 4Ps전략을 섞어서 상품판매 전략을 짜는 것이라고 이해할 수 있다. 따라서 경영전략 측면에서는 STP가 전략개념에 가깝고 4Ps는 이를 실행하는 전술[14] 개념에 가깝다.

1) 상품(Product)전략

먼저 리모델링 상품의 이해를 높이기 위해 건설부동산 상품의 유형을 분류해보도록 하자. 건설부동산 상품은 일반적으로 아파트, 오피스텔, 상가, 오피스, 펜션 등으로 분류할 수 있다. 이는 부동산 상품을 활용하는 용도에 따른 분류라고 할 수 있다. 하지만 요즘의 부동산 상품은 두세 가지 용도가 복합적으로 사용되는 경우가 늘어나는 복합개발이 트렌드화되고 있어 이러한 분류체계는 적절치 않은 경우가 많다.

따라서 최근에는 부동산 상품의 수익실현방법이 어떠하냐에 따라 '수익형 부동산'과 '주거용 부동산'으로 분류하기도 한다. 수익형 부동산을 영어로 표현하면 'Income Producing Property'라고 하는데, 수익이 발생하는 부동산 자산이라는 의미를 가진다. 여기서의 수익이란 임대료와 같은 직접적인 수익을 의미한다. 주거용 부동산의 전세금과 같이 금융기관에 예치하여 간접적으로 이자소득이 발생하는 자산은 수익형 부동산이라 할 수 없다. 최근 저금리, 고령화의 트렌드에 따라 과거와 같은 용도별 분류보다는 수익실현방법이 어떠하냐에 따른 분류가 더 적절할 수 있다. 즉 수익형 부동산은 상품 그 자체보다는 이를 어떻게 활용하느냐가 더욱 중요하다는 말이다.

---

14) 작전목적을 수행하는 데 있어 부대나 개인을 가장 효율적인 방법으로 배치, 기동, 운영하는 방법과 기술을 뜻하며 종합적이고 광범위하며 장기적인 계획 및 운영을 의미하는 전략과는 달리 국부적이고 단기적인 성격을 띤다.

리모델링 시장에서도 수익형 부동산과 주거용 부동산(특히 공동주택)은 상품으로서 다른 특징을 보인다. 주거용 부동산의 경우 매월 일정한 수익이 없기 때문에 수익형 부동산에 비해 투자형(개발형) 리모델링 사업이 적을 수밖에 없다. 최근 부동산 상품의 트렌드는 첨단화, 웰빙화, 복합화, 브랜드화, 조망화라고 정의할 수 있는데, 리모델링 시장에도 이와 유사한 트렌드가 적용되고 있다고 볼 수 있다. 특히 리모델링 시장에서는 사업의 특성으로 인해 웰빙화보다는 첨단화가 조금 더 강세이며 조망화는 재건축과 경쟁관계에 있는 리모델링 사업 추진의 가장 큰 장점으로 부각되고 있다. 즉 재건축의 경우 추첨을 통해 동호수가 배정되어 현재 누리고 있는 조망권을 확보한다는 보장이 없지만, 리모델링의 경우 기존의 조망권을 확보할 수 있기 때문에 갈수록 주거상품에서 조망권이 강조되는 최근의 경향으로 본다면 리모델링 사업 활성화가 기대된다고 볼 수 있다.

2) 가격(Price)전략

건설부동산 상품은 일반상품과는 달리 대량생산을 통해 원가가 하락하는 혜택을 보기는 어렵다. 특히 원가가 상품가격에서 차지하는 비중이 높아 가격전략의 폭이 좁은 것도 현실이다. 과거에는 분양가 규제로 인해 아파트 상품의 경우 가격전략을 채택하는 것 자체가 불가능했다. 하지만 최근 분양가가 자율화되면서 금융상품의 제공과 함께 다양한 가격전략이 시행되고 있다.

일반 상품에 있어 가장 쉽게 쓸 수 있는 가격전략은 가격할인 정책이다. 그러나 건설부동산 상품은 구매단위 가격이 큰 고관여 상품이므로 가격할인을 적극적으로 추진하는 것이 어렵다. 기존에 구입한 사람과 할인된 가격에 구입한 사람과의 형평성 문제도 사업추진단계마다 걸림돌로 작용할 가능성이 높다.

리모델링은 도입기의 시장이나 일반 산업에서 시행하는 고가전략을 견지하기가 곤란하다. 리모델링 사업제안에 대해 가장 낮은 가격에 낙찰이 되는 경우가 많으므로 저가정책이 수행될 수밖에 없다. 따라서 리모델링 사업은 가격정책의 주도권이 발주자에게 있으며 수주를 하기 위해서는 발주자가 원하는 가격대(최저가격)를 제시할 수밖에 없어 가격정책 사용 여지가 더욱 줄어들 수밖에 없다.

그리고 건설부동산 상품의 경우 가격전략 사용에 따르는 한계를 극복하기 위해 금융제공을 통한 가격전략을 보완하고 있다. 이는 금융은 사업 실현의 매개체이며 가격전략의 가장 강력한 보조수단이 될 수 있기 때문이다. 또한 리모델링은 건설부동산 가격전략으로 널리 활용되는 금융지원이 신규 상품에 비해 적은 것이 현실이다. 이를 극복하기 위해 '에너지절약 시설에 대한 자금지원'과 '주택단열개수사업에 대한 자금지원', 그리고 국민주택기금의 '리모델링 자금지원' 등 정책금융을 활용할 수 있다.

3) 유통채널(Place)전략

유통경로란 특정 제품이나 서비스가 소비 또는 사용될 수 있도록 하는 과정과 관련된 일체의 상호 의존적인 조직이라고 정의할 수 있다. 유통경로는 ㉠ 적절한 시간에, ㉡ 접근 가능한 위치에, ㉢ 적절한 수량으로 제공될 경우 효율적인 마케팅 전략을 수행할 수 있다. <u>건설부동산 상품에서의 가장 압도적인 유통경로는 모델하우스였으나 최근에는 정부의 정책적 지원과 함께 소형물량 위주의 분양이 이루어지면서 인터넷이 중요한 유통채널로 새롭게 부각되고 있다.</u>

4) 촉진(Promotion)전략

(1) 광고와 홍보

촉진이란 기업의 제품이나 서비스를 소비자들이 구매하도록 유도할 목적으로 해당 제품이나 서비스에 대하여 소비자를 대상으로 정보를 제공하거나 설득하려는 마케팅 노력의 일체를 말한다. 따라서 이러한 촉진을 마케팅 커뮤니케이션이라고 하기도 한다. 촉진에는 광고, PR(홍보), 판촉 등을 들 수 있다.

미국 마케팅협회(AMA)에 의하면 광고란 '확인된 광고주가 표적집단에게 정보를 제공하거나 설득하기 위하여 서비스에 관해 유료로 대중매체를 이용하는 과정'이라고 정의된다. 미국 마케팅학회의 정의를 자세히 살펴보면 광고와 홍보의 차이점을 명확하게 파악할 수 있다. 광고의 특성은 ㉠ 특정집단을 타깃(target) 대상으로 하며, ㉡ 대가를 지불하는 의사소통의 방식이며, ㉢ 대중매체를 활용하는 비인적(非人的) 의사소통방식이다.

이에 반해 홍보는 제품, 서비스, 기업을 인쇄매체나 방송매체에 다루게 함으로써 수요를 자극하는 것으로서, 기업과 사회 간에 이상적인 관계를 정립하기 위해 기업이 벌이는 다양한 활동을 특히 마케팅 PR(Public Relations)이라고도 한다. 일반적으로 홍보는 광고의 5배 영향력을 보유하고 있다고 한다. 홍보의 효과를 측정하는 것은 쉽지 않으나 직접적으로 언론매체에 노출된 횟수와 크기를 측정하여 이를 광고단가로 환산하는 방법이 가장 일반적으로 사용된다.

건설부동산 상품을 신문, 잡지, 텔레비전, 라디오 등 각종 매체에 대해 상품의 특징 등의 정보를 자체적으로 제공함으로써 대상 매체의 적극적인 관심과 이해를 기반으로 고객에게 널리 보도되도록 이끄는 방법 및 기술을 퍼블리시티(Publicity)라고 한다. 홍보를 좁은 의미로 쓸 때는 퍼블리시티라고도 한다.

최근 홍보의 중요성이 늘어나면서 광고보다 언론매체의 신뢰성에 의지하는 홍보에 집중하여 부동산 상품을 알리는 경우가 늘어나고 있다. 하지만 홍보는 판매에 영향을 미치는 효과가 간접적이며 장기적이다. 따라서 적절한 수준의 광고 집행은 원하는 마케팅 결과를 도출하기 위해서는 필수적이다. 단지 효과적인 매체에 적절한 비용의 광고를 집행하는가 아닌가가 중요한 사항이지 광고는 필수적으로 집행되어야 한다. '광고는 영원하다'는 말을 다시금 새겨들어야 한다.

리모델링의 경우 도입기 상품이므로 개별 기업단위의 광고전략과 함께 협회 차원의 리모델링 활성화를 위한 홍보전략이 전제되어야 활성화될 수 있다. 이러한 홍보전략의 초점은 대국민 홍보와 함께 윤리적 정당성을 기반으로 한 정책개선의 노력까지를 포함하여야 할 것이다.

(2) PPL 광고

광고나 홍보와 같은 카테고리로서 설명될 만큼 PPL이 차지하는 범위가 넓지는 않다. 하지만 갈수록 간접광고의 중요성이 커지면서 건설부동산 마케팅에 있어서도 PPL이 비교적 활발히 도입되고 있다.

PPL은 원래 영화소품 담당자가 영화에 사용할 소품들을 배치하는 업무를 말하였다. 과거에는 영하에 필요한 소품을 확보하기가 어려워 소품을 확보하는 노력에서 비롯되었을 뿐 적극적인 마케팅의 수단은 아니었다. 하지만 최근 영상산업의 규모가 대형화되고 기법이 정교해지면서 영화나 드라마에 자연스럽게 상품을 등장시켜 관객들의 무의식 속에 제품의 이미지를 심는 PPL이 정착되고 있다.

건설부동산 상품과 같이 리모델링 상품에도 PPL이 적극적으로 도입되고 있다. 쌍용건설이 SBS '한선교, 정은아의 좋은 아침'에 리모델링사로 협찬하였으며 시청자들의 집을 고쳐주는 형태의 다양한 엔터테인먼트 프로그램은 거의 리모델링 상품 PPL의 전형적인 사례라고 볼 수 있다.

4. 리모델링 마케팅 수주 및 홍보 전략

4.1 리모델링 마케팅 수주 전략 구성요소

리모델링의 마케팅 수주전략 요소는 상품요소와, 시공기업 요소로 구분되며, 증축규모, 평면 및 입면 디자인 차별화, 내부 인테리어 마감 차별화, 편리성과 경제성 겸비, 마케팅 영업 차별화, 마케팅 가격 차별화, 단지별 특화전략, 기업브랜드 인지도, 시공경험 실적, 재무 건전성과 신뢰도를 전략요소로 구성한다.

표 2.6 리모델링 마케팅 수주전략 구성요소와 내용

요소	구 분	내 용
시공기업 요소	기업 브랜드 인지도	• 기업 브랜드 • 기업 인지도에 따른 긍정적 반응
	리모델링 시공경험 실적	
	재무 건전성과 신요 신뢰도	
리모델링 상품요소	증축규모	• 인허가를 통해 증축 가능한 리모델링의 규모 결정 (건축심의를 통해 결정)
	평면 및 입면 디자인 차별화	• 제약 조건에 따른 최선의 평면 및 입면 디자인 차별화
	내부 인테리어 마감 차별화	• 다양한 옵션 선택, 최근의 변화된 주거문화 구현, 현대인의 라이프스타일과 최신의 마감 트랜드를 적용
	설비기능 향상	• 웰빙개념 바탕의 정보통신, 에너지, 안전 및 보안, 단지 내 녹지환경 등 구현
	편리성과 경제성을 겸비한 아이디어 설계	• 일부 개방형 데크 주차장 설치(범죄예방, 자연채광으로 유지비 절감) • 수직 증축을 통한 공용 필로티 공간의 다양한 활용 (주차장, 조경시설) 등 • 사람의 동선과 차양의 동선을 합리적으로 개선 (사고예방, 산책로, 확보) 등
	마케팅 영업 차별화	• 리모델링(절차적, 기술적)업무 전반에 대한 이해 및 경험이 있는 수주 영업조직 구축 • 참신한 아이디어, 입주민의 불편사항과 개선 요구사항을 조기에 파악할 수 있는 영업 시스템 구축 • 건축물의 상태를 정확히 진단하고 최소의 비용으로 최적의 리모델링 효과를 발휘할 수 있는 보수보강, 접합 및 내진기술 등의 적용

요소	구 분	내 용
리모델링 상품요소	마케팅 가격 차별화	• 적정한 공사범위 설정을 통한 공사비 설정 • 설계비, 조합운영비 등의 사업비 최소화 • 기존 건축물 보수보강 비율의 최소화 기술능력 • 리모델링 후의 기대수익 극대화
	단지별 특화 전략	• 지하 주차장 증설 • 공용공간 부대시설 확보 • 외부공용 입지환경 조성

자료 : 리모델링 건축 다변화 및 사업타당성 연구, 김일섭

4.2 리모델링 마케팅 수주전략의 요소별 특징

리모델링 마케팅 수주전략의 요소별 특징은 소규모 사업, 경영의 내적 안전성, 상업용 건물이 주된 품목으로 타깃 시장, 지인 소개를 통한 수주 의존, 사업제안 방식으로 수주, 사업제안 능력이 수주의 핵심관건 이하는 특징을 가지고 있다.

표 2.7 리모델링 마케팅 전략의 요소별 특징

구 분	특 징
소규모사업	• 규모는 소규모이나 여건에 따라 편차가 심함 • 수주는 공사의 종류 또는 특징에 따라 리스크 차이가 크다.
경영의 내적 안전성	• 리모델링공사 수주는 외형적 매출 규모 확대보다 내적 경영의 안전성 중요 • 수주는 장기적인 측면에서 외형보다는 실속 위주의 실적 경험이 필요
상업용 건물이 주된 타깃 시장	• 상업용 건축물로 앞으로도 잠재수요가 풍부한 타깃 시장 • 초기 단계는 특정유형의 건물을 특화하는 전략이 필요
지인 소개를 통한 수주에 의존	• 소규모공사로 아는 지인들을 통한 수주가 이루어짐 • 체계적인 수주 전략이 확립되어 있지 않다.
리모델링은 사업제안방식으로 수주	• 지인 소개에 의한 지명경쟁을 통해 이루어짐 • 경쟁입찰방식보다는 사업제안방식으로 대부분이 이루어짐
사업제안 능력이 수주의 핵심관건	• 아이디어에 의한 사업제안 능력이 수주의 가장 핵심적 관건 • 발주자의 요구조건을 잘 반영하고 설득할 수 있는 능력이 필요

자료 : 리모델링 건축 다변화 및 사업타당성 연구, 김일섭

4.3 리모델링 마케팅 수주전략 수립

1) 리모델링 시장의 장기적인 전략 수립

국내 리모델링 시장은 아직까지 초기 단계이며, 제도 또한 명확히 정비되어 있지 않아 인·허가를 받아 사업을 추진하기까지에는 많은 어려움이 있다. 하지만 리모델링 시장은 장기적으로는 충분한 시장 잠재력을 가지고 있으므로 시장 규모 성장을 때를 대비하여 미리 기술적, 경험적 실적을 충분히 축적해 놓아야 한다.

2) 리모델링 수주 영업전략 기반 구축

리모델링 수주는 일반적인 건축 수주와는 달리 주어진 대상 건축물의 상태를 정확히 진단하고 다수의 구분 소유자들을 상대로 리모델링에 대한 기술적인 홍보와 영업력을 강화하고 기술 관련 부서의 유기적인 협력 체계를 잘 갖추는 것이 중요하다.

리모델링 수주 영업전략의 기반구축은 리모델링의 상품별 특성, 고객특성, 시장특성 등을 충분히 고려하여 조직과 영업시스템을 구축하고 관련 협력업체와의 긴밀한 협력 체계도 구축해야 한다. 협력사와의 긴밀한 네트워크 구축은 수주영업을 위한 설계사 선정(설계도서 준비 및 P/T자료 준비, 인허가 진행)은 물론 시공사의 수주전략 준비에 매우 유리하게 된다.

① 리모델링 설계사 선정 전략

리모델링 설계는 신축 설계와 달리 기존 건물의 골격을 유지하면서 각 단지의 여건에 따라 제한된 조건하에서 고객이 원하는 설계를 만들어내야 하므로 풍부한 경험과 상당한 기술적인 노하우가 요구된다. 우수한 설계용역업체와의 협력체계를 구축함으로써 유리한 위치에서 수주 경쟁할 수 있기 때문이다.

② 리모델링 시공사 선정 전략

시공사 선정 과정은 우선 협력대상자로 선정되거나, 조합원들의 공개투표에 의해 결정되기 때문에, 다수의 구분 소유자 혹은 추진위원들을 소수의 인력으로 모두 접촉하고 영업한다는 것은 사실상 불가능하므로 회사를 대신하여 홍보기획 회사를 활용하는 경우가 많이 있다. 우수한 리모델링 사업계획안을 기획 제작하여 주민에게 홍보하기 위해서는 홍보기획사와 설계사의 협력체계를 구축하여, 시공사의 리모델링 사업제안 의도를 잘 이해하고 사업설명회자료, 영상·카탈로그, 홍보전단 등을 효과적으로 제작 할 수 있는 업체 선정이 무엇보다 중요하다.

3) 리모델링 시장조사 수주 전략

리모델링 수주전략을 위한 시장조사는 일반건물 자료조사, 공동주택 자료조사, 리모델링 대상지 선정 및 조사가 있으며, 현재 현황을 기초로 조사한다.

4) 리모델링 표적시장 선정 수주전략

리모델링 수주전략을 위한 표적시장 선정은 리모델링 대상지의 자체 시장조사, 협력사를 통한 추진정 보입수, 리모델링 추진단지의 현장설명 참여 등을 통해 파악된 정보의 분석결과를 토대로 주민여론의 추진성숙도 등을 고려하여 현실적으로 리모델링이 가능한 단지를 우선적으로 표적시장으로 선정하고 표적시장 발굴시 리모델링 사업지 선정기준을 마련하고 현장조사 등 다양한 정보수집 과정을 통해 경제성과 인허가 가능성 및 주민의 사업시행 의지 등을 고려하여 표적시장을 선정하는 것이 주요하다.

5) 시공사의 리모델링 수주 전략 방식

① 우선협상 대상방식

시공사의 리모델링 수주전략은 시공권 확보이므로 경쟁사가 관심을 갖지 않을 때, 사전에 먼저 정보를 입수하여 경쟁방식보다는 우선 협상대상 방식의 수주전략으로 접근하는 것이 불필요한 수주 홍보비용을 절감을 할 수 있어 바람직한 방법이 될 수 있다.

② 조합원 공개투표 방식

아파트 단지와 같은 조합원이 많은 리모델링 수주 경우는 리모델링에 대한 공감대가 형성 되면서 조합추진위원회가 여러 시공사를 경쟁을 통해 선정하다 보니 시공사는 과잉경쟁을 피할 수 있는 수주전략이 필요하다.

6) 리모델링 수주 마케팅 홍보 전략

① 리모델링 사전홍보 수주전략

아파트 단지형 리모델링 수주를 위해서는 사업계획 홍보에 대한 사전준비 비용이 많이 소요되므로 수주가 불투명한 상태에서 많은 비용을 투자하는 것은 위험부담이 크다. 따라서 리모델링 사업주체측과 사업 초기 접촉 단계에서 회사의 리모델링 기술의 우수성을 홍보할 수 있는 영상물과 카탈로그, 브로슈어 등의 준비가 필요하다. 또한 리모델링 시장의 장기적인 잠재 시장성을 고려한다면 샘플하우스 등 장기적인 측면에서의 전략적인 투자가 요구된다.

② 단지형 리모델링 수주 홍보전략

단지형 리모델링 수주 홍보전략의 경우에는 사전에 리모델링 추진대상 단지의 현황을 정확히 파악하고 대상 단지별 주민의 의견을 충분히 반영하여 가장 이상적인 리모델링 사업계획안이 되도록 사업제안서를 준비하고, 사업설명회, 홍보 카탈로그 등 다양한 리모델링 홍보전략을 수립해야 한다.

③ 시공권 확보를 위한 다양한 수주영업 전략

시공권 확보를 위한 리모델링 수주영업 전략은 회사의 모든 정보 네트워크를 활용하여 리모델링 사업 유형별 수주 정보를 사전에 입수하여 우선협상대상의 제안형 리모델링 수주를 통한 시공권 확보가 가장 효율적인 수주방법이 될 수 있다.

단지형 리모델링의 경우에는 회사의 사업 계획안의 우수성을 홍보해 줄 수 있는 주민 자체의 인적 네트워크 등의 다양한 사업설명회, M/H tour, 좌담회, 세대별 방문 설명 등 수주 홍보활동을 전개하는 것이 필요하다.

제3장

리모델링 금융제도 및 조달 방법

1. 리모델링 금융제도
2. 리모델링 금융조달 방법
3. 리모델링 금융조달 실무 및 사례

1. 리모델링 금융제도

1.1 부동산 금융의 역사와 리모델링 금융제도

리모델링을 위한 금융제도를 이해하고 금융조달 방법에 관해 알기 위해서는 먼저 부동산 금융에 관한 이해가 필요하다. 우리나라 부동산 금융의 역사를 살펴보면 부동산 금융제도와 현황에 관해 이해하기 쉽다.

IMF 이전 우리나라는 경제성장을 위해 정부 주도하에 제조업의 설비투자 확대에 초점을 맞추고 있었으므로 부동산에 금융자원의 배분은 극히 제한하였다. 세대당 100㎡을 초과하는 주택에 대해 건설 및 매입에 대해 여신이 금지되고, 가계대출에 할당된 재원 자체가 워낙 빈약했기 때문에 주택 구입을 위한 금융 접근이 매우 제한되었다. IMF 이후 주택 건설 산업을 포함한 부동산 산업에 대한 규제완화 및 지원책으로 금융 자금이 부동산개발 사업이나 주택 구입에 유입될 수 있었다. 이 시기부터 우리나라 부동산 금융이 사실상 발전되기 시작했으며 주로 외국의 투자자들과 전문서비스 회사들을 통해 국제적 관행에 의한 부동산 금융상품 및 관련 유가증권이 개발되었다가 점차 우리나라 시장 여건에 맞게 형태가 변형되고 있다.[1)]

리모델링 역시 건축 및 부동산의 한 분야로 볼 때 타 영역에 비해 우리나라에서 역사가 깊지 않은 사업 부분으로 과거보다는 미래에 필요성이 더 커지고 사업이 활발하게 확장될 부분이다. 따라서 리모델링과 관련한 규제 또는 지원을 위한 금융제도나 다양한 금융상품 개발과 같은 금융조달 기법이 발전되어 있지 않지만 앞으로 개선해야 할 부분이다.

1.2 리모델링 지원제도 및 금융제도 현황

리모델링은 건축물의 노후화를 억제하거나 기능 향상 등을 위하여 대수선하거나 일부 증축하는 행위로 다양한 방식과 다양한 수준의 리모델링이 가능하다. 이러한 리모델링

1) 손재영, 한국의 부동산 금융, 건국대학교출판부, 2008

가능 범위에 관해서는 법제도가 지속적으로 바뀌고 있으며, 현실적으로 재건축이 어려운 노후 건축물이 증가함에 따라 그 대안으로 리모델링의 중요성이 높아질 수밖에 없는 만큼 리모델링 관련 제도 및 금융제도도 다양화되고 고도화될 것으로 예측해 볼 수 있다.

그러나 이러한 다양성을 고려한 리모델링 유형별 금융제도가 개발되어 있지는 않다. 다만, 현재까지의 리모델링 금융제도는 간단한 노후 수선에서 세대 증축 리모델링까지 다양한 편차(Variation)를 고려한 정책 키워드별로 구분해 볼 필요가 있다. 내부 수선은 장기수선 충당금이나 특별수선 충당금제도를 통해 자금 조달이 이루어지고 있다. 그 밖에 주목할 만한 제도로는 그린 리모델링, 세대증축 리모델링, 맞춤형 리모델링 가이드라인이 있으며 이를 중심으로 제도 및 정책적 지원과 금융제도 현황에 대해 살펴보고자 한다.

1) 수선-특별수선 충당금, 장기수선 충당금 제도

특별수선 충당금은 장래 건물, 기계설비, 선박 등의 대수선을 해야 할 회사가 그 부담의 균형을 도모하기 위하여 각 사업년도에 수선비를 분담시켜 장래 거액의 지급에 대비하기 위하여 준비한 경우의 충당금이다. 그 종류에 따라 건물특별수선 충당금, 선박특별수선 충당금, 기계특별수선 충당금 등으로 나누어진다. 이러한 충당금은 비교적 오랜 기간 뒤에 사용되는 것이므로 고정부채에 계상하도록 규정하고 있다.[2)]

장기수선 충당금은 아파트 노후화를 막는 공사에 쓸 수 있도록 집 소유주들로부터 걷어 적립해 두는 금액으로, 일상적 공사에 쓰는 수선유지비와 구분된다. 장기수선 충당금 적립 대상은 300세대 이상의 공동주택으로 중앙집중 난방 방식, 엘리베이터 등이 있으면 사용 검사 후 1년이 경과한 날로부터 수리·보수나 조경을 하는 데 드는 비용, 도색 작업 등 장기수선계획이나 부대시설, 복리시설을 변경하는 데 필요한 돈을 충당하기 위해 한 달에 한 번씩 입주자에게 거두는 돈을 말한다.

여기서 입주자는 소유자(집주인)를 의미한다. 따라서 세입자는 납부 의무가 없다. 장기수선충당금의 산정 기준은 현 공동주택관리령에 의거해 장기수선계획에 따라 부과한다. 장기수선계획이 없는 경우에는 "제15조 1항(일반 관리비), 5항(승강기 유지비) 또는 8항(수선 유지비)에 정한 비목의 월별 금액을 합한 금액의 3/100~20/100 이하로 하되 장기수선충당금을 사용해 대체해야 할 시설의 내구년한을 감안해 관리규약으로

2) 회계·세무 용어사전, 2006. 8. 25

정한다."고 규정되어 있다.[3)]

2) 그린 리모델링(Green Remodeling)[4)]

그린 리모델링은 쾌적하고 건강한 거주환경을 제공하기 위하여 에너지 효율을 높이고, 온실가스 배출을 낮추어 기존 노후 건축물의 가치를 향상시키는 것을 목표로 한 리모델링이다. 이러한 그린 리모델링은 기존 건축물의 에너지 낭비예방과 쾌적한 환경 조성을 지원하는 국토교통부의 정책사업으로 공공건축물 그린리모델링 지원사업과 민간건축물에 대한 민간이자 지원사업으로 진행되었으나 2023년까지로 민간건축에 대한 이자지원사업은 종료되었다. 그럼에도 불구하고 2050 탄소감축 목표 등의 사회적, 범정부적 목표를 배경으로한 민간 그린리모델링의 지속가능성을 위해 민간 그린리모델링 정책적 지원의 다변화의 필요가 요구되고 있다. 2025년부터 공공건축물 그린리모델링이 단계적으로 의무화되고 이자 지원 사업을 확대하는 등 민간부문 그린리모델링 지원도 강화될 것이다. 향후 민간 이자지원 정책의 확대, 기존 리모델링 관련 기금의 활용이나 그린리모델링기금의 신설, 번들링, 그린매매, 에너지프로슈머, 성과보증 등의 다양한 방향으로 검토될 수 있다. 전문가의 의견 수렴 및 해외 리모델링 지원 정책을 벤치마킹하여 민간 그린리모델링의 활성화 및 지속가능성을 위한 정책이 빠르게 도입되어야 하는 시점이다.

(1) 공공건축물 그린리모델링 지원 사업

공공건축물 그린리모델링 지원 사업이란 녹색건축에 대한 국민적 인식을 향상시켜 녹색건축물 조성을 활성화하고 민간 부문으로 확산을 유도하기 위하여 우선적으로 기존 공공건축물을 대상으로 그린 리모델링을 지원하는 사업이다.

최근 정부는 탄소중립 사회로의 이행을 위한 '제1차 국가 탄소중립·녹색성장 기본계획'을 수립('23. 4.)하고, 기존 건축물의 그린리모델링 사업 지속적 추진하여 '22년 누적 약 7.3만 건에서 '30년에 약 160만 건을 목표로 추진 배경을 제시하였다. 사업의 목적은 취약계층 이용 및 에너지 다소비 공공건축물에 대한 공사비 일부를 지원하여 에너지 성능 개선 및 쾌적한 환경을 조성하고 그린리모델링의 저변 확산 및 시장생태계 조성 유도하기 위함이다. 「녹색건축물 조성 지원법」(이하 「녹색건축법」) 제27조-「그린리모

3) 시사경제용어사전, 2010. 11., 대한민국정부

4) 그린 리모델링창조센터 홈페이지(http://www.greenremodeling.or.kr)

델링 지원사업 운영 등에 관한 고시」에 의해 그린리모델링 창조센터에 위탁시행하고 있으며 그린리모델링 창조센터에서 별도 모집공고를 게시하며 주요내용은 공공건축물 중 준공 후 10년 이상 경과된 어린이집, 보건소, 의료시설, 경로당을 대상으로 공사 전 종합사업지원(현장조사 및 컨설팅 등) 실시 후 에너지 성능 개선이 필요한 건축물에 대해 그린리모델링 공사비를 지원한다.

그린리모델링 사업자란 녹색건축법 제30조 및 같은법 시행령 제18조의 4에 따라 사업자 등록을 신청한 자로서, 녹색건축법 제13조의 기존 건축물의 에너지성능 개선 사업과 녹색건축법 제27조의 그린리모델링 지원사업 등에 참여할 수 있다.

사업자 등록기준은 「건설기술진흥법」에 따른 건축분야 중급기술자 또는 「녹색건축물 조성 지원법」에 따른 건축물에너지평가사 1인 이상 기술인력을 보유하고, 컴퓨터, 건물 에너지 시뮬레이션 프로그램, 온·습도계, 표면온도계 등의 장비를 구비하여 그린리모델링 사업에 필요한 사무실 등 사무공간(다른 자와 공동으로 사용하는 사무공간 포함)을 갖추어야 한다. 사업자로 등록된 자의 사업자등록 유효기간은 등록일로부터 2년이다. 정당한 사유없이 등록한 날로부터 2년 이상 계속하여 업무를 수행하지 아니한 경우 등록 취소 또는 1년 이내의 기간을 정하여 업무의 전부 또는 일부의 정지 처분을 할 수 있다.

구체적인 시범사업의 개요는 다음 표와 같다.

표 3.1 그린 리모델링 시범사업 개요

구분	내 용	
사업 목적	그린 리모델링 성공모델 창출로 녹색건축물 조성 활성화	
사업 대상	현재 리모델링 시공 예정이거나 구상중인 모든 공공건축물	
사업 내용	사업 단계별 맞춤형 기술 지원 및 시공비 지원	
사업 유형	사업기획 지원	사업 초기단계 에너지 성능개선을 목적의 기획설계 기술 지원
	시공 지원	사업 진행단계 그린 리모델링으로 전환하기 위한 시공비 지원
사업 방법	- 공모를 통한 사업대상 선정 - 사업시행 기관과 협업을 통한 시행	
사업 기간	2013년부터 매년 시행	

공공건축물 지원항목은 에너지공사와 추가지원 공사로 구분하며, 에너지공사는 필수공사 및 선택공사, 추가지원 공사는 부대공사 및 기타로 구성되며 세부적인 내용은

다음 표와 같다.

표 3.2 공공시범사업 지원 항목

구분			기술요소
에너지공사	필수공사	건축	내·외부 단열보강, 바닥 단열 및 난방, 고성능 창 및 문
		기계, 전기등	폐열회수형 환기장치, 고효율 냉 · 난방장치, 고효율 보일러, 고효율 조명(LED), 신재생에너지(태양광 등), 건물에너지관리 시스템(BEMS) 또는 원격검침전자식계량기
		기타	Cool Roof(차열도료), 선도기술(Sola Tree, 소형풍력, ESS, 광덕트 등), 건축가설공사(단열 및 창호 교체/설치 등을 위한 직접가설비)
	선택공사		조경공사, 일사조절장치, 스마트에어샤워, 순간온수기, 절수형 기기, 환경성선언제품(EPD) 마감재(벽지, 천장재, 바닥재)
추가지원	부대공사		구조안전보강(내진성능확보 검토 등), 기존공사 철거 및 폐기물처리, 석면조사 및 제거, GR 관련 건축부대공사, GR 관련 설비 부대공사, GR 관련 전기부대공사, GR 관련 소방부대공사
	기타		설계비, 감리비, 이사비 및 임차비용, 안전 관련 비용(건설재해예방기술지도비 등), 설계공모 대행비

출처 : 그린리모델링창조센터 공공건축물 그린리모델링 지원사업 가이드라인(2024년 2월) 참조

단, 위 항목 외 선도적인 신기술 등 그린리모델링의 취지에 부합하는 것으로 지원이 필요하다고 그린리모델링창조센터에서 인정하는 공사는 지원가능하며 그 예로는 친환경건축공법 및 자재, 국산 목재 사용, 에너지 절감 설비시스템 등이다.

지원한도는 사업대상의 규모 및 신청주체에 따라 보조율 차등적용된다. 소규모건축물(연면적 300㎡ 미만)의 경우 순공사비 이외 제경비에 대한 형평성을 고려하여 지원한도 상향적용하며 섬 지역의 경우 노임, 운송비 등을 고려하여 지원한도의 20% 추가 할증 적용한다.

사업대상 당 국비지원 한도는 최대 70억(서울, 중앙·공공의 경우 50억)을 초과할 수 없으며, 초과금액이 발생할 경우 사업대상기관에서 초과 금액 부담 가능하다. 국고보조율도 사업대상기관인 지방자치단체, 중앙행정기관, 공공기관의 재정자주도를 고려하여 기본보조율과 차등보조율 적용한다. 서울특별시, 중앙·공공기관은 지원한도 내 해당 사업비의 50%이며 그 외 지방자치단체 지원한도 내 해당 사업비의 70%이다.

지역확산의 거점으로 활용할 수 있는 시그니처 건물에 대한 그린리모델링 건축물로 광역시 · 도에서 희망건축물 조사 시 신청할 수 있다. 시그니처 건축물은 연면적 · 사용인원 · 상징성 등을 고려하여 그린리모델링 혜택을 다수가 누릴 수 있으며, 홍보효과가 뛰어날 것으로 예상되는 건축물로서 그린리모델링의 다양한 친환경 · 선도적 설계 및 공법의 적용으로 에너지절감 효과가 우수하며, 탄소 중립을 목표로 지속가능할 것으로 예상되는 건축물이다. 친환경 · 선도적 설계 및 공법이라 함은 창의적인 에너지절감 설계요소, 에너지효율 및 생산설비, 신기술 적용 등 그린리모델링창조센터에서 에너지절감 기술요소로 인정하는 항목으로 최소 1개소 이상 적용되는 것을 말한다.

표 3.3 지원한도 및 보조율 기준

사업	대상구분	사업대상기관	지원한도(섬지역)	보조율
일반 사업	일반건축물 (연면적 300㎡ 이상)	서울, 중앙 · 공공	190만원/3.3㎡ (228만원/3.3㎡)	50%
		그 외 지자체	266만원/3.3㎡ (319.2만원/3.3㎡)	70%
	소규모건축물 (연면적 300㎡ 미만)	서울, 중앙 · 공공	200만원/3.3㎡ (240만원/3.3㎡)	50%
		그 외 지자체	280만원/3.3㎡ (336만원/3.3㎡)	70%
시그니처 사업	일반건축물	서울, 중앙 · 공공	380만원/3.3㎡ (456만원/3.3㎡)	50%
		그 외 지자체	532만원/3.3㎡ (638.4만원/3.3㎡)	70%

출처 : 그린리모델링창조센터 공공건축물 그린리모델링 지원사업 가이드라인(24년 2월) 참조

위 표의 기준에도 불구하고 시그니처 사업에 한해 지원한도를 초과하여 공사비를 사용하여하는 경우 심의위원회에서 사유를 심사하여 승인하는 경우 상향 조정될 수 있다.

- 동일 필지 내 다양한 용도의 건축물이 군집된 경우 군집건축물로서 건축물대장상 총괄표제부의 주용도가 사업지원대상에 해당하는 용도인 경우 신청가능하다.
- 여러 용도가 복합적으로 혼재된 건축물인 혼합건축물인 경우 사업지원대상에 해당하는 부분에 한하여 신청할 수 있다. 다만, 건축물대장상 표제부의 주 용도가 사업지원대상인 경우 또는 사업지원대상의 바닥면적합계가 연면적의 과반인 경우 전체

건축물을 대상으로 신청가능하다.

- 임차건축물로서 임차기간이 5년 이상(2029년 1월 1일 이후 계약체결) 잔여 시 지원 대상 용도의 임차면적에 한하여만 신청가능(타용도 지원 불가)하다. 단, 임차기간을 확인할 수 있는 임대인과의 계약서 및 공사실시에 대한 임대인의 동의서는 필수 추가 제출해야 한다.
- 이전 공공건축물 그린리모델링 지원사업('20~23년)의 대상건축물은 중복건축물로서 재신청 불가하나, 군집건축물 중 건축물대장에서 별도의 건축물에 해당하는 경우와 복합건축물로서 지원받지 않은 부위 중 지원대상 용도에 해당 하는 경우는 신청 가능하다.

(2) 민간이자 지원사업

민간이자 지원사업은 녹색건축물 조성 지원법(제25조 및 제26조)에 근거하여 기존 건축물에 대하여 에너지 성능개선을 위한 리모델링을 구상 또는 실행중인 모든 유형의 민간사업을 대상으로 한다. 단, 해당 공사 시작 전에만 신청 가능하고 기 완료된 사업은 지원이 불가능하다. 그린 리모델링 사업 신청 가능자는 건축주로부터 사업신청서의 신청동의를 받은 그린 리모델링 사업자이다. 이때 동주택의 경우 건축주의 위임을 받은 대표자(동대표 또는 관리사무소장 등)도 신청 가능하다.

신청절차는 다음의 7단계이다.

- 1단계 : 건축주로부터 신청동의를 받은 그린리모델링 사업자가 센터에 '사업신청 서류' 제출
- 2단계 : 센터에서 사업확인 심사후 그린리모델링 사업자에게 '그린리모델링 사업 확인서' 발급
- 3단계 : 센터로부터 발급받은 사업확인서를 첨부하여, 취급 금융기관에 건축주가 대출 가능 여부 조회 후 공사 진행
- 4단계 : 공사 완료 후 건축주로부터 공사 완료 확인을 받은 그린리모델링 사업자가 센터에 '사업완료 신청 서류' 제출, 카드대출 시 '사업완료 신청서' 제출 후 건축주가 대출실행 가능
- 5단계 : 센터에서 사업완료확인 심사 후, 그린리모델링 사업자에게 '그린리모델링 사업완료 확인서' 발급
- 6단계 : 센터로부터 발급받은 사업완료 확인서를 첨부하여, 취급금융기관(은행)에 건축주가 대출 실행

• 7단계 : 금융기관은 분기별로 국토교통부에 이자지원금 청구

이자지원 대상공사의 범위는 건물단열 향상의 필수 공사와 이와 병행이 가능한 공사가 있다. 구체적인 공사내용은 다음 표와 같다.

표 3.4 이자자원 대상공사의 범위

대상공사	공사 내용
필수공사	고성능 창 및 문, 폐열회수형 환기장치, 내외부 단열보강, 고효율 냉난방장치, 고효율 보일러, 고효율 조명(LED), 신재생에너지(태양광 등), 건물에너지관리 시스템(BEMS) 또는 원격김침전자식 계량기
선택공사	Cool Roof(차열도료), 일사조절장치, 스마트에어샤워, 순간온수기, 기타 에너지 성능향상 및 실내공기질 개선을 위한 공사
추가지원 가능공사	기존공사 철거 및 폐기물처리, 석면조사 및 제거, 구조안전보강, 기타 그린리모델링 관련 건축부대공사, 열원교체에 따른 공사비 또는 분담금, 전기용량증설 등 그린리모델링 관련 전기공사

※ 주의사항
- 필수공사(건축물 성능향상 공사) 항목 중 한 가지 이상을 반드시 적용하여야 함
- 정부 지원사업(ESCO 등) 또는 지자체(BRP사업 등)로부터 지원을 받은 경우, 해당 공사 이외의 에너지 성능개선 공사비에 한하여 지원

출처 : 그린리모델링창조지원센터 홈페이지

지원기준은 에너지 시뮬레이션에 따른 성능개선 비율로 이자지원율을 산정(이자지원율은 대출이자율을 초과할 수 없음)하고 주거 건축물 중 에너지 시뮬레이션이 어려운 단위세대(아파트, 다세대·연립 주택)에 한하여 창호 에너지소비 효율등급에 따른 이자지원 기준을 적용한다. 구체적인 성능개선 비율 및 창호 에너지소비 효율등급에 따른 이자지원율은 다음 표와 같다.

표 3.5 이자지원 기준

이자 지원율	에너지 성능개선 비율	창호 에너지소비 효율등급	이자지원율 우대
4%	20% 이상	3등급 이상 (1~3등급)	차상위계층(기초생활수급자 포함)에 대해서는 에너지 성능개선 비율 20% 이상 또는 창호 에너지소비 효율등급 4등급 이상으로 개선할 경우 이자지원율 5% 적용
필수요건	개선공사 이전 대비 에너지 성능개선 비율 20% 이상 절감	외주부창 2/3 이상 교체시 전체 적용(1㎡ 미만 창호 제외)	

에너지 성능개선 비율 필수요건상 냉난방 부하량은 에너지 요구량 중 냉난방 요구량을 의미하며, 에너지 성능개선 비율은 개선공사 이전 대비 에너지 요구량 또는 에너지 소요량(또는 1차 에너지 소요량)의 성능개선 비율로 정한다. 창호 에너지소비 효율등급상 최외측창은 발코니 분합문(거실과 발코니 사이에 중문)으로 대체 가능하다.

이자지원 대상금액의 한도는 비주거건물 50억원(1동당), 공동주택 3,000만원(1세대당), 단독주택 1억원이다. 최소한도는 비주거 2,000만원, 주거(단독, 공동주택) 300만원이며, 대출 신청은 10만원 단위로 할 수 있다. 이자지원사업 공사비의 적정성은 그린리모델링 사업신청서를 검토하여 선정위원회에서 확인한다. 다만, 소득세법상 고가주택(9억원 이상 주택)은 이자지원사업 대상주택에서 제외되나 카드결재시 고가주택(9억원 초과)도 신청가능하다. 다주택자는 2채에 한하여 신청 가능하나 3채 이상 신청 시 임대사업자에 한하여 가능하다. 비주거이자지원사업 취급 금융기관은 신한은행 · 제주은행 · 기업은행 · 국민은행 · 농협은행이며, 주거이자지원사업 취급 금융기관은 우리은행 · 국민은행 · 농협은행 · 신한은행 · 신한카드 · 롯데카드 · 삼성카드 등이다.

(3) 해외의 그린리모델링 융자 금융 상품

현재까지 민간의 그린리모델링 지원은 정부의 이자지원 단일 정책이었으나 공공지원에만 의존하는 데는 시장활성화에 한계가 있다고 할 수 있는데 이는 민간에서 수용가능한 민간금융 모델의 개발이 필요한 이유이다. 유럽에는 리모델링 융자 제도로 Renavation Loan과 TLTROs가 있다.

- EU Renavation Loan(ERL)은 EU의 장기(30년) 만기 원금이자 일시상환(Zero Coupon) 대출 제도로서 연금 수익이 줄어드는 노인이나 주택 구입 등으로 저축이 남지 않은 예산이 없는 건물주 등도 ERL을 통해 딥 리모델링을 진행하고 만기시나 부동산 매매 시 등에 부동산 비용으로 원금과 이자를 일시에 상환하도록 하는 것이다. 리모델링 후 에너지효율 개선을 통한 절감 이익은 기간 내에 채무자가 직접 수혜 가능한 방식이며 30년간 이자율1% 수준이다.
- TLTROs는 ECB(유럽 중앙은행)이 각 은행에 마이너스이자율로 대출하고 각 은행 대출 규모에 따라 추가 마이너스이자율을 제공(Green Discount Rate)하는 대출상품이다. 전체 모기지의 1/3을 소유한 시중 은행들이 장기 저금리로 리노베이션 프로젝트에 대해 대출을 실행한다.

(출처 : 2050탄소중립녹색성장위원회-국토교통부 공동 그린리모델링컨퍼런스 발표자료집, 민간건축물 그린리모델링 활성화 방안-단기 탄소감축목표 기여방안, Re도시건축 추소연, 23. 11. 28)

3) 맞춤형 리모델링 가이드라인

맞춤형 리모델링 가이드라인은 공동주택 리모델링 제도개선 방안의 후속조취로 제작·배포되었다. 수직증축 리모델링이 허용되었으나 사업비 부담이 가능한 지역에서만 사업이 우선 추진되고, 수직증축과 같은 전면교체방식 리모델링의 추진이 어려운 지역은 맞춤형 리모델링을 통해 노후 공동주택의 불편사항을 해소할 수 있도록 하였다. 맞춤형 리모델링 가이드라인에는 주차장 부족, 배관 노후화 등 노후 공동주택 거주 주민들의 주요 불편사항을 효과적으로 해소할 수 있도록 단지·동·세대 내에서 각각 시행할 수 있는 총 39가지의 리모델링 아이템에 대한 소개와 공사비 등의 정보가 포함되어 있다. 국토교통부는 가이드라인 제작·배포 이후에도 리모델링 활성화를 위해 공사비를 국민주택기금에서 저리융자하는 방안을 추진 중이다. 맞춤형 리모델링 가이드라인을 요약하면 다음 표와 같다.

표 3.6 맞춤형 리모델링 공사비 가이드라인

유형	구분	내용	단가 (만원/세대)
유형 I (일반형)	설비·내장재 교체	급·배수 및 소방·전기설비 교체, 도배·장판 교체, 위생도기(세면기 등) 및 부엌가구 교체 등	1,600
	냉·난방 성능 향상 층간소음 저감	고단열 창호 설치, 냉·난방설비 교체, 바닥 완충재 설치 등	1,200
	주차장·복리시설	주차장 신설(유휴지/지하), 녹지·운동공간 등 재구성, 부대·복리시설 개선	2,500
	합 계		5,300
유형 II (중대형 세대 구분형)	유형 I +세대 구분	유형 I 공사비	5,300
		새로운 출입문 설치, 창호 교체, 실내공간 재구성, 화장실 설치 등	2,200
	합 계		7,500
유형 III (중소형 일부 증축형)	유형 I +코어변경, 평면개선	유형 I 공사비	5,300
		승강기 신설(복도 → 계단식), 실내공간 재구성 (방·화장실 확장) 등	3,000
	합 계		8,300

자료 : 국토교통부, 맞춤형 리모델링 가이드라인(2013.07)

먼저 단지 내 리모델링에는 데크·지하주차장 신설, 녹지·보육시설 및 헬스장 등 확충, 노후상가 철거 후 별동 증축 등이 포함되며, 아파트 개별 동 내에서는 급·배수관/전기·통신/소방 등 노후 설비 교체, 승강기 신설, 코어증축(복도 → 계단식 변경) 등이 세대 내에는 문·창호 및 내장재 교체, 단열·기밀 등 에너지 성능 향상, 실내공간 재배치 등이 포함된다. 특히 아이템별 이주기간을 재실형과 이주형으로 구분해 주민 선택의 폭을 한층 더 넓힐 것으로 기대된다. 가이드라인에 따르면 주요 불편 사례에 대해 다양한 맞춤형 기법을 선택적으로 시행함으로써 장기이주 없이 저렴한 비용으로 불편사항을 해소할 수 있게 된다.

예컨대 별도의 면적 증가 없이 급·배수관 및 내장재 교체, 단열재 등 난방 성능 향상, 주차장 신설 등 주요 불편사항을 개선하는 경우 호당 약 5천만원 내외(TYPE Ⅰ)로 공사가 가능하며 중·대형 평형의 경우 'TYPE Ⅰ'에 더해 세대 구분을 위해 새로운 출입문을 설치하고 평면 일부를 재구성(화장실 설치 등)하는 경우 호당 약 7천만원 내외(TYPE Ⅱ)로 리모델링 시행이 가능하게 된다. 한편 중·소형 평형의 경우 'TYPE Ⅰ'에 더해 복도식을 계단식으로 변경하고 방·화장실 일부를 확장하는 경우에는 호당 약 8천만원 내외(TYPE Ⅲ)로 공사가 가능하다. 'TYPE Ⅰ~Ⅲ'와 같은 리모델링을 시행하면서 대지 내 공지를 활용하거나 노후 상가·주민이용시설을 철거해 수평·별동 증축을 하는 경우 일반분양을 통해 공사비를 대폭 낮출 수 있으며, 세대별 면적의 증축 없이 수직증축해 일반분양하는 경우에도 공사비를 대폭 낮출 수 있을 것으로 전망된다. 또한 별동 증축 등을 통해 확보한 신규세대를 분양 전 기존 주민의 단기 이주공간으로 활용하는 경우에는 이주 등에 따른 비용도 절감할 수 있을 것으로 기대 된다.

4) 주택도시기금 지원

1981년 설립되어 주택 건설자금을 중심으로 조성 및 공급해온 국민주택기금은 변화하는 사회·경제적 여건에 맞게 2015년 주택도시기금으로 개편되었다. 이에 기금을 주택계정과 도시계정으로 나누고, 주택계정은 국민주택채권, 청약저축, 융자금 회수 등으로 자금을 조성하여 국민주택 및 임대주택 건설을 위한 주택사업자와 주택을 구입 또는 임차하고자 하는 개인수요자에게 자금을 지원한다. 신설된 도시계정은 주택계정으로부터의 전·차입 등으로 조성한 자금을 바탕으로 기반시설 설치 및 정비, 도시재생사업에 자금을 지원한다.

이를 통해 임대주택 공급 촉진, 주거환경 개선, 도시재생 및 경제 활성화 등 다양한 효과를 기대할 수 있다. 특히, 리모델링 관점에서는 민간 불량주택 개량 및 소규모 주거환경 개선 활성화를 지원한다는 점에서 주택도시기금 상품의 적극적인 활용을 고려해 볼 필요가 있다. 도시계정의 경우 민간 주도의 도시재생 사업에 투자, 융자, 투·융자 등 다양한 금융기법을 활용한 지원을 고려하고 있는 만큼 선제적으로 리모델링 관련 사업에 주택도시기금이 지원될 수 있도록 향후 다양한 사업 방식 및 금융 조달 기법의 제안이 요구된다.

2. 리모델링 금융조달 방법

2.1 부동산 금융조달 방법 개요

리모델링 금융조달 방법도 부동산 금융조달 방법의 한 부분으로 부동산 금융조달 방법의 틀에서 접근해야 한다. 부동산 금융조달 방법을 이해하기 위해서는 먼저 재무적 관점에서 조달 방법을 구분해 볼 필요가 있다. 재무적 관점에서는 자금의 성격에 따라 투자, 융자, 투·융자, 기타 지원 및 보증으로 구분할 수 있다.

각 자금이 자기자본(Equity), 타인자본(부채, Debt)이냐에 따라 부담해야 할 위험(Risk)과 배분해야 할 이익(Benefit)에 차이가 있다. 재무적 관점에서의 금융조달 방법을 구분하여 자금의 성격을 정의하면 다음 표와 같다.

표 3.7 재무적 관점에서의 금융조달 방법 구분

구분	내 용
투자	자금을 자기자본으로 전입하고 투자자는 투자수익을 배당 받음
메자닌 금융	투자(지분)와 융자(차입)의 중간적인 성격이 있는 자금을 통칭한다. 후순위대출이나 우선주 등이 이에 해당한다.
융자	자금을 타인자본으로 전입하고 대주는 원금과 이자를 회수, 흔히 대출과 같은 개념이나 융자가 보다 포괄적인 개념임
보증	융자를 원하는 차주의 부족한 담보력을 대신하여 신용보증기관의 무형의 신용을 발굴, 보증서를 발급하여 줌으로써 차주가 원활하게 자금을 지원 받을 수 있게 하는 것
보조금 및 기타	국가나 법인 또는 개인이 정책의 장려 또는 지원

2.2 투자(Investment)

1) 투자의 개념

이익을 얻기 위하여 자본이나 자금을 사용하는 것으로, 투자에는 사업의 지배나 의결권 행사 등을 위한 직접투자(foreign direct investment)와 이자·배당의 취득을 목적으로 하는 간접투자(증권 투자나 포트폴리오 투자 등의 indirect investment)가 있다.[5] 예를 들어 리모델링 개발사업을 위한 시행사의 사장이 본인의 돈을 사업자금으로 출자한다면 일종의 직접투자가 된다. 그런데 사장의 삼촌이 개발사업을 통해 많은 돈을 벌 수 있을 것이라 기대하여 향후 개발사업이 끝날 때 원금과 개발이익, 이자를 받기로 하고 돈을 빌려주게 되면 이는 간접투자에 해당된다. 이때, 삼촌의 자금이 융자와 다른 점은 융자의 경우 개발의 성패와 관계없이 원금과 이자를 회수할 권리가 있지만, 투자의 경우 개발이 실패할 경우에는 배당을 받지 못하고 원금을 회수할 수 없게 될 수도 있다. 그럼에도 불구하고 자본시장에서 융자가 아닌 투자도 활발히 이루어지는 것은 투자를 통해서 융자에 비해 더 큰 자본이득을 얻을 수 있기 때문이다. 반대로 더 큰 이득을 얻을 수 있는 투자를 하지 않고 융자를 하는 이유는 대주 입장에서는 투자에 비해 위험이 낮기 때문이다.

2) 리모델링 관련 조달 방법

리모델링 사업 시 투자를 받는 방법은 건축물 소유자 또는 조합원의 사적 재산을 사업에 투자하는 방법과 제3자의 투자를 받는 방법이 있다. 제3자에게 투자를 받는 방법에는 사모, 공모, 리츠(REITs), 부동산 펀드, 저당담보증권(MBS, Mortgage Backed Security), 자산담보증권(ABS, Asset Backed Security), 상업용부동산저당담보증권(CMBS, Commercail Mortgage Backed Security) 등이 있다. 리츠, 부동산 펀드, MBS, ABS, CMBS 등은 금융당국(금융감독위원 등)의 엄격한 관리로 일정 자격과 조건을 갖춘 경우에 이를 발행하여 자금 조달이 가능하다. 그러나 리모델링 사업도 수익이 창출될 가능성이 큰 만큼 향후 사모, 공모, 리츠, 부동산 펀드 등의 다양한 금융기법의 개발과 적용이 필요하다.

5) 21세기 정치학대사전, 한국사전연구사

2.3 융자(Financing)

1) 융자의 개념

융자는 우리가 흔히 사용하는 대출(Loan)을 포괄하는 개념이다. 대표적으로 대출이나 채권의 발행으로 차입하는 경우가 융자에 해당한다. 은행 대출 등 전통적인 대출에서는 차입자와 대출자 간의 협상에 의해 LTV(Loan To Value : 집값 대비 대출금의 비율) 비율, 약정금리, 상환 대 소득비율 등을 설정하여 이루어진다. 채권은 비교적 대규모 자금을 조달하기 위해 발행하는 차용증서이며, 채권을 표창하는 유가증권을 의미한다. 채권은 상환기한이 정해져 있는 기한부 증권이며, 이자가 확정되어 있는 확정이자부 증권이라는 성질을 갖는다.

융자와 투자(주식발행 등)는 모두 비교적 대규모의 자금을 조달하는 방법이라는 점에서 유사성을 갖지만, 가장 큰 차이는 투자는 자기자본이 되지만 융자는 타인자본이 된다는 것이다. 이에 따라 사업이 실패하게 되면 투자자에게 배당을 하지 못하고 원금이 손실될 수도 있지만 융자는 사업을 성패와 관계없이 만기까지 원금과 이자를 지불해야 한다.

우리나라 부동산 금융은 프로젝트 파이낸싱(PF, Project Financing)을 포함하여 투자보다는 융자가 많다. 사업(Project)의 가치를 판단하여 대주(은행 등 금융권)가 일정한 위험을 부담하고, 사업이 성공했을 시에 배당을 받기 위해 사업에 주주로서 참여하는 경우보다 단순히 담보를 설정하고 대출을 해주고 이자수익을 얻기를 원하는 구조이다. 이것이 대주 입장에서는 보다 안전하고 손쉬운 이익추구 방법이라는 계산이다. 그러나 외국의 경우처럼 사업의 가치를 체계적으로 평가하여 이를 토대로 한 투자 시장도 활성화될 필요가 있다.

2) 리모델링 관련 일반 융자 상품

(1) 집단대출(집단가계담보 대출)

일정 자격요건[6]을 갖춘 특정집단의 차주를 대상으로 일괄승인에 의해 취급되는 여신을 말한다. 일반적으로 분양아파트 및 재건축, 재개발, 리모델링 아파트 입주 또는 예정자 전체를 대상으로 집단적으로 취급되는 대출을 말하며, 중도금, 이주비, 잔금 대출 등으로 구분된다.

---

6) 20세대 이상의 대출(국민은행 기준)

중도금 대출은 분양 계약에 따른 중도금(계약금 및 잔금 제외) 납입 용도 대출로 은행과 시공사, 시행사 간 별도의 대출 협약을 통해 시공사, 시행사가 연대보증을 하고 아파트 준공시 1순위 근저당권 설정(후취담보)을 조건으로 취급되는 것이 일반적이다. 이주비 대출은 재건축, 재개발, 리모델링 사업 추진 기간 동안 조합원의 이주자금을 지원하기 위한 대출로, 재건축, 재개발, 리모델링조합 대상 토지를 담보로 하거나 시공사, 시행사의 연대보증을 조건으로 취급되는 것이 일반적이다. 잔금 대출은 주택 완공 후 등기 전까지 잔금 납입자금을 후취담보 조건으로 취급하는 대출로 시공사, 시행사의 별도의 신용보증 없이 취급되는 것이 일반적이어서 중도금 및 이주비 대출과 구분된다.[7] 리모델링 시에도 재건축, 재개발과 동일하게 이주비 및 공사비를 집단대출로 이용해 조달할 수 있다.

(2) 주택담보대출

리모델링을 위한 자금 차입 방법으로도 주택담보대출이 활용되고 있다. 주택담보대출은 부동산의 전형적인 부채금융방식으로 저당금융과 신탁금융이 있다.[8] 저당금융을 금융기관은 주택담보금융이라고 하며 차입자가 소유권을 보유한 채 대상 부동산에 근저당을 설정하여 금융기관으로부터 직접대출을 받는 것을 말한다.

표 3.8 주택담보금융의 저당방식

구분	저당금융	신탁금융
소유권자	차입자	신탁회사
등기방식	근저당권 설정	신탁등기
부동산관리	금융기관	신탁회사
채무불이행시	경매처분	공매처분
처분방법	절차복잡, 비용 많음	절차간편, 비용 저렴

자료 : 안정근(2014), 『현대부동산학』 제5판, 양현사, p.367.

주택담보대출이란 소유하고 있는 등기부등본상 등재된 주택을 담보로 대출해주는 것을 말한다. 주택담보대출의 경우 금융기관에서 취급하는 일반적인 신용대출에 비하여 그 상환능력이나 담보능력이 우월하고 타 상품에 비해 대손의 비율이 낮아 대출이 상대적으로 용이하다.

7) 금융감독원 용어사전, 2011. 2., 금융감독원
8) 안정근, 2014, 현대부동산학

(3) 사업비 대출

사업비 대출이란 단순 기업자금대출로서 영리를 목적으로 설립된 법인에 대한 대출을 말한다. 일반적으로 기업자금대출은 기업의 담보나 신용에 근거하나 공동주택 리모델링 사업 시행자에 대한 대출은 성격상 기업금융과 구별된다.

(4) 수선금융 대출

수선자금(리폼, 리모델링)대출[9]이란 노후화된 건축물을 수선 시 필요한 자금을 대출해주는 제도를 말하며, 직접 개인이 조달하는 가계담보대출의 일종이다. 조합 등에 의한 20세대 이상 단체로 대출을 조달하는 경우는 집단가계대출 형태로도 조달되는 대출이다. 초기에는 여러 금융기관에서 수선자금 대출상품을 출시하여 판매하였으나 리모델링 시장 상황에 따라서 대출상품 판매 여부가 결정되고 있는 실정이다.

(5) 프로젝트 파이낸싱(Project Financing)

프로젝트 파이낸싱이란 독립된 프로젝트로부터 발생하는 미래 현금흐름을 상환재원으로 자금을 조달하는 금융기법을 말한다. 따라서 대출된 기업 전체의 담보나 신용에 근거하여 자금을 조달하는 기존의 기업금융(Corporate Financing)과는 구별된다. 그러나 우리나라 부동산개발 사업의 경우 외국과 달리 특수한 형태로 발전되어 왔다. 즉 교과서적인 형태는 미래의 현금흐름을 상환재원으로 리스크를 분산하고 대출금을 조달하지만 시공사의 지급보증 또는 채무인수 등의 보증이 추가된 모형으로 발전되어 왔다. 이러한 프로젝트 파이낸싱은 금융기관위주 입장에서 추진되어 해당 프로젝트에 대한 시공사의 보증이 용이하고, 또한 리스크가 많지 않다고 판단되는 신규 분양형 사업 위주였다.

현재는 공동주택 리모델링 수직증축 허용으로 증축 해당분에 대한 일반분양이 가능하게 되었고 수익창출 만큼 조합원에게도 이익이 돌아가게 되었다. 금융기관과 시공사의 적극적인 사업 참여 사례는 많지 않지만 향후 활발하게 활용될 수 있다.

---

9) 공동주택의 수선, 인테리어, 리폼, 리노베이션 등은 좁은 의미의 리모델링 대출이며, 『리모델링』이란 건축물의 노후화 억제 또는 기능향상 등을 위하여 증축 · 개축 또는 대수선을 하는 행위를 말한다. 건축법, 제2조 10항에서 용어정리됨.

(6) 시공사의 직접 금융 대여

시공사의 직접 금융에 의한 사업비 대여는 금융권의 대출은 아니지만 리모델링 조합 또는 조합원인 채무자에 채권자로서 시공사가 대출을 해준다는 개념으로 대출제도의 한 종류로 볼 수 있다. 시공사가 풍부한 자금유동성과 해당 리모델링 사업에 대한 금융기관대출 여건이 충분하지 않은 경우 활용이 가능하다.

3) 리모델링 관련 주택도시기금 대출 상품

(1) 준공공임대주택 개량자금 대출

준공공임대를 목적으로 하는 민간 매입임대사업자를 대상으로 대출해 주는 상품이다. 대출 대상은 임대주택법에 따른 민간 준공공임대주택 등록사업(예정)자로서 임대를 목적으로 주택을 개량하는 자(준공 후 20년 이상된 주택을 증축 및 대수선시 지원)이다. 대출 대상주택 준공 후 20년 이상된 전용면적 85㎡ 이하의 아파트, 연립주택, 다세대 가구당 전용면적 85㎡ 이하의 다가구 세대(호) 당 전용면적 85㎡ 이하의 단독주택이다. 대출 신청 시기는 소유권 이전등기 전(다만, 소유권 이전등기를 한 경우 이전등기 접수일로부터 3개월 이내)이다. 대출금리는 연 2.7%(연 2.0%, 변동금리)이며, 대출한도는 전용면적 60㎡ 이하 1,800만원, 전용면적 60㎡ 초과 85㎡ 이하 2,500만원이다.

단, 다가구는 가구당 1,800만원으로 총한도 14,400만원(8가구) 이내를 대출한도로 한다. 대출기간은 10년(일시상환, 연장 불가)이다.

(2) 주거환경개선자금 대출

주거환경개선자금 대출은 주거환경 개선을 위한 주택 건축 및 개량하고자 하는 사업자를 위한 대출 상품이다. 대출대상은 주거환경개선사업지구 내 토지소유자, 토지 및 주거용 건축물의 소유자 또는 그들이 구성한 조합으로 시장, 군수, 구청장으로부터 융자대상자 결정통지를 받아 주택을 건축(신축, 개축) 및 개량(증축, 대수선)하고자 하는 자로 불량주택 개선자금 융자대상자 결정통지를 받아 주택을 개축, 증축, 대수선하는 자를 인적 대상으로 한다. 대상 주택은 단독주택(호당 주거전용면적 85㎡ 이하 주택), 다세대주택(동당 건축연면적 660㎡ 이하인 4층 이하의 주택으로서 세대당 주거전용면적이 85㎡ 이하 주택), 다가구 단독주택(주택으로 쓰이는 층수가 3개층 이하이고, 주택으로 쓰이는 바닥면적의 합계가 660㎡ 이하이며, 19세대 이하가 거주할 수 있는 가구당 전용면적 85㎡ 이하 주택으로서 공동주택에 해당하지 아니한 주택), 아파트 및 연립주택

(분양주택 : 전용면적 75㎡, 민간사업자는 60㎡ 이하인 주택, 임대주택 : 전용면적 85㎡ 이하인 주택)이다.

표 3.9 주택도시기금 주거환경개선자금 대출 주택유형별 대출조건

주택유형	대출한도	금리	대출기간
단독	6,000만원 이내 (개량의 경우 1/2)	연 2.7%	1년(3년) 이자만 납부, 19년(17년) 원리금균등 분할상환
다세대	3,000만원 이내 (개량의 경우 1/2)	연 2.7%	
다가구	18,000만원 이내[가구당 2,250만원, 8가구 기준 (개량의 경우 1/2)] 이내	연 2.7%	1년
아파트, 연립	공공분양 및 공공임대 기준에 따름	공공분양, 공공임대와 동일/변동금리(주택도시기금운용계획 변경 등에 따라 변동)	분양주택 : 3년 임대주택 : 10년(임대의무기간이 10년인 경우는 15년) 이자 납부, 20년 원리금균등 분할상환

자료 : 주택도시기금 포탈(http://nhuf.molit.go.kr)

대출 시 필요 서류는 건축허가서(신고지역의 경우 건축신고서 사본 또는 신고필증) 및 설계도서, 토지등기사항전부증명서(구. 등기부등본)(개량자금의 경우 건물등기사항전부증명서(구. 등기부등본) 추가), 등기권리증 및 인감증명서, 주민등록등본, 시장 등이 발행한 융자대상자 결정통지서(불량주택개선자금 융자대상자 포함)(2004. 1. 1 개정), 시장 등이 발행한 건축물 착공(준공)확인서, 공사비 견적서(개량자금의 경우)가 있다.

4) 리모델링 정책 관련 대출상품

(1) 그린 리모델링론

그린 리모델링 민간이자 지원사업 대출상품으로 에너지성능개선율에 따라 최대 4.0%의 이자를 면제해주는 상품이다. 대출 대상은 만 19세 이상 개인인 주택소유자로 그린 리모델링 창조 센터로부터 '그린리모델링사업확인서'를 발급받은 자이다. 혜택은 에너지성능개선율에 따라 정부 대출이자 지원 에너지성능개선율 20% 이상인 경우 연 4.0% 이다(에너지성능개선율은 그린 리모델링 창조센터가 발급한 사업확인서에서 정한 바를 따른다).

(2) 부동산 개량자금

우리 부동산 개량자금은 지방자치단체 협약을 통해 주택소유자를 대상으로 주택리모델링 자금을 지원하는 상품이다. 대출대상은 주택을 소유한 개인(SOHO가계 포함)으로서 다음 조건을 모두 충족한 자여야 한다. 첫째 단독, 다가구, 다세대, 연립주택 소유자, 둘째 보유주택을 증축, 개축, 수선하기 위해 지방자치단체가 선정한 공사업체와 계약을 체결하고 해당 지방자치단체장의 융자추천을 받은 자, 셋째 한국주택금융공사 개량자금보증서를 발급받은 자이다. 대상 주택은 단독, 다가구, 다세대, 연립주택이다.

(3) 기타

기타 에너지이용합리화자금과 주택단열개수자금이 있다. 에너지이용합리화 자금은 에너지관리공단이 융자금을 직접 또는 공간과 대여약정을 체결한 한국산업은행, 중소기업은행, 은행법에 의한 금융기관, 농협은행, 수산업협동조합중앙회 및 여신전문금융업법에 의한 신기술사업 금융업자 등을 통하여 실수요자에게 융자해 주는 것이다. 주택단열개수자금은 공동주택에는 해당사항이 없으며 단독주택 주택단열 시공 시 해당되는 대출이다.

2.4 메자닌 금융(Mezzanine Finance)

1) 메자닌 금융의 개념

메자닌 금융은 투자자의 보호 장치로 활용하거나 다양한 투자자금을 끌어들이기 위해 사용된다. 후순위대출 등 메자닌 캐피털을 이용할 경우 일반 순위 대출을 제공한 대주(貸主)의 입장에서는 사실상 지분과 같은 역할을 하기 때문에 프로젝트의 신뢰도가 향상되고, 투자금의 원리금 회수 가능성이 높아진다. 후순위대출의 경우 보통 위험이 높은 만큼 일반 대출보다 금리가 높아 고위험-고수익을 원하는 투자자를 끌어들이는데 활용이 가능하다. 전환사채 등 지분으로 전환할 수 있는 부채자금의 경우 투자자는 표면금리는 일반 대출보다 낮지만 장래 지분으로 전환함에 따른 자본이득을 얻을 수 있다. 지분투자자는 이자비용을 손비 처리할 수 있기 때문에 세제혜택을 겨냥하여 메자닌 캐피털을 활용하는 경우도 있다. 이런 메자닌 캐피털은 건설금융에 있어서 총비용과 조달된 자금 사이의 차액 70~80%를 메워 주는 역할을 하며, 담보가 약하기 때문에 이자율이 높은 편이다. 이 메자닌 캐피털은 개발자에게 투자자금의 조기회수

기회와 건설에 대한 리스크를 줄여주는 역할도 한다.10)

대표적인 메자닌 금융에는 전환사채(CB, Convertible Bond)와 신주인수권부 사채(BW, Bond with Warrants)가 있으며 기업의 자금조달방법을 다양화하기 위해 활용되고 있다. 전환사채와 신주인수권부 사채는 주식과 채권의 특징을 모두를 가지고 있다. 전환사채는 처음에는 채권(회사채)과 똑같지만 일정 기간이 지나 주식전환권이 발동하면 투자자가 원할 시 채권을 주식으로 바꿀 수 있는 권한이 붙어 있는 채권이다. 즉 보유자(투자자)가 주가상승 등의 이유로 원하면 주식으로 바꾸어 차익을 볼 수 있다. 물론, 주식으로 전환하게 되면 그 다음부터는 채권이 아니라 주식이 된다.

신주인수권부 사채(bond with warrants, BW)는 특정한 가격(이를 신주인수가격이라 한다)으로 발행주식을 살 수 있는 자격을 주는 옵션이 붙어 있는 채권이다. 전환사채와 달리 신주인수권부 사채는 투자자가 원할 경우 주식을 인수하고 사채는 여전히 보유할 수 있다. 즉 전환사채는 전환권 행사로 채권으로서의 지위는 사라지지만 신주인수권부 사채는 신주인수권 행사와 별도로 채권은 존속한다.

2) 리모델링 관련 메자닌 금융 조달 방법

메자닌 금융은 리모델링 등 부동산 사업에 있어 다양한 자금 조달을 가능하게 해줄 수 있다. 그러나 부동산 금융이 기업의 금융 조달에 비해 고도화되지 못한 점 등을 고려할 때 리모델링 사업만을 위해 아직 이와 같은 성격을 가지는 금융 조달 사례는 찾기 어렵다. 다만, 리모델링을 수반하는 부동산개발 사업을 위한 시행사 또는 특수목적법인(SPC, Special Purpose Company)이 이와 같은 메자닌 금융을 활용하여 자금을 조달할 수 있으며, 향후에는 부동산개발 및 금융 시장의 고도화를 통해 이러한 수법이 좀 더 다양하고 고도화될 필요가 있다.

2.5 보증(Guarantee)

1) 보증의 개념

보증제도란 융자를 원하는 차주의 부족한 담보력을 대신하여 신용보증기관이 무형의 신용을 발굴, 신용보증서를 발급하여 줌으로써 차주가 원활하게 자금을 지원받을 수

10) 부동산용어사전, 2011, 부연사

있게 하는 금융기법이다.

민법 제428조 제1항은 주된 채무자(주채무자)가 그 의무를 이행하지 않은 경우에는 이를 이행하여야 할 채무를 보증채무라고 규정하여 보증의 법률적 성격을 정의하고 있다. 리모델링 사업을 포함한 부동산개발 사업 시행 시 시행자(소유자, 조합, 시행사 등)와 금융사 보증사의 구조는 다음 표와 같다.

표 3.10 리모델링 사업 보증형태

리모델링 대출형태	리모델링 자금 보증형태
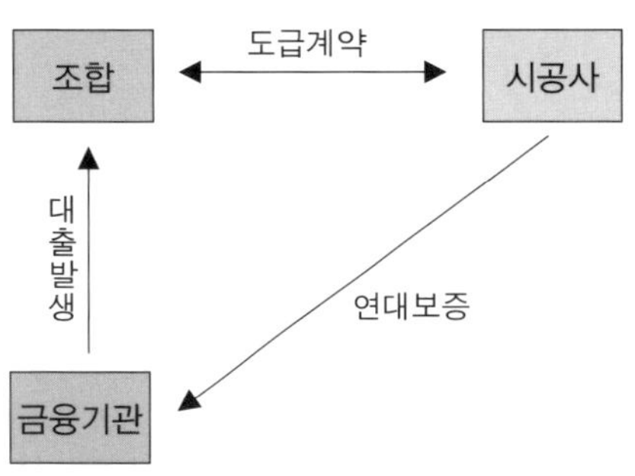	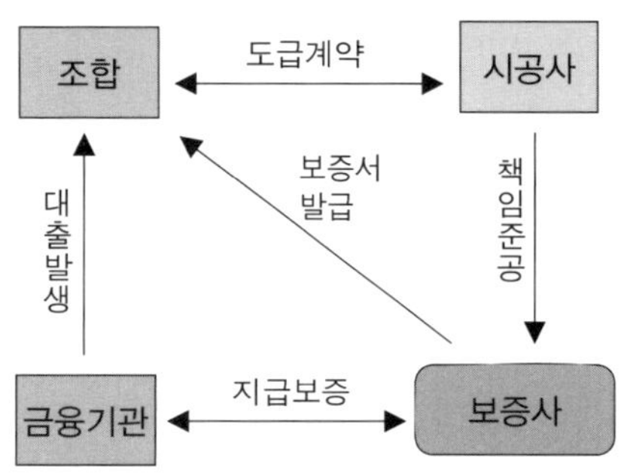

리모델링 자금보증은 조합(조합원)이 금융기관으로부터 리모델링 사업의 필요자금(이주비, 부담금, 사업비)을 조달할 때 이용하는 상품으로서 금융기관에 대출원리금 상환을 책임지는 보증이며, 리모델링 사업을 추진할 때 조합의 자금조달에 있어서 어려움을 해소하기 위한 제도이다. 리모델링 관련 보증사로는 한국주택금융공사와 주택도시보증공사가 있다.

2) 리모델링 관련 보증 상품

(1) 건축 · 개량자금보증(한국주택금융공사)[11]

건축 · 개량자금보증은 주택을 신축, 증개축, 수선하는데 소요되거나 소요된 자금을 대출받을 시 보증을 제공한다. 보증은 건축자금보증과 개량자금보증으로 구분된다. 소요자금별 보증한도 = (주택가격 × 구분별 한도비율) − (선순위 설정최고액 + 대항력 있는

11) 한국주택금융공사 홈페이지(https://www.hf.go.kr)

임차보증금+담보부대출)이다. 구분별 한도비율은 대출은행 내규에 따라 담보부대출 신청 시 적용한 담보인정비율을 의미한다. 구체적인 보증 내용을 요약하면 다음 표와 같다.

표 3.11 건축 · 개량자금 보증 내용 요약

구분	건축자금보증	개량자금보증
대상자	주택을 건축하거나 이에 소요된 자금을 보전하고자 하는 자	주택 또는 준주택을 개량하거나 이에 소요된 자금을 보전하고자 하는 자
대상자금	주택을 신축하는데 소요되거나 소요된 자금	주택 또는 준주택을 수선, 증 · 개축하는데 소요되거나 소요된 자금
대상 목적물	신청인이 소유하고 있는 주택으로 실제 주거용으로 이용하고 있거나 이용할 예정	신청인이 소유하고 있는 주택 또는 준주택으로서 실제 주거용으로 이용하고 있거나 이용할 예정
보증신청시기	건축허가일로부터 소유권보존등기 후 3개월이 되는 날까지	공사계약일로부터 공사완료일 또는 사용승인일 전까지
한도	1) 동일인당 보증한도 : 3억원 – 동일인 기보증잔액 2) 보증종류별 보증한도 : 1억원 – 기건축(개량)보증잔액 3) 소요자금별 보증한도 : (주택가액×구분별 한도비율) – (선 순위 설정최고액+대항력 있는 임차보증금+담보부대출) ※ 구분별 한도비율 : 대출은행 내규에 따라 담보부대출 산정 시 적용한 담보인정비율	
필요서류	1) 공사소정양식 : 보증신청서, 보증약정서, 개인정보제공동의서 등(은행 구비) 2) 본인확인서류 : 주민등록등본, 현 거주주택 부동산등기사항전부증명서 등 3) 요자금확인서류 : 보증대상주택 부동산등기사항전부증명서, 건축허가(신고)서 사본, 공사계약서 사본 등	

(2) 리모델링 자금보증(HUG 주택도시보증공사)

리모델링 자금보증 상품은 리모델링에 필요한 사업자금(이주비, 부담금, 사업비)을 조달하기 위해 금융기관으로부터 대출받은 사업비대출의 원리금 상환을 책임지는 보증상품이다.

보증상품의 개요(www.khug.or.kr, 24.03.01기준)는 다음 표와 같다.

표 3.12 리모델링자금 보증 상품 개요

구분	내 용
보증대상	리모델링 행위허가를 득한 리모델링사업
보증구분	조합원이주비보증, 조합원부담금보증, 조합사업비보증
보증채권자	「은행법」에 의한 금융기관, 산업은행, 기업은행, 농협, 수협 등
보증채무자	보증채권자로부터 리모델링자금 대출을 받는 차주
보증금액	이주비대출원금, 부담금대출원금, 사업비대출원금
보증기간	대출실행일로부터 대출원금 상환 기일까지
보증한도	- 이주비보증 : 조합원별 종전 토지 및 건축물 평가액의 70% - 부담금보증 : 조합원 부담금의 70% - 사업비보증 : 단위산업 총 사업비의 50%
기타	보증금지 요건 - 보증심사 결과 심사평점표의 종합평점이 70점 미만인 경우 - 보증신청 당시 조합설립인가, 행위허가 등의 무효 또는 취소를 다투는 소송이 진행 중으로 사업에 차질이 예상되는 경우(주무관청을 소송당사자로한 행정소송이 아닐 경우는 제외) - 위조 또는 변조된 서류를 제출하는 등 속임수에 의하여 보증을 받고자 하는 경우 - 기타 보증함이 적절하지 못하다고 판단되는 경우 사업비대출보증 시공자요건 - 신용평가등급이 CCC+등급 이상 - 고객 상시 모니터링 결과 경보등급에 해당하지 않아야 함 - 책임준공 의무 부담

보증시 이주비와 부담금의 주채무자는 조합원이며, 연대보증인도 조합이다. 사업비 보증의 주채무자는 조합이다. 보증료는 보증금액×보증료율×보증기간에 해당하는 일수/365이다. 심사등급별 보증료율은 이주비 0.304%, 부담금 0.150%, 사업비 1등급 0.427%, 2등급 1.512%, 3등급 0.568%, 4등급 0.766%, 5등급 0.858%이다.

2.6 보조금(지원금) 및 기타

1) 보조금의 개념

<u>보조금은 정부, 지자체, 공공단체가 기업이나 개인에게 교부하는 돈으로 특정 산업의 육성이나 특정 시책의 장려 등과 같이 일정한 행정 목적을 달성하기 위한 것이다.</u>

리모델링의 경우 우리나라 부동산 시장의 특성상 노후 건축물의 급격한 증가의 대안으로 지속적인 정책적 관심의 대상이었다. 이에 다양한 보조금제도가 있다. 보조금은 재무제표상 조달에 따른 반대급부(이자 납부, 원금 상환, 배당금 지급 등)가 없이 정책적으로 목적으로 하는 요건을 충족시키면 조달할 수 있는 재원이다. 금액이 상대적으로 크지 않고 지원정책이 체계적이지 않아 수행할 사업에 맞는 보조금제도를 찾기가 어렵다 하더라도 보조금제도를 적극 활용한다면 경제적 이득을 극대화할 수 있다.

2) 리모델링 관련 보조금

서울시는 서울특별시 공공주택 건설 및 공급 등에 관한 조례에 의해 리모델링형 장기안심주택 사업을 시행하고 있다. '리모델링지원형 장기안심주택'은 서울형 임대주택의 한 방식으로, 2013년부터 시작되었다. 15년 이상된 개인 소유의 노후주택 리모델링 비용을 서울시가 최대 1천만원까지 지원해 주택 가치를 높이는 동시에 해당 주택에 거주하는 세입자에게 최장 6년간 전세보증금 인상 없이 안정적인 주거생활을 확보해 주는 것이 골자다. 대상 주택은 전용면적 60㎡ 이하의 전세보증금 2억 2,000만원 이하이다. (단, 가구원수가 4인 이상인 세입자가 입주하는 경우 85㎡ 이하까지 가능하며 전세보증금은 330백만원 이하까지 가능) 보증부월세의 경우에는 기본보증금과 월세의 전환보증금 합계액이 220백만원(4인 이상의 가구는 330백만원)이하이며, 월세 50만원 이하인 주택이 해당된다.

지원내용은 주택소유자에게 노후불량주택 리모델링을 위한 수선비용 지원(전세금 총액에 따라 차등지원하며 호당 최대 1,000만원)하는 것이다. 리모델링 공사비 지원 범위는 방수 · 단열공사, 창호 · 보일러 · 배관 교체 등 노후건물의 성능개선 공사와 단순 도배, 장판 교체, 싱크대 · 신발장 공사, 세면대 · 변기 교체 등 생활편의 개선공사까지 포함한다.

그 밖에 한옥과 관련한 리모델링 지원금이 정부 및 지자체별로 다양하다. 문화재청은 2018년까지 고도지정지구로 지정된 경주, 공주, 부여, 익산 내에서 고도의 경관과 조화되지 않는 건물을 한옥으로 수선하거나 개축 · 신축할 경우 최대 1억원까지 보조금을 지급하기로 하였다. 대구광역시는 대구광역시 한옥 등 건축자산의 진흥에 관한 조례(제18조2항, 2019. 12. 24. 시행)에 의거하여 등록된 한옥에 대해 공사비용의 3분의 2 범위 내에서 신축의 경우 3,000만원에서 5,000만원까지, 전면 수선하는 경우 2,000만원에서 4,000만원까지 지원한다.

기타 농촌주택 개량자금 지원으로 농어촌정비법 제2조, 제55조, 제67조, 제108조 및 농림어업인 삶의 질 향상 및 농산어촌 지역개발 촉진에 관한 특별법 제29조 규정에 의하여 농촌지역에 노후·불량주택 개량(신·개축) 시 저리로 자금 융자를 하고 있다. 대상지역은 읍·면지역(단, 동지역은 주거·상업·공업지역을 제외한 지역)이며 신청자격은 농촌지역에 주택건축물 1동 150㎡(건축면적, 연면적 모두) 이하로 신·개축하고자 하는 농촌거주자, 무주택자 귀농인이 대상이다. 지원내용은 주택개보수에 소요된 비용 이내에서 최대 1억원(대수선, 증축, 리모델링) 한도의 대출지원과 세제지원 등이 있다.

3. 리모델링 금융조달 실무 및 사례

3.1 공동주택 리모델링 금융조달 실무

리모델링 관련 금융조달 방법은 금융기관을 통한 대출이 대부분이며, 실무적으로 공동주택 리모델링사업 경우에도 대부분이 대출방법으로 조달되고 있다. 향후 금융기법의 고도화와 리모델링 사업수행 주체의 전문화로 좀 더 다양한 금융기법(또는 상품)이 개발되어야 하지만 실무적으로는 리모델링 사업수행에 금융조달이 차지하는 비중은 크다고 할 수 있다.

본 절에서는 공동주택 리모델링시 대출상품을 이용할 때 금융실무에 필요한 금융이론을 알아보고 이주 사례를 통하여 구체적으로 학습하고자 한다. 공동주택 리모델링 사업은 시행시점의 금융환경도 영향이 있으나 사업장의 규모와 위치에 따라 실무에 큰 차이가 생기는 만큼 완공된 대표적인 공동주택 리모델링 사업장을 대상으로 살펴보고자 한다.

공동주택 리모델링 사업에 필요한 자금의 종류는 크게 3가지로 이주비, 공사비, 사업비로 구분할 수 있다.

이주비는 조합원이 이주할 때 필요한 자금으로써 공사기간 동안 타 주택에 임시 거주하는 데 필요한 가계자금이며, 대부분 전세금에 활용되는 개인대출이다.

공사비는 리모델링으로 증축과 전면 수선되는 비용으로써 평형 증가 및 주차장 증설과 주민복리시설 등으로 시공에 소요되는 자금을 대여해주는 대출이다.

사업비는 기업대출의 형태로서 2가지 명목으로 나눌 수 있다. 공사에 필요한 사업비와 조합운영에 필요한 사업비로 나눌 수 있다. 조합관리 및 업무추진을 위한 운영비는 소규모의 사업비지만, 리모델링 미동의자의 주택을 매입해야 하는 매도청구비용과 조합원의 종전 대출보전비용이나 시설보강비용 등은 규모가 큰 사업비이다. 조합에서 리모델링사업에 필요한 자금을 통칭하여 사업비라 불리고 있다. 리모델링 금융 종류는 다음 표와 같다.

표 3.13 리모델링 금융 종류

구분	차주	자금용도	대출한도	대출규제	대출금 지급방법	자금성격
이주비	조합원	이주비용	40%~70%	LTV DTI 채무상환능력	일시지급	개인대출
공사비	조합	공사(건축)비용 부대비용 주민복리시설비용	소요자금 범위 내	사업장등급 시공사능력	일시 또는 분할지급	기업대출
사업비	조합	조합운영비용 매도청구비용 종전 대출보전비용 시설보강비용	소요자금 범위 내	사업장등급 시공사능력	일시 또는 분할지급	기업대출

이주비는 조합원 집단으로 조달되는 개인주택자금이며, 주택담보대출이다. 대출금 지급은 이주시 일시적으로 지급하는 경우가 대부분이며, 해당 조합원 주택에 이미 선순위 타 금융권 대출이 존재하는 경우, 그 대출금은 이주비보다 작은 금액이어야만 이주비 대출 실행이 가능한 구조이기도 하다.

이주비를 집단대출로서 조달하는 큰 이유는 행정적인 편의성 부분도 있으나 개별 대출보다 금리 등에서 유리하기 때문이다.

대출한도 규제는 정부의 주택시장 과열방지 일환으로 주택담보대출 리스크 관리를 위한 제도를 도입하였고, 지역별 구분에 의한 LTV규제를 하고 있다. 다만, 2023년 3월 2일부터 적용되는 LTV는 지역과 대출구분 없이 생애최초 주택 구매자는 80%, 무주택자는 DSR한도내 LTV비율 70% 이내로 적용되며 2주택 이상자에게는 60%(규제지역은 30%) 이내로 적용되고 있다. 이와 같은 대출 규제 정책은 주택 시장 상황에 따라 변동될 수 있다.

또한 이주비는 조달하고자 하는 대출금융기관에 따라 대출한도액과 금리 차이를 보일 수 있고, 개별적으로는 차주의 채무상환 능력과 신용상태를 적용하여 대출 여부와 담보 취급비율이 조금씩 달라질 수도 있다.

공사비대출은 기업대출로 조달하는 방법이 일반적이며 주택담보대출로 조달하는 경우 담보대출비율 규제를 이주비와 동일하게 받아야 한다. 또한 조합원 본인 및 가족 중에 타 금융권대출이 존재하면 조합원 중도금대출은 받을 수 없음을 유의하여야 한다. 공사비를 집단가계대출로 조달하면 금리는 상대적으로 저렴하나 규제내용대로 추진할 수 있는 공동주택 리모델링 단지는 현실적으로 많지 않다.

사업비대출 자금용도는 금융기관마다 해석을 달리 할 수 있으며, 리모델링 추진 사례별에 의하면 업무추진을 위한 운영비 및 종전 대출보전비용이나 시설보강비용 등을 사업비대출의 범주에 포함하지 않을 수 있음을 유의해야 한다. 그리고 공사비대출이 정부의 담보대출 규제가 담보비율 및 중복대출까지 규제하고 있어 집단대출에 의한 저렴한 금리조달을 한다는 장점 외에는 규제사항이 많아 사업비 형태로 조달하는 방법을 강구하는 것이 사업추진에 유리할 수 있다. 즉 공사비 전체를 조합에서 사업비 형태로 조달하면 정부의 담보대출 규제를 벗어날 수 있는 점이 유리한 점이다. 사업비 대출 조달 시 단점이라면 대출의 관건이 시공사의 신용등급과 사업장의 우량성에 있으므로 공동주택 리모델링 사업을 진행하는 요건에는 도급순위 상위급 우량시공사와 우량사업장이 필수적이다.

이주비와 사업비대출 및 공사비 전체를 프로젝트 파이낸싱 구조로 조달할 수도 있으나 재건축사업처럼 일반분양 등을 통한 수익구조가 크지 않고 리모델링 추진 시 이러한 구조에 대한 이해 부족 등으로 프로젝트 파이낸싱을 통한 방법은 현재 어려운 환경이라 할 수 있다. 그러나 수직증축 리모델링이 활성화되고, 수직분양의 수익구조를 통하여 비용을 절감할 수 있는 우량사업단지에서는 추진이 필요하다고 본다.

공동주택 리모델링 사업의 경우 조합원 이주비대출, 조합원 공사비 및 조합의 사업비 대출, 조합원 주택담보대출 4단계의 금융 종류로 대출이 발생되고 있다. 세부적인 공동주택 리모델링 금융조달 FLOW는 다음 표와 같다.

표 3.14 공동주택 리모델링 금융 FLOW

1. 이주비대출	• 공사기간 동안 거주를 위한 이주비를 조합원 소유토지 및 건물에 근저당권을 설정하고 조합원 앞 대출 – 기본 이주비(무이자 이주비 : 해당 이자를 시공사가 관리할 수 있어서 무이자 이주비라고 함, 추후 공사비에 합산할 수 있음) – 추가 이주비(유이자 이주비 : 기본 이주비를 받은 후에 추가적으로 자금이 필요한 경우에 해당되며 조합원은 매달 이자를 상환한다) • 입주시 상환하는 조건, 멸실등기 전 설정된 근저당권은 완공 후 자동이전
2. 공사비대출	• 공사계획 확정 후 조합 앞 대출 • 조합원별 공사비 부담금을 조합원 앞 대출
3. 사업비대출	• 조합 앞 대출 • 조합은 사업비 부담금을 조합원 안분
4. 주택담보대출	• 조합원 개인별 (이주비+공사비+사업비)=주택담보대출 주택구입(담보) 장기대출로 전환 • 완공된 주택에 근저당권을 설정하고 조합원 앞 대출

1) 금융조달 실무에 적용되는 규제

(1) LTV : Loan To Value ratio

LTV란 대출에 대한 담보가치비율, 즉 담보인정비율이라 한다. 주택을 담보로 대출 취급시 해당 담보가치에 대한 대출취급가능금액 비율을 말하며 담보대출을 취급하는 하나의 기준이다. 금융기관은 공동주택(아파트)의 리모델링 이주비 대출 취급시 다음에 해당하는 담보인정비율을 반드시 준수하여 대출 취급하고 있다. 이러한 담보인정비율은 개인별 조합원 이주비의 규모가 되며, 이주할 주택을 선택할 때 전세자금 규모 등의 활용기준이 된다.

LTV 산식=(주택담보대출금액+선순위채권+임차보증금 및 최우선변제 소액임차보증금)÷ 주택가격(담보가치)

LTV 산식에서 유의할 점은 담보가치에서 주택담보대출 금액, 선순위채권, 임차보증금은 개인별로 해당되는 경우에만 차감하나 최우선변제 소액임차보증금은 반드시 차감한 금액으로 대출금이 산정된다.

(2) DTI : Debt To Income ratio

DTI란 소득에 의한 대출금 상환비율을 정한 것으로 연간소득 대비 연간 대출원리금 상환액의 비율을 말하며, 이를 총부채상환비율이라 한다. 금융감독원은 연간 대출원리금의 합계액이 연간 가계소득의 일정비율 이내가 되도록 채무 수준을 정하였으며, 금융기관들은 자체적인 개인별 신용평가 기준에 따라 연간 대출원리금이 연간소득의 DTI 비율 이내가 되도록 담보대출한도를 정하고 있다.

또한 금융기관들은 자율적으로 DTI 제도와 병행한 개인별 채무상환능력 평가를 도입하고 있어 리모델링 이주비 대출취급시 상환능력이 되지 않는 경우 대출이 불가능하다. 이러한 제도는 주택가격 안정을 위해 LTV 규제 강화와 함께 DTI 규제를 도입하였으며, 총부채상환비율은 다음과 같이 산정하도록 하고 있다.

DTI 산식 = (해당 주택담보대출 연간 원리금상환액 + 기타 부채의 연간 이자상환액) ÷ 연소득

(3) DSR : Debt Service Ratio

DSR이란 차주의 총 금융부채 상환부담을 판단하기 위하여 산정하는 차주의 연간 소득 대비 연간 금융부채 원리금 상환액 비율을 말한다. 총 대출액 1억원(대출 신청금액 포함, 한도대출의 경우 한도금액 기준) 초과시 적용되며 현 은행권 DSR은 40%, 비은행권은 DSR 50%이내에서 취급해야 한다.

DSR 적용 제외 대출은 다음과 같다.

- 상속, 채권보전을 위한 경매 참가 등 불가피하게 대출 채무를 인수하게 되는 경우
- 차주의 상환부담을 경감하여 원활한 채무상환을 지원하기 위한 목적으로 원금 또는 이자를 감면하거나 금리, 만기, 상환방법, 거치기간에 관한 조건을 변경하는 경우. 다만, 상환방법에 관한 조건의 변경은 일시 또는 분할 상환 방식의 대출을 상환기간 10년 이상의 분할상환 방식의 대출로 전환하는 경우에 한정한다.
- 분양 주택에 대한 중도금대출, 재건축 · 재개발 주택에 대한 이주비대출, 추가분담금에 대한 중도금 대출
- 비주택 부동산의 분양에 대한 중도금대출, 재건축 · 재개발 주택에 대한 이주비대출, 추가분담금에 대한 중도금 대출
- 그 밖에 총부채원리금비율 적용을 제외할 수 있는 예외적 사유로 금융감독원장이 인정한 대출을 신규 취급할 경우

표 3.15 23. 3. 2부터 적용되는 지역별 LTV, DSR, DTI 기준

구분	LTV	DTI	DSR
생애최초 주택구매자	80% 이내 ※ 한도 : 6억원 이하	60% 이내	40% 이내 (총 대출액 1억원 초과시 적용)
무주택 (서민/실수요자)	70% 이내 ※ 한도 : LTV/DSR한도 내		
1주택 처분조건	70% 이내 (규제지역[1] : 50% 이내)	투기지역 40% 이내 투기과열지구 40% 이내 조정대상지역[2] : 50% 이내 수도권[3] : 60% 이내	
2주택 이상	60% 이내 (규제지역[1] : 30% 이내)		

주 : 1) 강남, 서초, 송파, 용산
2) 해당 지역 소재의 아파트(주상복합아파트 포함) 담보대출에 적용
3) 투기지역, 투기과열지구 및 조정대상지역을 제외한 수도권에 한함

(4) 집단대출 장점과 특이점

집단대출의 장점은 대출받는 리모델링 조합원 입장에서는 일일이 대출심사를 받는 번거로움을 피할 수 있으며, 금융기관은 리모델링 대출 추진시 협약체결을 통해 한꺼번에 대규모로 고객 확보가 가능한 점일 것이다. 또한 일반적으로 이주비 및 사업비 등 대출금리가 상대적으로 개별 대출보다 저렴한 점과 각종 수수료나 설정비용 등도 유리한 혜택을 받을 수 있는 장점이 있다.

집단대출 특이점으로는 DTI규제에서 자유로운 점이다. 대출한도에 포함이 안 돼 개인별 소득에 의한 채무상환능력을 고려해 대출받았다고 해도 집단대출을 추가로 받을 수 있어 과도한 채무를 가지지 않고 상환능력에 문제가 없다고 판단되는 경우에 활용할 수 있다.

2) 이주비의 금리형태와 상환방식

(1) 금리형태

리모델링 사업을 추진할 때 조합원 입장에서 이주비가 차지하는 비중은 크다고 할 수 있다. 리모델링조합에서 당시의 금융환경을 이해하고 조합원들의 의사에 부합하는 금융상품을 조달해야 한다. 주택담보대출의 유형은 여러 가지 기준이 있으나 금리의 변동 가능성을 통해 구분하는 방법이 많이 사용되고 있다.

주택담보대출 금리는 크게 고정금리방식, 변동금리방식 및 고정과 변동금리를 혼합한 혼합형 방식 등의 종류가 있다. 변동금리의 경우 시장금리와 연동되어 있으므로 적용된 기준금리 변동성이 클 경우 차입자 이자율위험이 커진다는 문제점이 있다. 따라서 최근

정부에서는 가계부채의 구조 개선을 위해 변동금리 위주의 주택담보대출을 고정금리로 유도 및 전환하는 방안을 추진 중이다.

표 3.16 주택담보대출 금리 특징 및 장 · 단점

금리종류	금리형태	특징	장/단점
고정금리	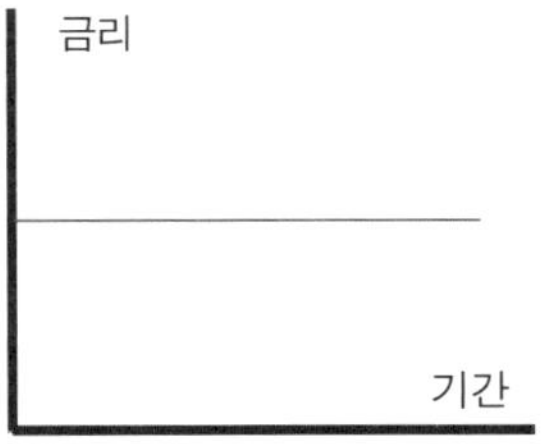	- 대출 기간 중 동일한 이자율로 유지되는 대출	장점 : 대출만기까지 동일한 금리유지 단점 : 변동금리 보다 금리가 높다
변동금리	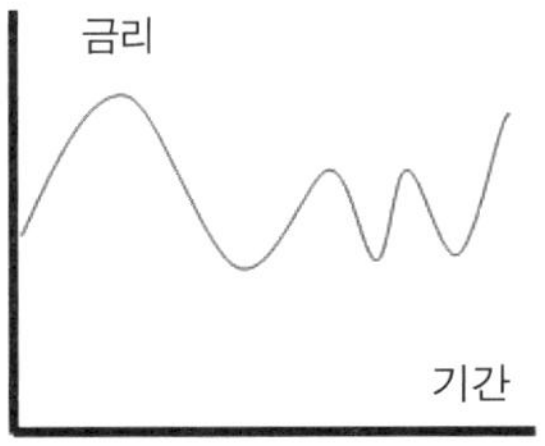	- 대출주기에 따라 금리가 변동되며, 실세금리와 연동되는 특성을 가지고 있음	장점 : 실세금리 하락에 따라 금리가 하락 되며, 고정금리보다 금리가 낮음 단점 : 실세금리 상승에 따른 금리상승
혼합형 금리	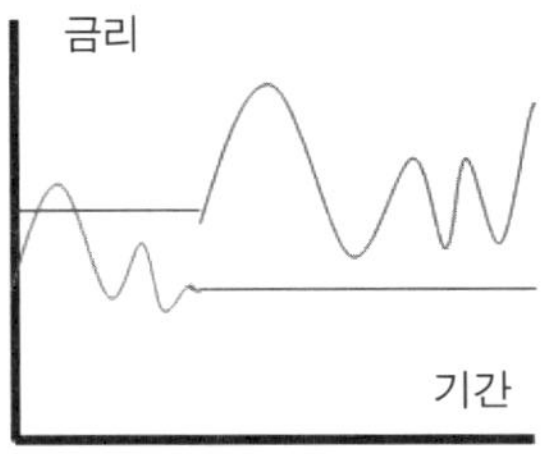	- 일정기간 동안 고정금리와 변동금리가 서로 결합된 혼합 금리임	장점 : 금리예측과 자금계획에 맞춘 금리선택 가능 단점 : 금리예측 및 자금계획이 어려움

(2) 상환방식

이주비대출의 주택담보대출 상환방법은 매월 납입하는 상환액과 밀접한 관련이 있으므로 조합원 입장에서는 적합한 상환유형을 활용하는 것도 중요하다. 점차비중이 증가하고 있는 상환방법은 원금균등분할상환과 원리금균등분할상환으로 다음 표와 같으며, 초기 납입액은 원금균등분할상환이 크고, 대출기간 동안 전체원리금상환액이 적다는 특징을 가지고 있다. 반면에 원리금균등분할상환은 기간 전체의 상환액이 동일하다는 장점이 있지만 원금의 감소는 원금균등분할상환에 비해서 느리게 진행된다는 단점이 있다. 대출만기까지 이자만 납입하다가 만기에 원금을 일시에 상환하는 만기일시상환 방법은 과거에 많이 취급되었으나, 최근 정부에서는 가계부채의 구조 개선을 위해서

만기일시상환방법을 억제하고 있다. 이러한 이유는 만기에 일시상환에 따른 채무불이행 가능성이 높기 때문이다.

표 3.17 주택담보대출 상환방식과 특징

상환방식	특징
원금균등분할상환	대출기간 동안 매번 원금이 균등하게 상환되어 이자가 매월 줄어드는 방법 - 초기 이자부담비용이 원리금균등분할상환보다 크고, 원금은 매월 균등하게 상환된다.
원리금균등분할상환	대출기간 동안 일정한 균등금액을 상환하는 방법 초기 이사부담이 원금균등분할상환보다 적으나 전체 상환되는 이자액은 많게 상환되는 특징이 있다.
만기일시상환	대출만기일까지 이자만 납입하다가 만기에 원금일시 상환하는 방법 만기일에 일시 상환해야 하므로 상환 당시에 가계에 부담을 줄 수 있다.
원금일부분할상환	일정기간 거치 후 원금 중에 일정 부분만 상환하는 방법 거치기간과 일부상환을 활용하여 매월 이자액 조정을 할 수 있다.

3) 리모델링 이주절차

(1) 이주절차

이주절차	내 용
이주비, 사업비 취급 금융기관 선정	• 이주비 취급 금융기관 - 정기총회 승인 안건 • 총 사업비 확정(사업비, 공사비 등) - 정기총회 승인 안건
이주 및 신탁등기 공고	• 조합원 이주시기 - 정기총회 승인 안건 • 신탁등기 및 이주비 신청기간 공고
이주비 대출금 안내	• 이주비대출 수요자 최종 확인 • 개인별 대출시기 및 대출금액 분류
이주비지급에 따른 구비서류	• 이주비대출 구비서류 - 금융기관 협의 • 내국인, 시민권자, 재외국민으로 분류
이주 안내	• 이주책임(세입자 거주 포함) - 이주기간 내 미이주 배상 • 이주비 금융기관 및 담당자 안내 • 이주사실 확인 - 이주한 곳(전입등기등본) 확인 안내
신탁등기 필요성	• 신탁등기는 조합이 소유권 확보 후 원활한 사업진행이 목적 • 조합의 사업소득세 절세효과 • 사업지연예방 : 사업기간 중 조합원재산에 가압류 등 불가
관리비정산	• 장기수선충당금 처리 - 정기총회 승인 안건 • 장기수선금 지급시기 및 지급방법 안내 • 관리비 정산안내(수도 및 전기사용료)

이주절차	내 용
이주 당일 절차 안내	• 이주점검 확인증 및 이주비 지급신청서 발급(조합) • 가스관련, 관리비, 공가된 집열쇠 등 확인
세입자 이주 관련	• 조합설립인가일 이후 체결된 주택임대차보호법 적용 불가 도시 및 주거환경정비법 제44조(지상권 등 계약의 해지)⑤항 • 이주지연에 따른 시업지연 손실 안내 • 대출구비 서류안내(내국인, 재외국민 구분)
각종 문의사항	• 조합과 조합원간 연락망 유지(조합 인터넷 사이트 활용 등) • 대출 및 세무관련 문의 대비 • 조합과 계약 체결된 금융기관, 법무사, 세무사 활용

(2) 이주진행 절차도

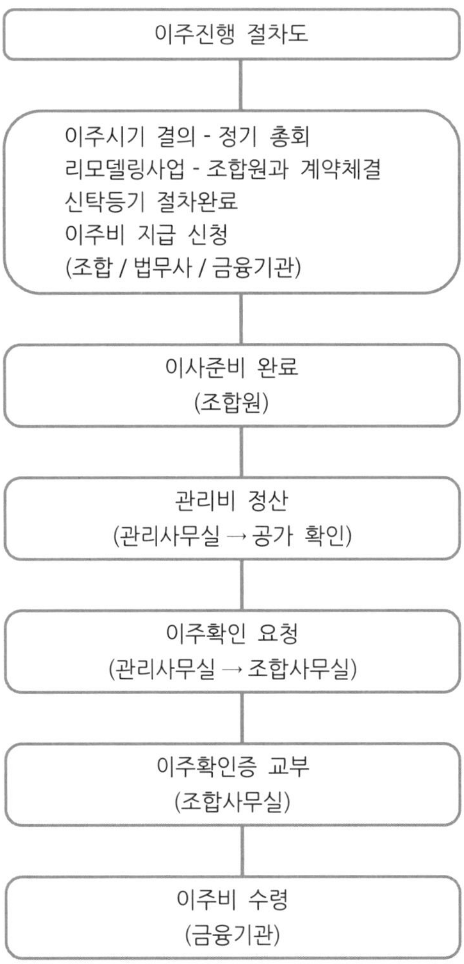

3.2 사례 1 : 마포구 용강동 시범아파트

2002년 착공된 마포 용강아파트 리모델링 사업은 건설뿐만 아니라 금융에서도 국내 공동주택인 아파트 리모델링 대출이 본격화되는 것을 알리는 신호탄이었다. 금융기관도 아파트 리모델링 금융지원사업의 첫 단추 역할을 하였으며 금융지원 활성화에도 크게 기여하였다. 총 리모델링 금융조달사업비(이주비 및 공사비)는 32억원 규모였으며 금융지원 금융기관은 시중은행이 지원하였다. 주요 대출 내용은 다음 표와 같다.

표 3.18 마포구 용강동 시범아파트 리모델링 대출 주요 내용

구분	이주비대출	공사비대출
대출대상	입주자 개별세대	입주별 해당 금액
대출금액	5,000만원	5,000만원
대출금리	우량고객 금리	우량고객 금리
대출기간	공사기간 내	공사기간 내
상환방법	일시상환	일시상환
채권보전	해당주택 근저당 설정	해당주택 근저당설정
대출금 지급내용	입주자 개별세대 앞 지급	시행사 앞 지급
대출금 지급시기	이주시	공사 진행에 따른 분할지급
중도상환 수수료	면제	면제
대출대상 조합원	2개 동 18평형 60세대	
사업시행 동의율	2개 동 100% (전체 9개 동 300세대)	
시공사	대림산업	
시행사	대한주택공사	
금융지원 내용	시중은행 주택 리모델링 자금대출	

마포 용강동 리모델링 조합에 금융지원의 내용을 살펴보면 세대당 1억원의 금융지원을 하였으며, 세부적으로는 이주비와 공사비를 가구당 각 5,000만원씩 지원하였다. 이주비는 주변의 동일 평형의 전세자금을 고려한 세대당 5,000원과 공사비는 공사 평형당 260만원 정도로서 세대당 4,500만원 선이었다. 대상단지가 리모델링 시범단지라는 특수성으로 인해 사업시행사인 대한주택공사는 성공적인 사업 추진을 위한 안전진단, 감리비, 일반관리비, 사업추진비 등을 적극 지원하였고 금융기관인 은행에서도 리모델링 후의 담보가치 증가를 적극 반영하여 시세와 거의 동일한 수준의 대출을 실행

하였다.

리모델링 조합이 결성되기 전에는 해당 평형인 18평형이 7,000만~8,000만원 수준이었으나 리모델링 사업이 본격화되면서 시세가 상향되어 대출시점에서는 1억 1,000만원에 달하여 금융지원의 문제를 해결할 수 있었다. 당시 금융조달방법 중 리모델링 사업에 지원되는 국민주택기금 상품이 있었으나 세대당 3,000만원으로 지원비도 3년 거치, 5년 분할상환에 연 6%의 금리로 민간금융권 집단담보대출 금리와도 차별화되지 않아 해당 조합원들이 외면하고 있는 상황이었다.

당시 주로 이용하는 리모델링 금융조달방법은 대출지원 시 주택을 담보로 하는 가계자금대출과 리모델링인 수선을 하는 경우 대출이 지원되는 경우가 전부였다. 그러나 이러한 담보대출은 금융지원 구조가 까다롭지 않은 점이 크게 작용하였고 담보대출형태의 전형적인 리모델링 금융구조였다. 물론 기업자금대출과 프로젝트 파이낸싱 상품도 존재하였으나 마포 용강 리모델링 사업에 적용하기에는 여건이 충족되지 못하였다. 시공사 금융을 이용한 리모델링 금융조달방법은 IMF 이후 전무한 상태였으며, 더욱이 연대보증에 의한 금융조달도 어려운 상황이었다.

3.3 사례 2 : 영등포구 당산동 P아파트

영등포구 당산동 P아파트에 적용되는 금융조달방법은 2002년 마포구 용강동 시범아파트 리모델링 금융조달 사례와는 전혀 다른 금융구조를 가지고 있다. 사업비 개요는 다음 표와 같다.

표 3.19 영등포구 당산동 P아파트 VS 용강동 시범아파트 금융지원 내용 비교

구분	당산동 P아파트	용강동 시범아파트
이주비	정부 담보대출 규제 적용 투기지역 해당 (LTV 40%) 대출	정부 담보대출 규제 없음 은행 담보대출지침 준수
공사비	기업대출로 조달 해당 주택을 담보한 주택담보대출은 규제 여건상 어려웠음	정부담보대출 규제 없음 은행 담보대출지침 준수
사업비	기업대출 조달 (시공사 연대보증 요건)	사업비 금액 미미
(조합운영비용)	일부 필요	매우 미미

구분	당산동 P아파트	용강동 시범아파트
(매도청구비용)	일부 필요	100% 동의로 불필요
(종전대출 보전비용)	일부 필요	• 대부분 이주비 및 공사비로 충당 가능 • 일부세대 전매
(시설보강비용)	일부 필요	• 해당 없음
(주민복리시설비용)	주차장, 놀이터, 주민운동시설 등	• 주차시설 해당 없음

용강동 시범아파트에 적용된 금융조달 구조는 단순하게 이주비와 공사비 두 가지만 적용되었고 금융기관의 채권보진도 담보대출형태였다. 하지만 2008년 당산동 P아파트에 적용된 금융구조는 매우 복잡해지고 다양한 형태의 대출이 접목되었다. 이는 조합원의 리모델링 사업니즈 반영에 기인된 것으로 이주비 및 공사비, 사업비 등이 조달되어 금융구조가 다변화되었으며 또한 2002년부터 정부의 담보대출 규제강화로 금융구조는 더욱 복잡해졌다.

당산동 P아파트 리모델링 조합에 금융지원한 내용 다음 표를 살펴보면 이주비와 공사비 및 사업비를 개인금융과 기업금융대출을 혼합하여 지원한 최초의 사례라고 볼 수 있다. 이주비대출은 조합에서 요청한 금액을 최대한 수용하였고 평형별 대출한도는 정부대출규제 적용한도(당시 투기지역 40%)를 준수하였다. 이주비 대출한도는 현재의 거주평형 정도 전세자금에 해당이 되어 선순위의 과다한 대출이 없다면 이주하는데 무난한 대출한도였다.

표 3.20 영등포구 당산동 P아파트 리모델링대출 주요 내용

금융조건		주요 금융조달 내용
이주비 대출한도	조합원 주택담보	• 담보조사 가격의 40% • 담보한도(비율)은 금감원 지도사항 준수(투기지역 : 40%)
공사비 대출한도	시공사 연대보증 또는 협약	• 공사비 40% • 공사비대출 한도(비율)은 금감원 지도사항 준수 (투기지역 : 40%) 채권보전방법은 시공사 협약체결 가능 • 공사비 전액을 사업비로 조달하는 경우 채권보전방법은 시공사 연대입보
추가대출 해결조건		• 기업대출 사업비로 조달 경우 가능 • 이주비 추가대출시 가능 금액 및 조건 : 조합 및 시공사 협의 시공사 직접대여 • 공사비 추가대출시 가능 금액 및 조건 : 조합 및 시공사 협의 시공사 직접대여

금융조건	주요 금융조달 내용
기존 채무처리방안	• 先 이주비대출로 전액 상환처리가 반드시 이루어져야 함.
매도청구 등 사업비 대출한도 및 이율	• 이율 : 사업비 대출과 동일 조건 • 대출차주 조합이며 시공사가 연대입보
근저당 설정비 조건	• 면제
선순위 담보 설정비 조건	• 조합원 부담
근저당권 설정비율	• 대출금액의 120% 또는 130% 근저당권 설정
중도상환 수수료	• 면제
이자 수입방법	• 월 후취로서 대출 발생 후 월별 후취
대출기간 및 연체이율	• 장기대출 전환 가능하며 연체이율은 기간별 가산금리 적용함.
준공 후 담보대출 전환시 한도 및 이율	• 준공 후 담보조사 가격(시세)의 60% • 현시점 금감원 60% 담보취급비율 (6억원 이하 담보 경우 10년 이상 장기대출 가능)
조합에 제시한 기타 조건	• 원활한 사업추진을 위한 직원 출장파견 • 요청시 임원 및 대의원회의 장소제공 • 최인근 영업점에 조합원 전용창구 개설 • 조합원 송금 수수료 면제 • 기타 세부사항 조합 및 시공사와 협의 가능

당시의 이주비대출 조달을 사업비대출 형태로도 전액 조달할 수도 있으나 금리가 집단으로 조달하는 가계자금대출보다 상대적으로 높고 시공사의 연대보증과 시공사에 의한 대출금 처리시 정부의 담보대출 규제에도 자유롭지 못한 단점이 있었다. 문제는 공사비대출 조달방법이었다. 공사비대출을 가계자금대출로 조달한다면 역시 정부의 담보대출 규제가 되어 투기지역에 해당되는 공사비의 40%까지만 가능한 대출제도였다. 또한 P아파트 조합원의 30% 정도가 선순위 대출을 보유하고 있는 상황에서 이주비대출을 조달받고, 차감한 나머지 금액으로 소액대출 및 이사비용 등과 시공사의 공사비 비용을 조달하기에는 부족할 수밖에 없는 게 현실이었다.

이에 공사비대출은 기업대출로 제안되었고 공사비 대출한도를 전액 시공사가 연대보증하여 시공사가 직접 공사비를 조합원에게 조달하는 방식을 선택하였다. 평형 증가에 필요한 공사비용 및 주차장 신설에 필요한 주민복리시설 비용 등 조합원의 자금 충당에는 많이 부족한 상태였으나 조합 및 시공사가 사업비대출을 수용하여 이 부분을 해소하였다. 조합원은 공사비 대출한도를 충족시켰지만 대출금리는 이주비 대출금리보다 상대적으로 높은 금리에 시공사로부터 조달받아야 하는 방식이었다. 사업비대출은 조합이 필요한 자금을 시공사가 연대보증하였고 금융기관으로부터 일체의 사업경비가 조달되었다.

당시 금융기관에서는 대상단지가 정부의 담보대출 규제 하에 리모델링 대출을 지원하는 최초단지라는 특수성으로 P아파트 성공적인 사업 추진을 위한 이주비, 공사비 및 사업추진비 금리를 우량한 사업장으로 지원하였으며, 이주비는 집단가계대출로 사업비 및 공사비 등은 기업대출로 지원하였다. 이는 P아파트의 리모델링 후 담보가치 증가를 적극적으로 반영한 사업장으로 평가하여 대출을 실행되었다. 프로젝트 파이낸싱 상품도 검토되었으나 P아파트 리모델링 사업에 적용하기에는 금융여건 및 수익성 등 여러 여건상 어려운 사업상이었다.

제 4 장
그린리모델링

1. 그린리모델링

1.1 그린리모델링 적용기준

1.1.1 민간건축물 그린리모델링 이자지원 사업(GR)

['24년 사업종료 및 향후 재시행 미정]

1) 이자지원 대상 공사범위

기존 민간건축물에 대하여 에너지 성능개선을 위한 그린리모델링 구상 또는 실행중인 모든 유형의 민간사업이다.

구분	이자지원 대상 공사범위
필수공사	고성능 창 및 문, 폐열회수형환기장치, 내외부 단열 보강, 고효율 냉난방장치, 고효율 보일러, 고효율 조명(LED), 신재생에너지(태양광 등), 건물 에너지관리 시스템(BEMS) 또는 원격검침 전자식계량기
선택공사	Cool Roof(차열도료), 일사 조절 장치, 스마트에어샤워, 순간온수기 기타 에너지 성능향상 및 실내공기 질 개선을 위한 공사
추가지원 가능공사	기존공사 철거 및 폐기물처리, 석면 조사 및 제거, 구조 안전 보강, 기타 그린 리모델링 관련 건축부대공사, 열원교체에 따른 공사비 또는 분담금, 전기용량 증설 등 그린리모델링 관련 전기공사

※ 주의사항
- 필수공사 항목 중 한 가지 이상을 반드시 적용하여야 함
- 정부 지원사업(ESCO 등) 또는 지자체(BRP사업 등)로부터 지원을 받은 경우, 해당 지원 금액 이외의 에너지 성능개선 공사비에 한하여 지원

2) 지원기준

센터가 지정한 에너지성능 평가 프로그램* 또는 간이평가표 (단독주택)로 산출한 에너지 성능개선 비율이 20% 이상 이거나 창호 에너지소비 효율등급(공동주택)이 3등급 이상인 경우 4%의 이자지원율 적용한다.

*ECO2, ECO-OD, GR-E (그린리모델링 사업자용 프로그램)
**개인별 대출 이자율에 따라 최대 연 4% 이내 이자지원

1.1.2 서울시 건물에너지 효율화 융자지원 사업(BRP)

1) 주택부문 지원항목

항목	내 용
단열창호	• KS F 3117 규정에 의한 창 세트 적용범위에 포함된 창 세트 중 에너지소비효율등급 1~3등급의 창 세트 ※ 한국에너지공단 효율관리 제도에 따른 에너지소비효율등급 라벨 부착 창호에 한함
단열덧창	• 기존 창호의 철거 없이 기존 창호 내 · 외부에 설치하는 KS F 3117 규정에 의한 창 세트 중 에너지소비효율등급 1~3등급의 창 세트
고기밀성 단열문	• 건축물 중 외기가 접하는 곳에 사용되는 문으로서 KS F 2297 규정에 의한 열관류율이 1.2W/(㎡·K) 이하이며, 기밀성 등급의 통기량이 1등급 이하인 제품(고효율에너지기자재 인증제품)
내 · 외벽 단열재	• 기존 단열재를 철거하고 새로운 단열재 설치 시 → 신축 단열기준 적용 • 기존 벽체에 단열재 추가 설 시 단열재 기준 -(내단열) 열관류율 1.13W/㎡K(열전도율 가등급+두께 30㎜ 해당) 이하 -(외단열) 열관류율 0.56W/㎡K(열전도율 가등급+두께 60㎜ 해당) 이하
전기부문	• 조명시설 효율 향상공사(고효율에너지기자재 인증제품 LED 조명으로 교체) ※ 컨버터 내장형 LED 램프, 컨버터 외자형 LED 램프의 경우 에너지소비효율등급 1등급 제품 포함 • 대기전력 저감 우수제품(한국에너지공단 신고 확인) 설치 ※ 대기전력 자동 차단용 인공지능형 콘센트 60% 이상 교체 시 지원
신재생 에너지	• 『신에너지 및 재생에너지 개발 · 이용 · 보급 촉진법』상 에너지 관련 설비 ※ 에너지생산시설에 대한 지원 시 효율화 부분에 총 사업비 50% 이상 투자 시 지원 • 에너지 진단비(에너지효율화 항목과 함께 추진 권고) 등

2) 서울시 건물에너지 효율화 융자지원 사업(BRP) 절차도

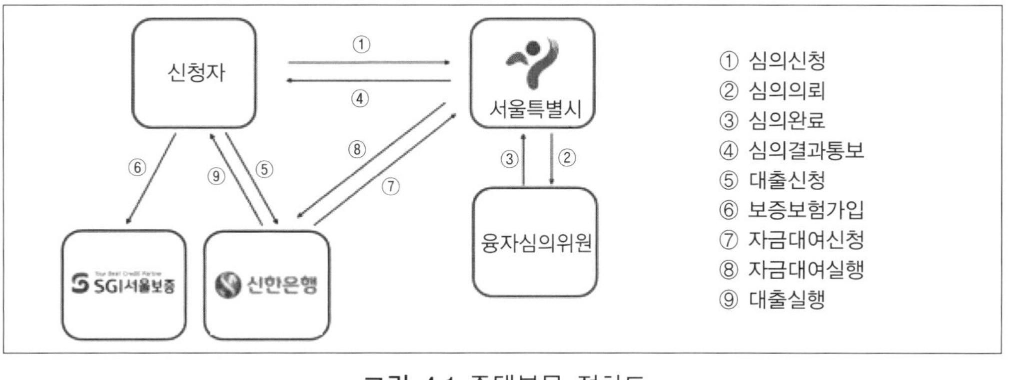

그림 4.1 주택부문 절차도

출처 : 서울특별시, BRP 융자지원 사업 공고, 2023

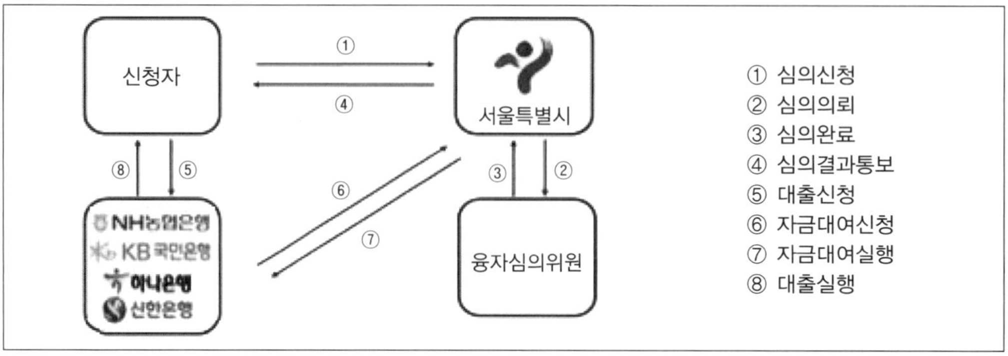

그림 4.2 건물부문 절차도

출처 : 서울특별시, BRP 융자지원 사업 공고, 2023

1.1.3 건물에너지효율화(BRP) 융자지원 사업(주택 부문)

1) 개요

서울특별시에서 시행하는 에너지 절감 및 온실가스 감축을 위해 민간 건물 에너지 효율화 융자지원 사업이다.

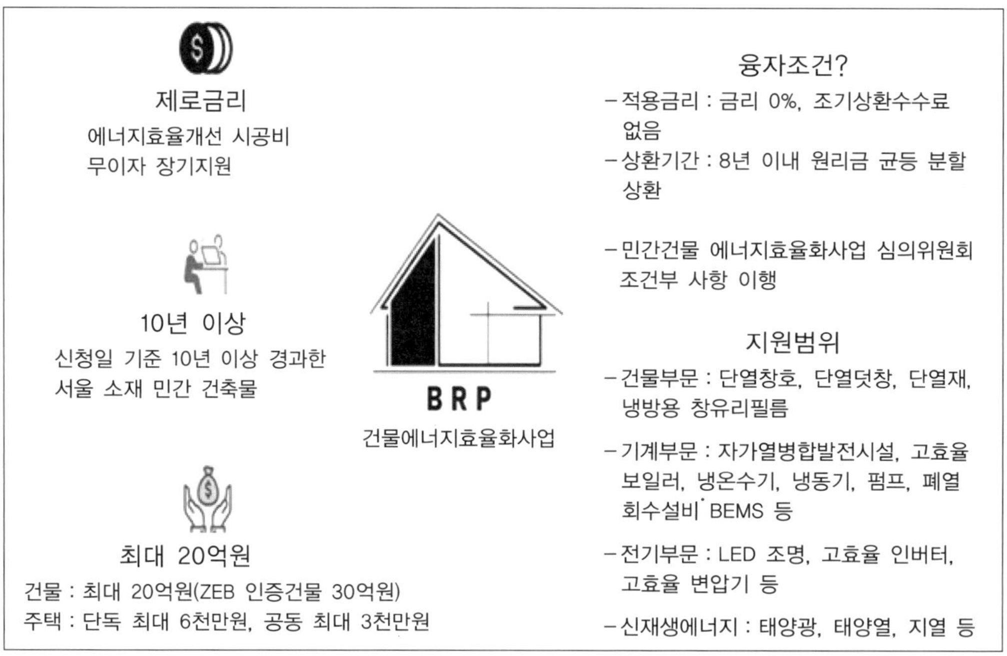

그림 4.3 BRP 융자지원사업 개요

출처 : 건물에너지효율화사업 홈페이지, brp.eseoul.go.kr

2) 사업 목적

민간 건축물의 에너지 성능개선 공사 시 장기 무이자 융자지원으로 에너지 절감 및 온실가스 감축을 목적으로 한다.

3) 사업 근거

에너지이용 합리화법 제8조 및 서울특별시 기후 대응 기금의 설치 및 운용에 관한 조례

4) 사업 대상

BRP[1](ZEB 포함)[2] 사업을 추진하고자 하는 10년 이상 경과한 건물

〈지원 제외대상〉 - 최근 3년 이내 동일 건물에 대한 동일 에너지효율개선 관련 서울시 지원을 받은 건축물 - 신청인 기준 연간 건물 2개(주택 2채)로 한정 지원 - 무허가 또는 건축물대장에 위반 건축물로 표기된 건축물

1) BRP(Building Retrofit Project) : 건물의 비효율적 요인을 개선해 에너지 이용 효율을 향상하는 사업
2) ZEB(Zero Energy Building) : 에너지 소비를 최소화하고, 에너지 생산을 통해 사용량을 최소화한 건물

5) 지원내용

기존 건축물의 에너지 성능개선 공사비에 대해 취급금융기관과 대출 약정 체결 시 무이자로 융자를 지원한다.

6) 지원대상 및 기준

주택소유자

※ 매매계약 진행 중 신청가능, 융자신청 시 매매계약서 사본 제출(금융기관 대출 신청 전 등기 완료)

※ SGI서울보증의 해당 보험 상품 가입 의무

7) 지원조건

서울시 융자심의를 통해 사업의 적합성, 타당성 심의 후 공사를 완료하고 서울시 추천(추천서 발급)을 받은 후 금융기관 대출 결격사유가 없을 시 지원한다.

8) 지원 비율

에너지 성능개선 공사비의 100% 이내

※ 단, [신에너지 및 재생에너지 개발, 이용, 보급 촉진법]상 에너지 관련 설비는 공사비의 80% 이내

※ 에너지 성능개선 공사비란 지원범위에 해당하는 설비의 구입비, 설치공사비, 설계·감리비(기술 도입비 포함), 시운전비, 폐기물 처리비, 부가가치세 등에 한한다.

9) 지원한도

5백만원~6천만원, 추천액은 10만원 단위로 한다. 단독주택 최대 6천만원, 공동주택 최대 3천만원 지원한다.

10) 금융기관

신한은행 전 지점

11) 대여금리

연리 0%(고정금리), 조기 상환 수수료는 없다.

※ 금융기관 대출약정서 상에 0.9%로 기재되어 있을 수 있으나, 실제 적용금리는 0%이다.

※ SGI서울보증의 보험 상품 가입에 따른 보증 보험료가 발생한다.

12) 대여조건

8년 이내 균등분할 분기별 상환

〈운영기준〉

- 융자 추천 후 이루어지는 융자금 대출 및 상환 방법 등 제반 사항은 융자 취급 금융기관에서 정하는 바에 따름
- 기타 관련 조례, 시행규칙 및 지원내용에 정하지 아니한 사항은 산업통상지원부의 '에너지 이용 합리화 사업을 위한 자금지원지침' 및 '민간건물 에너지효율화사업 심의위원회'의 심의 결과에 따름

13) 지원절차

단계	내용
1. 융자신청시스템가입 (신청자)	• 신청자가 서울시 에코마일리지 홈페이지(https://ecomileage.seoul.go.kr) 가입 또는 융자시스템 홈페이지(https://brp.eseoul.go.kr) 직접가입 • 시공업체에서 신청자 동의받아 일괄 입력가능
⬇	
2. 시공계약 체결 (신청자 및 시공업체)	• 시공업체와 신청자 시공계약 체결
⬇	
3. 대출심사 가능 사전확인서 발급 (금융기관 → 신청자)	• 대출심사가능 사전확인서 금융기관으로부터 발급
⬇	
4. 심의신청 (신청자 및 시공업체)	• 융자시스템 홈페이지를 통하여 신청 (구비서류 첨부) • 시공업체에서 신청자 동의 후 심의신청 가능
⬇	
5. 융자심의 (서울시-심의위원)	• 신청서류 검토 후 부적격 및 서류보완 필요시 보완 요청 또는 반려 처리 • 심사결과는 융자시스템 홈페이지에서 확인
⬇	
6. 공사완료 (시공업체)	• 사업계획에 따른 공사 실시
⬇	
7. 완료보고서 제출 (신청자 및 시공업체)	• 완료보고서 및 납품확인서 등 융자시스템 홈페이지 제출
⬇	
8. 추천서 발급 (서울시 → 신청자)	• 완료보고서 및 납품확인서 등 검토 후 추천서 발급 - 신청자 및 시공업체 : 융자시스템 홈페이지에서 확인 - 추천서발급 : 융자시스템 홈페이지(로그인)에서 출력
⬇	
9. 대출신청 (신청자 → 금융기관)	• 자금추천 받은 자는 해당 금융기관 방문하여 대출신청 - 단, 보증보험상품 가입 후 대출승인 받은 후 융자 가능
⬇	
10. 보증보험상품가입 (신청자 → 서울보증보험)	• 서울보증보험 방문 또는 홈페이지(팩스로 서류 작성) 통해 가능
⬇	
11. 대출심사 (금융기관 → 신청자)	• 보증보험상품 가입 후 대출 확정
⬇	
12. 대여신청/실행 (금융기관 ⇄ 서울시)	• 금융기관은 대출 승인된 자금 신청 건에 대해 서울시에 대여 신청 • 서울시는 검토 후 대여 실행
⬇	
13. 융자실행 (금융기관 → 신청자)	• 자금추천 받은 자는 가급적 3개월 이내에 자금을 인출하여야 하며, 공사가 늦어질 경우 해당 사항 서울시에 통보

14) 심의신청

건물에너지효율화사업(BRP) 지원시스템 신청

15) 심의 신청 구비서류

구분	구비서류
필수	• 서울특별시 기후대응기금 융자 신청서 • 견적서 및 시공내역서, 시공도면(평면도 등) • 개인정보 수집 · 이용 · 제공 동의서 • 대출심사가능 사전확인서 • 건물에너지효율화사업 융자지원에 대한 서약서 • 건축물대장 • 사업자등록증 • 에너지절감량 산출자료 및 근거
필요시	• 매매계약서 · 임대차계약서(해당자만) • 시험성적서(단열재 등 시공 시)

16) 대출신청 절차

공사 후 건물에너지효율화사업(BRP) 지원시스템에 완료보고서 제출 → 현장점검 및 추천서 발급(서울시) → 해당금융기관에 대출신청

17) 금융기관 구비서류

구분	금융기관	구비서류
주택	신한은행	근로소득자 : 원천징수영수증, 재직자증명서 등 개인사업자 : 사업자등록증, 소득금액증명원 등
	SGI서울보증	대출승낙확인서(취급은행 발급), 등기부 등본

18) 지원 범위

① 건축 부문

㉠ 단열창호 : KS F3117 규정에 의한 창 세트 적용 범위에 포함된 창 세트 중 에너지소비효율 등급 1~3등급의 창 세트

ⓐ 한국에너지공단 효율 관리 제도에 따른 에너지소비효율 등급 라벨 부착 창호에 한해 지원

ⓑ 고정창 · 터닝도어 · 폴딩도어의 경우 에너지소비효율 등급 라벨 대신 시험

성적서 제출로 대체 가능 (단, 1㎡ 미만 크기의 창호는 기준 적용 제외)

ⓒ 단, 내·외창 전체 에너지소비효율 등급 1~3등급 기준 적용 및 에너지소비효율 등급 라벨 부착 창호 지원은 '23.4.1. 이후 신청 건부터 적용

㉡ 단열 덧창 : 기존 창호의 철거 없이 기존 창호 내, 외부에 설치하는 KS F 3117 규정에 의한 창 세트 중 에너지소비효율등급 1~3등급의 창 세트

㉢ 고 기밀성 단열 문 : 건축물 중 외기와 접하는 곳에 사용되는 문으로서 KS F2297 규정에 의한 열관류율이 1.2W/(㎡·K) 이하이며, 기밀성 등급의 통기량이 1등급(1㎥/h·㎡) 이하인 제품(고효율 에너지 기자재 인증제품)

㉣ 내·외벽 단열재

ⓐ 기존 단열재 철거하고 새로이 단열재 설치 시 ⇒ 신축 단열기준 적용

ⓑ 에너지 절약 설계기준의 열관류율 적용

ⓒ 기존 벽체에 단열재 추가 설치 시 단열재 기준

(내단열) 열관류율 1.13W/㎡K(열전도율 가등급+두께 30㎜ 해당) 이하

(외단열) 열관류율 0.56W/㎡K(열전도율 가등급+두께 60㎜ 해당) 이하

※ 난연 등급 있는 단열재 사용 권고

※ 마감 비용은 단열재의 철거, 설치, 자재비 등의 합산 금액을 초과할 수 없다.

㉤ 냉방용 창유리 필름 : 최근 산업통상자원부 고시(고효율 에너지 기자재 보급 촉진에 관한 규정)에 정한 고효율 에너지기 자재인증제품

② 전기부문

조명시설 효율 향상공사(고효율 에너지 기자재 인증제품 LED 조명으로 교체)

㉠ 컨버터 내장형 LED 램프, 컨버터 외장형 LED 램프의 경우 에너지소비효율 등급 1등급 제품을 포함한다.

㉡ 대기전력 저감 우수제품(한국에너지공단 신고 확인) 설치

- 대기전력 자동 차단용 인공지능형 콘센트 60% 이상 교체 시 지원

③ 신재생에너지 등

㉠ 「신에너지 및 재생에너지 개발·이용·보급 촉진법」 상 에너지 관련 설비

- 에너지 생산시설에 대해 지원 시 효율화 부분에 총사업비 50% 이상 투자 시 지원

㉡ 에너지 진단비(에너지 효율화 항목과 함께 추진 권고) 등

1.2 세부 기술 요소 적용사항

1.2.1 그린리모델링 기술요소별 성능지표 및 기준

구분	기술요소	내 용
필수 공사	고성능 창호	KS F 3117 규정에 의한 창 세트 적용범위에 포함된 창 세트 중 에너지 소비효율등급 2등급 이상의 창 세트 또는 건축물 에너지절약설계기준의 지역별 건축물 부위별 열관류율의 '창 및 문' 기준 적용
	고기밀성 단열문	KS F 2297 규정에 의한 열관류율이 1.2W/(㎡·K) 이하이며, 기밀성 등급의 통기량이 1등급(1㎡/h·㎥) 이하인 것, 또는 건축물 에너지절약설계기준의 지역별 건축물 부위별 열관류율의 '창 및 문' 기준 적용
	내·외부 단열보강	건축물의 에너지절약 설계기준 지역별 건축물 부위별 열관류율 기준 적용(벽, 바닥, 지붕) • 외단열시 열교현상을 저감할 수 있는 고정장치 사용 • 화재안전을 위해 준불연재료에 상응하는 재료 적용
	폐열회수형 환기설비	에너지계수 값이 냉방 시 8 이상, 난방 시 15 이상, 유효전열교환효율이 냉방 시 49% 이상, 난방 시 71% 이상 제품 적용 ※ 2018년 1월 1일부로 고효율에너지기자재에서 제외되었음. 폐열회수형 환기설비 설치에 따른 건축물의 에너지절약설계기준 배점 기준 및 KS B 6879 (열회수형 환기설비) 기준은 에너지계수가 냉방 시 8 이상, 난방 시 15 이상, 유효전열교환효율이 냉방 시 45% 이상, 난방 시 70% 이상이므로 유효전열교환효율 기준은 변경될 수 있다.
	고효율 냉·난방설비	보일러, 냉난방기 등 고효율에너지기자재 인증제품 또는 에너지효율등급 1등급 제품
	고효율 조명	고효율에너지기자재 인증제품 또는 에너지효율등급 1등급 제품
	신재생 에너지	태양광 설비의 경우, 태양전지 모듈 및 인버터는 「신에너지 및 재생에너지개발·이용·보급촉진법」제13조에 따라 한국에너지공단 신·재생에너지센터로부터 인증 받은 제품 사용 • 모듈은 정격효율 17.5% 이상 인증제품 • 접속함 및 접속함 일체형 인버터는 KS인증제품 • 건물일체형 태양광 모듈(BIPV)의 품질기준(KS C 8561 또는 8562 일부준용)에 따라 '발전성능' 및 '내구성' 등을 만족하는 시험결과가 포함된 시험성적서 제출 • 설치완료 시 설치에 따른 건축물 구조안전확인서 제출 • 한국에너지공단의 태양광설비 시공기준 내용 참조

구분	기술요소	내 용
	건물에너지모니터링 시스템	건물에너지모니터링시스템(BEMS) 또는 전자식 원격검침기 (건물에너지사용량, 월별사용량 계측 가능 제품)
선택 공사	일사조절설비	외부 베네시안 블라인드, 루버, 어닝 등
	순간온수기	-
	스마트 에어샤워	-
	Cool Roof (차열 도료)	공인시험기관 발행 시험성적서(시험방법 ASTM C1549, E903, E1918)에 의한 태양열 반사율이 초기 값 0.65 이상인 도료에 한함 ※ ASTM C1549, E903, E1918 시험 규격을 통한 성능 검증은 CRRC 인증서 취득을 통해 검증받고 있는 실정이며, 국내에서 ASTM C1549, E903, E1918에 따른 시험은 어려운 실정임. 국내 시장에서 차열 도료의 성능평가에 주로 활용되는 시험규격은 일본규격 JIS K 5602 및 국내 단체표준 SPS-KPIC 5020-7316 : 2018(시험방법 KS M 5987)이며, 추후 차열도료의 성능기준은 변경될 수 있음

출처 : 그린리모델링 창조센터, https://www.greenremodeling.or.kr/support/sup1000.asp

1.2.2 건축요소[필수공사]

내 · 외부 단열보강[필수공사]

▣ 요소기술 개요

• 단열 보강은 열 저항 값이 높은 단열재를 사용하여 건물 열 손실을 줄이는 요소로, 설계 시 지역별 열관류율 기준을 참고하여 단열 계획을 한다.

1) 단열의 이해

건물에서의 단열은 물체와 물체 사이에 열이 서로 통하지 않도록 열의 이동을 차단하는 역할을 한다. 따라서 외부의 온 · 냉기를 차단하여 내부의 냉·난방 시 효율을 높일 수 있으므로 에너지 소비 절감에 큰 도움을 준다. 주로, 열전도율이 낮은 재료들은 단열재로 사용하게 되며 구조체 외피 전체를 빈틈없이 잘 감싸야 효과적인 단열계획이 될 수 있다.

2) 단열자재의 종류

구분		내 용	
무기질 단열재	그라스울		장점 : 무기질 단열재로 불에 타지 않는 불연제품이며 종류가 다양하여 내·외단열에 적용이 가능하다. 단점 : 절단면 발수성능 소실으로 건식시공만 가능하며 습기에 취약하다. 자재비, 시공비, 시공부자재 비용이 높은 편이다.
	미네랄울		장점 : 무기질 단열재로 불에 타지 않는 불연제품이며 고밀도제품은 외단열 습식공법이 적용 가능하다. 단점 : 장기간 공기에 노출이 될 경우 풍화가 발생 가능이 높고 자재비, 시공비, 시공부자재 비용이 높은 편이다.
	셀룰로오스		장점 : 기밀공사 시 단열성이 높고 유리섬유보다 친환경적이라는 평가를 받는다. 또한 화재시 유독가스가 적게 나온다. 단점 : 습기에 매우 약하며 습기를 먹으면 단열성능이 현저히 떨어진다.
유기질 단열재	비드법단열재		장점 : 현장 가공 용이, 가격대비 단열성능 높으며 차음성 및 시멘트와 부착성도 우수하다. 단점 : 70℃ 이상의 고온과 자외선에 약하며, 수분에 의한 변형이 다소 발생 할 수 있다. 또한 화재에 매우 취약한 편이며 유독가스 방출도 많다.
	압출법보온판		장점 : 압축강도가 우수하며 비드법보다 열전도율이 30% 우수하고 방습성능도 우수하다. 단점 : 풍화비산자용에 의한 단열성 저하 및 습식공법적용을 추천하지 않는다.
	경질우레탄폼 (폼/보드)		장점 : 단열성이 우수하고 화재안정성도 우수하다. 자기소화성을 가지고 있어 연소해도 녹지 않으며 강도와 내구성이 뛰어나다. 단점 : 열선가공이불가하며 가공 시 분진이 발생한다. 자재비용이 높은 편이다.
	페놀폼		장점 : 단열성이 우수하며 화재안전성, 화학성, 내약품 또한 우수하다. 자기소화성을 가지고 있어 연소해도 녹지 않는다. 단점 : 열선 가공이 불가하며 가공 시 분진이 발생한다. 습기에 취약하여 단열재 부서짐이 발생한다. 자재비용이 높은 편이다.

구분	내 용	
열반사 단열재	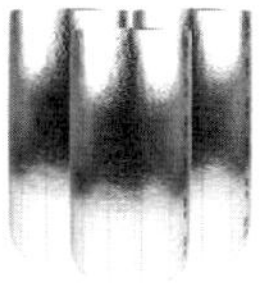	장점 : 높은 단열성능을 가진 고성능 단열재이기에 적용 두께가 얇고 시공단가가 타 단열재에 대비 낮은 편이며 공기단축에 용이하다. 단점 : 복사에 의한 열 차단만 가능하다. 공기띄움을 위한 시공이 필요하다.

출처 : 연구진 작성

3) 내·외단열 비교

구분	내단열	외단열
특징	특정 부분에서 열교가 불가피하게 발생 구조체를 축열제로 사용이 어려움	습도나 열대야에 취약 실내 측 방습층이 없어도 결로 발생이 없음
실내온도	외단열보다 실온 변동 폭이 큼	실온변동 적음
표면결로	난방 정지 시 벽체 표면온도가 낮아 결로 발생 → 환기 필요	난방 정지 시 벽체 표면온도가 높아 결로발생 어려움
내부결로	단열재의 실내 측에 방습층을 설치하여 결로 예방 필요	• 실내측에 방습층이 없어도 결로가 발생하지 않음 • 외장재의 종류에 따라 단열재와 외장재 사이에 결로가 발생할 수 있으므로 이곳에 방습층을 설치하거나 환기시켜 결로 발생을 방지
냉방부하	야간에 외기를 도입하지 않는 건물에서 유리	야간에 외기 도입을 통해 축열 시 유리
난방부하	사용시간이 짧은 건물 유리	간헐적인 난방이나 사람이 상주하는 건물에 적합
열교현상	• 냉열교 상태로 국부결로가 발생하기 쉬움 • 열교부분의 단열처리가 시공상 또는 미관상 곤란한 경우 많음	• 열 교부분의 단열처리가 쉬움 • 온열교 상태이므로 피해가 적음
구체보호	태양일사에 의한 직접 열 취득이 구체의 열화 촉진	외부 단열로 태양열 직접 취득이 적어 구체에 영향 적음

출처 : 공공건축물 그린리모델링 가이드라인 2022 p.108. 바탕으로 연구진 작성

4) 내·외부 단열 검토

법적기준 만족여부 확인 : 형별 상세도와 지역별 열관류율 기준을 비교하여, 단열성능의 법적기준*만족 여부 검토

* [건축물의 에너지절약설계기준]제 2조제1항에 따른 기준
* [건축물관리법] 제27조 및 [건축물관리법 시행령] 제19조에 따라 외단열을 보강할 경우 준불연 재료의 성능 이상으로 적용해야 한다.

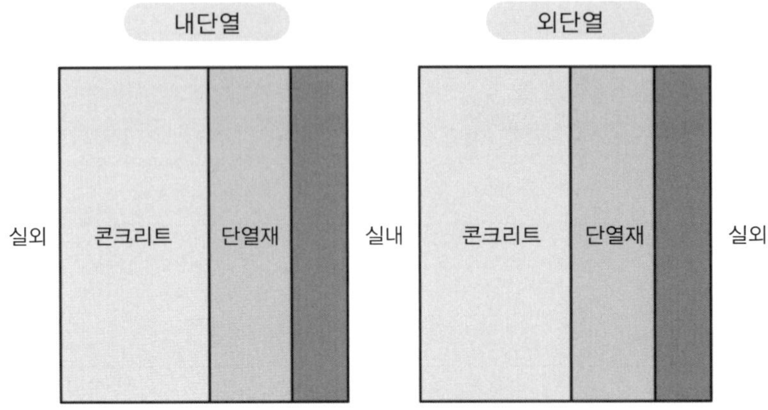

그림 4.4 내 · 외단열 이미지

출처 : 그린리모델링 창조센터 홈페이지, https://www.greenremodeling.or.kr/

5) 건축물의 에너지 절약설계기준 단열 조치 일반사항

① 외기에 직접 또는 간접 면하는 거실의 각 부위에는 제2조(건축물의 열손실 방지 등)에 따라 건축물의 열 손실 방지 조치를 하여야 한다.

② 단열 조치를 하여야 하는 부위의 열관류율이 위치 또는 구조상의 특성에 의하여 일정하지 않는 경우에는 해당 부위의 평균 열관류율 값을 면적가중 계산에 의하여 구한다.

③ 단열 조치를 하여야 하는 부위에 대하여는 다음 각 호에서 정하는 방법에 따라 단열기준에 적합한지를 판단할 수 있다.

④ 건축물 부위의 열관율 산정을 위한 단열재의 열전도율 값은 한국산업규격 KS L 9016보온재의 열전도율 측정 방법에 따라 시험성적서에 의한 값을 사용하되 열전도율 시험을 위한 시료의 평균 온도는 20±5℃로 한다.

⑤ 수평면과 이루는 각이 70℃를 초과하는 경사지붕은 지역별 건축물 부위의 열관류율 표에 따른 외벽의 열관류율을 적용할 수 있다.

⑥ 바닥 난방을 하는 공간의 하부가 바닥 난방을 하지 않는 공간일 경우에는 당해 바닥 난방을 하는 바닥 부위는 지역별 건축물 부위의 열관류율 표의 최하층에 있는 거실의 바닥으로 보며 외기에 간접 면하는 경우의 열관류율 기준을 만족하여야 한다.

※ 자세한 내용 및 예외의 경우는 국토교통부의 건축물의 에너지절약설계기준을 확인한다.

6) 건축물의 에너지 절약설계기준 단열계획

① 건축물 용도 및 규모를 고려하여 건축물 외벽, 천장 및 바닥으로 열손실이 최소화되도록 설계한다.

② 외벽 부위는 외단열로 시공한다.

③ 외피의 모서리 부분은 열교가 발생하지 않도록 연속적으로 설치하고, 기타 열교부위는 외피 열교부위별 선형 열관류율 기준에 따라 충분히 단열 되도록 한다.

④ 건물의 창 및 문은 가능한 작게 설계하고, 특히 열손실이 많은 북측 거실의 창 및 문의 면적은 최소화한다.

⑤ 발코니 확장을 하는 공동주택이나 창 및 문의 면적이 큰 건물에는 단열성이 우수한 로이(Low-E)복층창이나 삼중창 이상의 단열성능을 갖는 창을 설치한다.

⑥ 태양열 유입에 의한 냉·난방부하를 저감 할 수 있도록 일사 조절 장치, 태양열 취득률(SHGC), 창 및 문의 면적비 등을 고려한 설계를 한다. 건축물 외부에 일사 조절장치를 설치하는 경우에는 비, 바람, 눈, 고드름 등의 낙하 및 화재 등의 사고에 대비하여 안정성을 검토하고 주변 건축물에 빛 반사에 의한 피해 영향을 고려하여야 한다.

⑦ 건물 옥상에는 조경을 하여 최상층 지붕의 열저항을 높이고, 옥상면에 직접 도달하는 일사를 차단하여 냉방부하를 감소시킨다.

7) 설계 유의 사항

① 단열 설계 시, 단열재 두께만 신경 쓰는 경우가 다수. 단열성능 기준 만족뿐만 아니라, 단열재 종류의 특성을 잘 파악하여 벽체, 기둥, 최상층 지붕 등으로 나누어 단열재를 선정해야 하며, 건물의 단열 취약 부분에 대한 조사가 필요하다.

② 벽체 단열의 경우 외기에 면한 부분 및 단열재 교차점에 열 교를 차단할 수 있도록 단열 보강 디테일 계획이 필요하다.

③ 지붕 단열 보강의 경우 최상층 슬래브의 내부 결로방지를 위해 방수층 위에 단열을 설치하는 외단열 설계계획이 적용되었는지 검토하여야 하며, 단열재 보강으로 인한 최상층의 설비 배관, 구조물과의 간섭을 고려한 계획이 필요하다.

④ 지하층을 내단열 할 경우, 방습/방수 공사 후 단열재를 부착하게 되는데, 이때 단열재 부착방식이 방습/방수에 파손을 가져올 수 있음. 설계 시, 단열재만 고려하지 말고 반드시 단열재의 설치/부착방식도 함께 고려한다.

⑤ 외단열에서 벽체 상하부와 창호, 문의 상하부 물끊기 디테일을 고려하지 않을 경우, 습기가 내부에 차서 단열재를 박리시키는 현상이 종종 발생. 특히, 벽 하부가 지면이나 조경 등에 의해 가려지는 경우 하자 발생 가능성이 있다.

8) BRP 내·외벽 단열재 기준

기존 벽체에 단열재 추가 설치 시 단열재 기준

① (내단열) 열관류율 1.13W/㎡K(열전도율 가등급+두께 30mm 해당) 이하

② (외단열) 열관류율 0.56W/㎡K(열전도율 가등급+두께 60mm 해당) 이하

9) 부위별 단열규정의 변천사

(열관류율 단위 : kcal/㎡℃)

개정연도	지역구분	부위별 단열기준(열관류율 : kcal/㎡℃)				
		외벽	최하층 바닥	최상층 반자/지붕	공동주택 측벽	외기에 면하는 창
1979. 9	-	1.8	1.5	0.9	-	2.2 또는 이중창
1980. 12	-	0.5	1.0	0.5	-	3.0 또는 이중창
1984. 12	제주도 이외	0.5 또는 50㎜ 단열재	0.5 또는 50㎜ 단열재	0.5 또는 50㎜ 단열재	0.4 또는 70㎜ 단열재	3.0 또는 이중창
	제주도	1.0 또는 30㎜ 단열재	1.0 또는 30㎜ 단열재	1.0 또는 30㎜ 단열재	0.8 또는 40㎜ 단열재	3.0 또는 이중창
1987. 7	중부	0.5 또는 50㎜ 단열재	0.5 또는 50㎜ 단열재	0.35 또는 80㎜ 단열재	0.4 또는 70㎜ 단열재	2.9 또는 이중창
	남부	0.65 또는 40㎜ 단열재	0.65 또는 40㎜ 단열재	0.45 또는 60㎜ 단열재	0.6 또는 50㎜ 단열재	3.1 또는 이중창
	제주도	1.0 또는 30㎜ 단열재	1.0 또는 30㎜ 단열재	0.65 또는 40㎜ 단열재	0.7 또는 40㎜ 단열재	5.0 또는 이중창

<table>
<tr><th rowspan="2">개정연도</th><th rowspan="2">지역구분</th><th colspan="5">부위별 단열기준(열관류율 : kcal/m²℃)</th></tr>
<tr><th>외벽</th><th>최하층 바닥</th><th>최상층 반자/지붕</th><th>공동주택 측벽</th><th>외기에 면하는 창</th></tr>
<tr><td>1988. 12</td><td colspan="6">내용은 개정전과 도일, 단열재 분류 일부 조정</td></tr>
<tr><td>1992. 6</td><td colspan="6">내용은 개정전과 동일 건축물의 설계기준 등에 관한 규칙으로 개편</td></tr>
<tr><td>2001. 1</td><td colspan="6">부위열 단열성능을 평균 20% 강화
지역구분의 내용 변경(중부, 남부 일부 지역의 조정)
바닥부위의 단열재 설치 위치 구체화
단열부위를 외기에 직접면하는 부위와 간접면하는 부위로 구분
창호의 열성능은 창틀 및 유리를 포함한 전체 열관류율 적용</td></tr>
<tr><td>2008</td><td colspan="6">
<table>
<tr><th colspan="3" rowspan="2"></th><th colspan="3">기존</th><th colspan="3">개정</th></tr>
<tr><th>중부</th><th>남부</th><th>제주도</th><th>중부</th><th>남부</th><th>제주도</th></tr>
<tr><td rowspan="4">창 및 문</td><td rowspan="2">외기 직접</td><td>주택</td><td rowspan="2">3.84 이하</td><td rowspan="2">4.19 이하</td><td rowspan="2">5.23 이하</td><td>3.0 이하</td><td>3.3 이하</td><td>4.2 이하</td></tr>
<tr><td>주택 외</td><td>3.4 이하</td><td>3.8 이하</td><td>4.4 이하</td></tr>
<tr><td rowspan="2">외기 간접</td><td>주택</td><td rowspan="2">5.47 이하</td><td rowspan="2">6.05 이하</td><td rowspan="2">7.56 이하</td><td>4.3 이하</td><td>4.7 이하</td><td>6.0 이하</td></tr>
<tr><td>주택 외</td><td>4.6 이하</td><td>5.3 이하</td><td>6.3 이하</td></tr>
</table>
창호단열 성능을 열관류율 기준으로 약 28% 강화(단위 : W/m²·K)</td></tr>
</table>

① 2010년도 지역별 건축물 부위의 열관류율표

(열관류율 단위 : W/m²·K)

<table>
<tr><th>개정 연도</th><th colspan="3">지역 / 건축물의 부위</th><th>중부지역</th><th>남부지역</th><th>제주도</th></tr>
<tr><td rowspan="16">2010. 11</td><td rowspan="2">거실의 외벽</td><td colspan="2">외기에 직접 면하는 경우</td><td>0.36 이하</td><td>0.45 이하</td><td>0.58 이하</td></tr>
<tr><td colspan="2">외기에 간접 면하는 경우</td><td>0.49 이하</td><td>0.63 이하</td><td>0.85 이하</td></tr>
<tr><td rowspan="2">최상층에 있는 거실의 반자 또는 지붕</td><td colspan="2">외기에 직접 면하는 경우</td><td>0.20 이하</td><td>0.24 이하</td><td>0.29 이하</td></tr>
<tr><td colspan="2">외기에 간접 면하는 경우</td><td>0.29 이하</td><td>0.34 이하</td><td>0.41 이하</td></tr>
<tr><td rowspan="4">최하층에 있는 거실의 바닥</td><td rowspan="2">외기에 직접 면하는 경우</td><td>바닥난방인 경우</td><td>0.30 이하</td><td>0.35 이하</td><td>0.35 이하</td></tr>
<tr><td>바닥난방이 아닌 경우</td><td>0.41 이하</td><td>0.41 이하</td><td>0.41 이하</td></tr>
<tr><td rowspan="2">외기에 간접 면하는 경우</td><td>바닥난방인 경우</td><td>0.43 이하</td><td>0.50 이하</td><td>0.50 이하</td></tr>
<tr><td>바닥난방이 아닌 경우</td><td>0.58 이하</td><td>0.58 이하</td><td>0.58 이하</td></tr>
<tr><td colspan="3">공동주택의 측벽</td><td>0.27 이하</td><td>0.36 이하</td><td>0.45 이하</td></tr>
<tr><td rowspan="2">공동주택의 층간바닥</td><td colspan="2">바닥난방인 경우</td><td>0.81 이하</td><td>0.81 이하</td><td>0.81 이하</td></tr>
<tr><td colspan="2">그 밖의 경우</td><td>1.16 이하</td><td>1.16 이하</td><td>1.16 이하</td></tr>
<tr><td rowspan="4">창 및 문</td><td rowspan="2">외기에 직접 면하는 경우</td><td>공동주택</td><td>2.10 이하</td><td>2.40 이하</td><td>3.10 이하</td></tr>
<tr><td>공동주택 외</td><td>2.40 이하</td><td>2.70 이하</td><td>3.40 이하</td></tr>
<tr><td rowspan="2">외기에 간접 면하는 경우</td><td>공동주택</td><td>2.80 이하</td><td>3.10 이하</td><td>3.70 이하</td></tr>
<tr><td>공동주택 외</td><td>3.20 이하</td><td>3.70 이하</td><td>4.30 이하</td></tr>
</table>

① 2010년도 지역별 건축물 부위의 열관류율표

(열관류율 단위 : W/㎡ · K)

개정 연도	건축물의 부위 (지역)			중부지역	남부지역	제주도
2010. 11	거실의 외벽	외기에 직접 면하는 경우		0.36 이하	0.45 이하	0.58 이하
		외기에 간접 면하는 경우		0.49 이하	0.63 이하	0.85 이하
	최상층에 있는 거실의 반자 또는 지붕	외기에 직접 면하는 경우		0.20 이하	0.24 이하	0.29 이하
		외기에 간접 면하는 경우		0.29 이하	0.34 이하	0.41 이하
	최하층에 있는 거실의 바닥	외기에 직접 면하는 경우	바닥난방인 경우	0.30 이하	0.35 이하	0.35 이하
			바닥난방이 아닌 경우	0.41 이하	0.41 이하	0.41 이하
		외기에 간접 면하는 경우	바닥난방인 경우	0.43 이하	0.50 이하	0.50 이하
			바닥난방이 아닌 경우	0.58 이하	0.58 이하	0.58 이하
	공동주택의 측벽			0.27 이하	0.36 이하	0.45 이하
	공동주택의 층간바닥	바닥난방인 경우		0.81 이하	0.81 이하	0.81 이하
		그 밖의 경우		1.16 이하	1.16 이하	1.16 이하
	창 및 문	외기에 직접 면하는 경우	공동주택	2.10 이하	2.40 이하	3.10 이하
			공동주택 외	2.40 이하	2.70 이하	3.40 이하
		외기에 간접 면하는 경우	공동주택	2.80 이하	3.10 이하	3.70 이하
			공동주택 외	3.20 이하	3.70 이하	4.30 이하

② 2017년도 지역별 건축물 부위의 열관류율표(2023년 기준 최신)

(열관류율 단위 : W/㎡ · K)

개정 연도	건축물의 부위 (지역)			중부1지역	중부2지역	남부지역	제주도
2017. 12	거실의 외벽	외기에 직접 면하는 경우	공동주택	0.150 이하	0.170 이하	0.220 이하	0.290 이하
			공동주택 외	0.170 이하	0.240 이하	0.320 이하	0.410 이하
		외기에 간접 면하는 경우	공동주택	0.210 이하	0.240 이하	0.310 이하	0.410 이하
			공동주택 외	0.240 이하	0.340 이하	0.450 이하	0.560 이하
	최상층에 있는 거실의 반자 또는 지붕	외기에 직접 면하는 경우		0.150 이하		0.180 이하	0.250 이하
		외기에 간접 면하는 경우		0.210 이하		0.260 이하	0.350 이하
	최하층에 있는 거실의 바닥	외기에 직접 면하는 경우	바닥난방인 경우	0.150 이하	0.170 이하	0.220 이하	0.290 이하
			바닥난방이 아닌 경우	0.170 이하	0.200 이하	0.250 이하	0.330 이하

개정연도	건축물의 부위				중부1지역	중부2지역	남부지역	제주도
2017. 12		외기에 간접 면하는 경우	바닥난방인 경우		0.210 이하	0.240 이하	0.310 이하	0.410 이하
			바닥난방이 아닌 경우		0.240 이하	0.290 이하	0.350 이하	0.470 이하
	바닥난방인 층간바닥				0.810 이하			
	창 및 문	외기 직접	공동주택		0.900 이하	1.000 이하	1.200 이하	1.600 이하
			공동주택 외	창	1.300 이하	1.500 이하	1.800 이하	2.200 이하
				문	1.500 이하			
		외기 간접	공동주택		1.300 이하	1.500 이하	1.700 이하	2.000 이하
			공동주택 외	창	1.600 이하	1.900 이하	2.200 이하	2.800 이하
				문	1.900 이하			
	공동주택 세대현관 문 및 방화문	외기에 직접 면하는 경우 및 거실 내 방화문			1.400 이하			
		외기에 간접 면하는 경우			1.800 이하			

10) 단열재 별 연전도율 및 지역별 연관류율 기준(중부2기준)

단열재 별 성능						
단열재		지역	중부2			
		형별	외벽 직접		지붕직접	바닥간접
		구분	공동주택	공동주택 외	공통	바닥난방
		기준 열관류율 (W/㎡·K)	0.170 이하	0.240 이하	0.150 이하	0.240 이하
종류		열전도율 (W/(m·K))	콘크리트 (150mm) 포함	콘크리트 (150mm) 포함	콘크리트 (150mm) 포함	콘크리트 (150mm) 포함
1	진공 단열재	0.001	10	10	10	10
2	에어로젤	0.015	90	60	100	60
3	준불연 PF보드	0.020	120	80	130	80
4	PIR 보드	0.020	120	80	130	80
5	준불연 EPS보드 (압출법)	0.027	160	110	180	110
6	비드법 단열재 (2종 1호)	0.031	180	130	200	120
7	글라스울48K	0.031	180	130	200	120
8	세라크울	0.033	190	130	220	130
9	준불연 EPS보드 (압출법)	0.034	200	140	220	140
10	미네랄울	0.034	200	140	220	140

11) 건축물 부위별 단열기준 적용 예시

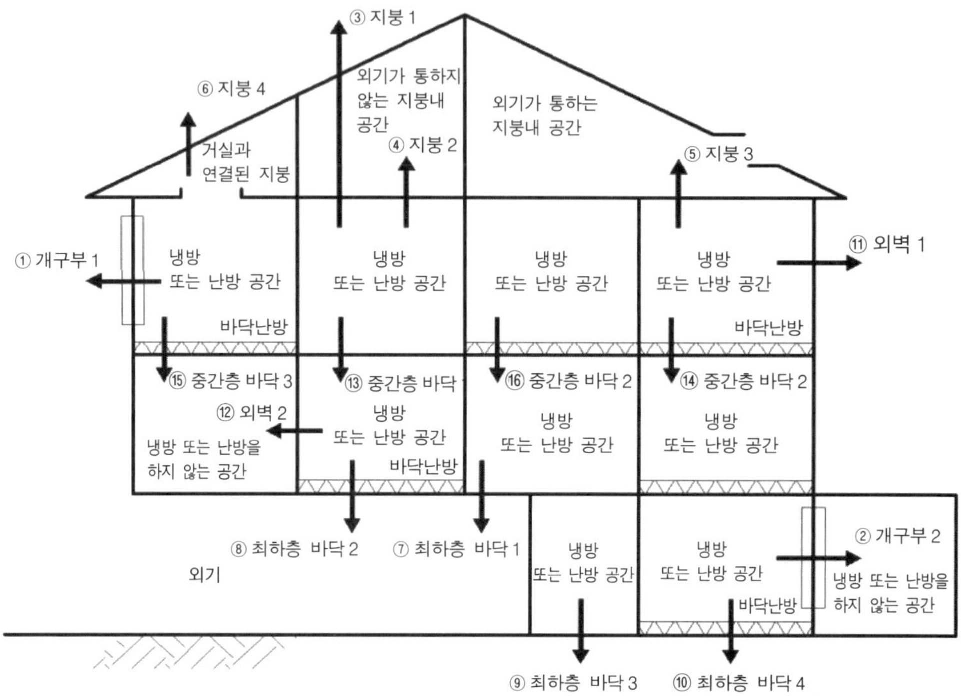

개구부 1	외기에 직접 면하는 개구부(창 또는 문)
개구부 2	외기에 직접 면하는 개구부(창 또는 문)
지붕 1	박공지붕 아래에 외기가 통하지 않는 다락(냉방 또는 난방을 하지 않는 공간)이 있을 경우, 냉방 또는 난방공간의 천장(반자)부터 다락을 포함한 지붕 구조 전체에 대해 외기에 직접 면하는 경우의 열관류율 기준을 적용할 수 있음
지붕 2	지붕 1과 같은 경우이나 다락(냉방 또는 난방을 하지 않는 공간)과 면한 천장(반자)부위에 대해 외기에 간접 면하는 경우의 열관류율 기준을 적용할 수 있음
지붕 3	박공지붕 아래 다락이 외기가 상시 통하는 구조일 경우, 천장(반자)부위에 단열조치를 하여야 하며 이 경우는 외기에 직접 면하는 열관류율 기준을 적용
지붕 4	최상층 거실과 다락(냉방 또는 난방을 하지 않는 공간)이 계단 등으로 개방된 구조일 경우 다락의 천장은 외기 직접 면하는 최상층 반자 또는 지붕의 열관류율 기준을 적용

최하층 바닥 1 (바닥난방이 아닌 경우)	최하층이 아니더라도 바닥이 외기에 직접 면하는 경우 최하층 바닥의 외기에 직접 면하는 경우의 열관류율 기준을 적용
최하층 바닥 2 (바닥난방 인 경우)	최하층이 아니더라도 바닥이 외기에 직접 면하는 경우 최하층 바닥의 외기에 직접 면하는 경우의 열관류율 기준을 적용
최하층 바닥 3 (바닥난방이 아닌 경우)	최하층 바닥이 지면에 접하는 경우 외기에 간접 면하는 경우의 열관류율 기준을 적용
최하층 바닥 4 (바닥난방 인 경우)	최하층 바닥이 지면에 접하는 경우 외기에 간접 면하는 경우의 열관류율 기준을 적용
외벽 1	외기에 직접 면하는 경우
외벽 2	외기에 간접 면하는 경우
중간층 바닥 1	바닥난방 구조가 아닌 경우 층간바닥은 단열조치 하지 않음
중간층 바닥 2	바닥난방 구조일 경우 바닥난방의 층간바닥 열관류율 기준을 적용
중간층 바닥 3	바닥난방 구조인 바닥이 난방 또는 냉방을 하지 않는 공간이거나 바닥난방 구조가 아닌 냉방 또는 난방공간과 접하는 경우 외기에 간접 면하는 경우의 열관류율 기준을 적용
중간층 바닥 4	

고성능 창 및 문[필수공사]

▣ 요소기술 개요

• 그린리모델링 시, 창호계획을 통해 건축물의 단열성능 향상으로 외피성능을 개선할 수 있다. 또한 건축물의 용도에 따라 창호를 통한 열획득, 열차단으로 난방부하 저감 또는 냉방부하 저감이 가능하며, 이를 통해 건축물의 1차 에너지 소요량 감소를 기대할 수 있다. 그 외에도 각 실의 기능에 따라 창호의 가시광선 투과율을 이용하여 실내 빛 환경을 조절할 수 있다.

1) 유리의 종류 및 성능

종류	이미지	내 용
단판유리 (single glass)	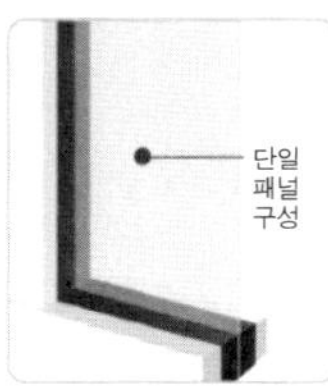	유리 한 장으로 구성되어 있는 것으로, 단열성능이 가장 떨어지는 형태이다. 채광기능은 있지만 열 흡수가 빠르기 때문에 냉·난방비를 증가시키고 외부 소음에 대한 차단 효과도 적은 편이다. 일년 내내 따뜻한 기후인 곳에서 적합한 유리이다.

종류	이미지	내 용
접합유리 (laminated glass)	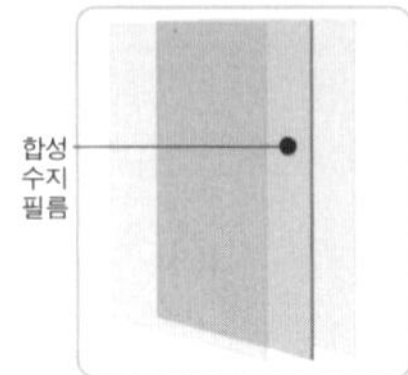	2장의 유리 사이에 합성수지나 필름을 넣어 영구적으로 접합시킨 유리로, 강한 충격에 깨질 수 있지만 중간에 삽입한 내장 필름 때문에 파편이 흩어지지 않는다. 중간의 넣는 필름의 기능성에 따라 방음, 자외선 차단 등의 효과를 볼 수 있다.
복층유리 (pair glass)	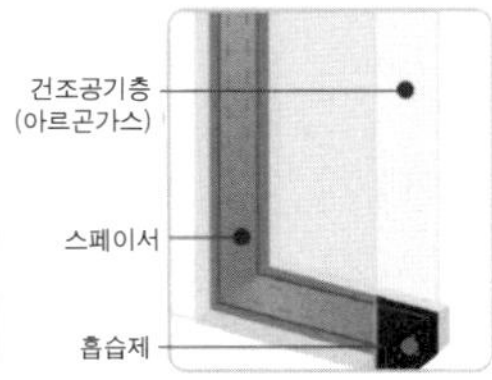	금속 또는 열가소성 플라스틱 틀에 2장의 유리를 설치한 뒤 그 사이에 공기나 전도성을 둔화시키는 아르곤가스를 채워 단열, 방음, 결로 방지 등의 효과를 높인 유리를 말한다. 특히 여러 가지 종류의 코팅과 내부 충전재를 사용할 수 있기 때문에 주거환경을 쾌적하게 해주는 기능을 구현할 수 있다.
삼중유리 (triple glass)	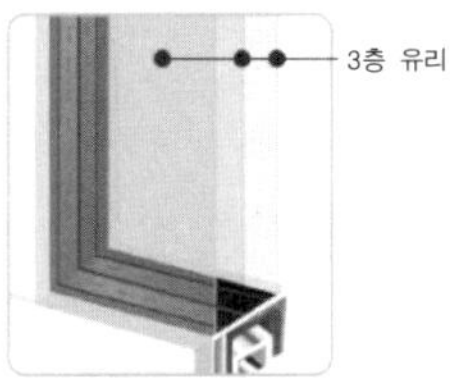	틀에 3장의 유리를 설치하고 그 사이에 공기나 특수가스를 채워 넣은 유리이다. 복층유리에 비해 높은 수준의 단열, 방음, 침입 방지 등의 기능을 제고하며 에너지 효율성도 뛰어나지만 가격이 다소 비싸다.
진공유리 (vacuum glass)	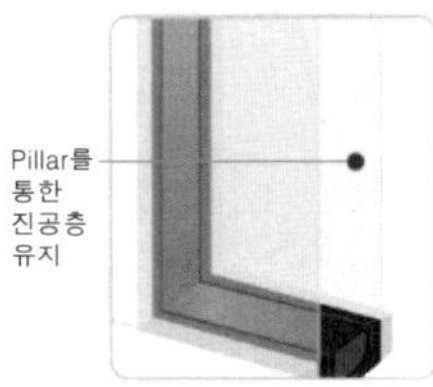	진공유리는 2장의 유리 사이에 진공층을 형성해 전도, 대류, 복사에 의한 열 손실을 최소화한, 에너지 효율이 가장 좋은 단열유리이다. 진공유리를 2장 사용해 설치할 경우 현재 사용하고 있는 단열유리인 로이유리에 비해 5배 이상의 단열효과를 볼 수 있다. 하지만 가격이 매우 비싼 편이다.
로이유리 (Low-E glass)	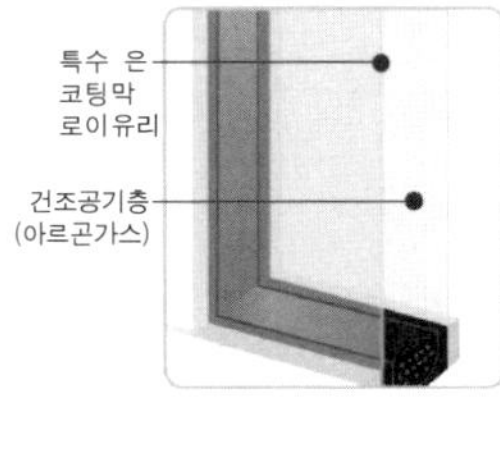	로이유리는 유리표면에 은막 또는 금속산화물을 얇게 코팅하여 열의 이동을 최소화 시켜주는 에너지 절약형 유리로,'저방사 유리'라고도 부른다. 여기서 로이(Low-E, low-emissivity)는 낮은 방사율을 뜻한다. 단, 코팅 면이 공기중에 노출되면 산화되는 특성상 복층이나 삼중유리로 가공해 쓰이는 경우가 많다. 로이유리는 일반 복층유리에 비해 약 25%의 에너지 절감효과를 가져다 준다.

2) Low-E 코팅 유무에 따른 열관류율 차이

구분	맑은 유리 3장	1면 로이코팅	2면 로이코팅
이미지	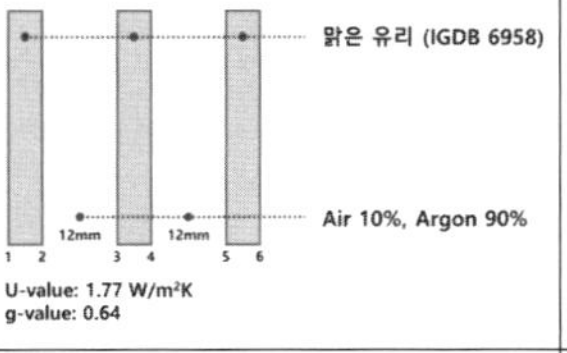	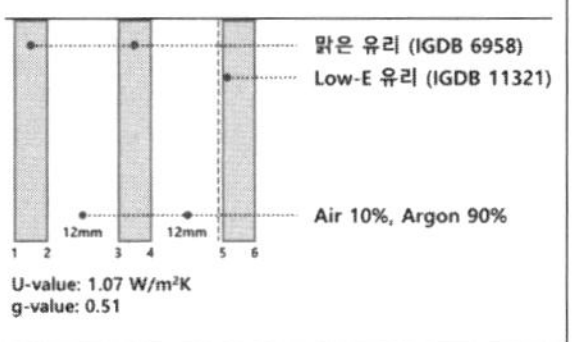	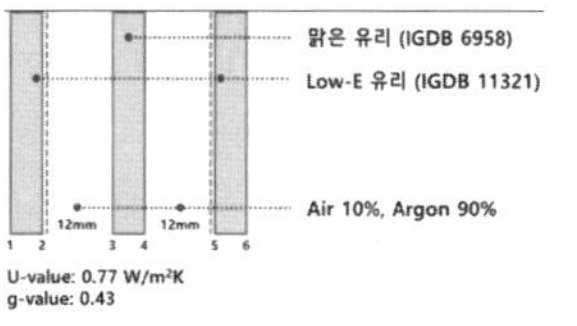
U-Value 값	1.77	1.07	0.77

그림 4.5 창 및 문의 단열성능 비교

출처 : 공공건축물 그린리모델링 가이드라인 2022 p.123. 바탕으로 연구진 작성

[별표 4] 창 및 문의 단열성능

(단위 : W/㎡ · K)

창 및 문의 종류			창틀 및 문틀의 종류별 열관류율								
			금속재						플라스틱 또는 목재		
			열교차단재[1] 미적용			열교차단재 적용					
유리의 공기층 두께(mm)			6	12	16 이상	6	12	16 이상	6	12	16 이상
창	복층창	일반복층창[2]	4.0	3.7	3.6	3.7	3.4	3.3	3.1	2.8	2.7
		로이유리(하드코팅)	3.6	3.1	2.9	3.3	2.8	2.6	2.7	2.3	2.1
		로이유리(소프트코팅)	3.5	2.9	2.7	3.2	2.6	2.4	26	2.1	1.9
		아르곤 주입	3.8	3.6	3.5	3.5	3.3	3.2	2.9	2.7	2.6
		아르곤 주입+로이유리(하드코팅)	3.3	2.9	2.8	3.0	2.6	2.5	2.5	2.1	2.0
		아르곤 주입+로이유리(소프트코팅)	3.2	2.7	2.6	2.9	2.4	2.3	2.3	1.9	1.8
	삼중창	일반삼중창[2]	3.2	2.9	2.8	2.9	2.6	2.5	2.5	2.1	2.0
		로이유리(하드코팅)	2.9	2.4	2.3	2.6	2.1	2.0	2.1	1.7	1.6
		로이유리(소프트코팅)	2.8	2.3	2.2	2.5	2.0	1.9	2.0	1.6	1.5
		아르곤 주입	3.1	2.8	2.7	2.8	2.5	2.4	2.2	2.0	1.9
		아르곤 주입+로이유리(하드코팅)	2.6	2.3	2.2	2.3	2.0	1.9	1.9	1.6	1.5
		아르곤 주입+로이유리(소프트코팅)	2.5	2.2	2.1	2.2	1.9	1.8	1.8	1.5	1.4
	사중창	일반사중창[2]	2.8	2.5	2.4	2.5	2.2	2.1	2.1	1.8	1.7
		로이유리(하드코팅)	2.5	2.1	2.0	2.2	1.8	1.7	1.8	1.5	1.4
		로이유리(소프트코팅)	2.4	2.0	1.9	2.1	1.7	1.6	1.7	1.4	1.3
		아르곤 주입	2.7	2.5	2.4	2.4	2.2	2.1	1.9	1.7	1.6
		아르곤 주입+로이유리(하드코팅)	2.3	2.0	1.9	2.0	1.7	1.6	1.6	1.4	1.3
		아르곤 주입+로이유리(소프트코팅)	2.2	1.9	1.8	1.9	1.6	1.5	1.5	1.3	1.2
	단창		6.6			6.10			5.30		

<table>
<tr><th colspan="4" rowspan="3">창 및 문의 종류</th><th colspan="9">창틀 및 문틀의 종류별 열관류율</th></tr>
<tr><th colspan="6">금속재</th><th colspan="3" rowspan="2">플라스틱 또는 목재</th></tr>
<tr><th colspan="3">열교차단재[1] 미적용</th><th colspan="3">열교차단재 적용</th></tr>
<tr><td rowspan="6">문</td><td rowspan="2">일반문</td><td colspan="2">단열 두께 20mm 미만</td><td colspan="3">2.70</td><td colspan="3">2.60</td><td colspan="3">2.40</td></tr>
<tr><td colspan="2">단열 두께 20mm 이상</td><td colspan="3">1.80</td><td colspan="3">1.70</td><td colspan="3">1.60</td></tr>
<tr><td rowspan="4">유리문</td><td rowspan="2">단창문</td><td>유리비율[3] 50% 미만</td><td colspan="3">4.20</td><td colspan="3">4.00</td><td colspan="3">3.70</td></tr>
<tr><td>유리비율 50% 이상</td><td colspan="3">5.50</td><td colspan="3">5.20</td><td colspan="3">4.70</td></tr>
<tr><td rowspan="2">복층창문</td><td>유리비율 50% 미만</td><td>3.20</td><td>3.10</td><td>3.00</td><td>3.00</td><td>2.90</td><td>2.80</td><td>2.70</td><td>2.60</td><td>2.50</td></tr>
<tr><td>유리비율 50% 이상</td><td>3.80</td><td>3.50</td><td>3.40</td><td>3.30</td><td>3.10</td><td>3.00</td><td>3.00</td><td>2.80</td><td>2.70</td></tr>
</table>

주1) 열교차단재 : 열교차단재라 함은 창의 금속프레임 외부 및 내부 사이에 설치되는 폴리염화비닐 등 단열성을 가진 재료로서 외부로의 열흐름을 차단할 수 있는 재료를 말한다.
주2) 복층창은 단창+단창을 포함하며, 사중창은 복층창+복층창을 포함한다.
주3) 문의 유리비율은 문 및 문틀을 포함한 면적에 대한 유리면적의 비율을 말한다.
주4) 창 및 문을 구성하는 각 유리의 공기층 두께가 서로 다를 경우 그 중 최소 공기층 두께를 해당 창의 공기층 두께로 인정하며, 단창+단창, 단창+복층창의 공기층 두께는 6mm로 인정한다.
주5) 창 및 문을 구성하는 각 유리의 창틀 및 문틀이 서로 다를 경우에는 열관류율이 높은 값을 인정한다.
주6) 복층창, 삼중창, 사중창의 경우 한 면만 로이유리를 사용한 경우, 로이유리를 적용한 것으로 인정한다.
주7) 삼중창, 사중창의 경우 하나의 창 및 문에 아르곤을 주입한 경우, 아르곤을 적용한 것으로 인정한다.

출처 : 건축물의 에너지절약설계기준(2022)

3) 고성능 창호 및 고기밀성 단열문

창 세트 및 단열문이 에너지 성능 및 실의 기능을 고려한 제품을 선정하였는지 검토가 필요하다.

4) 창호의 구성 및 기준

창호는 프레임부와 유리부로 구분

① 프레임부는 프레임과 열교를 방지하는 단열바로 구성

② 유리부는 유리, 간봉, 충진 가스/공기층, 그리고 필요시 로이코팅 등으로 구성

[PVC창호의 구성]

[AL창호의 구성]

5) 창호의 성능은 5가지(단열성능, 결로 방지성능, 기밀성능, 수밀성능, 내풍압성)로 판단

※ KS F 2278(단열), KS F 2295(결로방지), KS F 2292(기밀성), KS F 2293(수밀성), KS F 2296(내풍압성)

6) 창호의 에너지효율 등급 기준

R(열관류율(W/㎡ · k)	기밀성	등급
R≤0.9	1등급	1
0.9<R≤1.2	1등급	2
1.2<R≤1.8	2등급 이상(1등급 또는 2등급)	3
1.8<R≤2.3	묻지 않음	4
2.3<R≤2.8	묻지 않음	5

7) 창호 프레임의 종류

종류	이미지	내 용
목재 창호		나무재료를 이용해 만든 창으로, 나무의 특수성 때문에 외장용보다는 내장용에 적합하며 오랜 시간 외부에 노출되는 경우 뒤틀리는 현상이 발생할 수 있다. 자연친화적인 분위기로 고급스러운 인테리어에 사용하기 좋다.
알루미늄(AL) 창호		알루미늄의 특성상 가볍고 중량에 비해 견고한 특성이 있다. 재질 자체는 외부 냉기가 쉽게 전달되어 단열 성능이 낮아질 수 있지만 근래에는 단열알루미늄 및 내부 특수 단열재를 사용하여 합성수지보다 더 높은 단열성을 구현하기도 한다. 내구성이 뛰어나고 철과 알루미늄 비중을 3 : 1 정도여서 녹이 슬지 않고 오래 사용할 수 있다.
합성수지(PVC) 창호		높은 단열성과 기밀성, 방음성을 갖추어 가장 보편적으로 사용되고 있다. 열전도율이 낮아 냉 · 난비 절감에 효과적이고, 원하는 컬러나 패턴 표현이 가능하며 뒤틀림이나 변형이 거의 없다.
플라스틱(PL) 창호		열전도율이 낮은 플라스틱 재질로, 외부의 냉기가 내부로 전달되지 않아 단열성이 우수하고 냉난방비 절감에 도움을 준다. 단, 주거용 창호 중 실외와 닿지 않은 내창으로 많이 사용되며, 다양한 컬러와 패턴 표현으로 인테리어 효과도 좋다.

종류	이미지	내 용
복합소재 창호 (알루미늄+목재)		에너지 효율을 높일 수 있는 소재를 다각적으로 혼용하여 사용하는 창호이며 알루미늄+단열재, 알루미늄+목재, 알루미늄+PVC 형태로 사용하는 경우가 많으며, 하드웨어 등에서 소재를 차별화 하여 디자인을 살린 제품도 많이 나와 있다.
복합소재 창호 (알루미늄 + PVC)		

8) 개폐 방식에 따른 창호의 종류

종류	이미지	내 용
고정 창 (fix)		창 열기 컨트롤이 없는 창으로, 개폐가 되지 않는 '붙박이창'이다. 유리만 설치하기 때문에 외부를 조망하거나 채광효과는 있는 반면 환기 기능을 이용할 수 없는 창이다.
여닫이 창 (casement)		일반 가정의 방문에서 많이 쓰이는 창의 형태로, '스윙도어'라고도 부른다. 핸들이 좌측 또는 우측에 있어 밀거나 당겨서 개폐하는 구조를 갖는다. 즉, 세로 틀을 경첩 등으로 창틀에 붙여서 개폐하는 창이다.
프로젝트 창 (awning)		힌지가 위쪽에 달려 있어 외부로 열고 닫는 구조의 창으로, '미들창'이라고도 부른다. 보통 아래쪽에 작은 크기로 설치하여 외부에 날씨가 비가 오든 상관없이 창을 열어 공기를 순환할 수 있다. 방충망 설치가 내부에서 가능하다는 점과 외부 접근이 쉬워 안정성에 제한이 있기 때문에 주로 욕실이나 사무실 복도 쪽에 많이 사용되고 있다.

종류	이미지	내 용
미서기 창 (sliding)	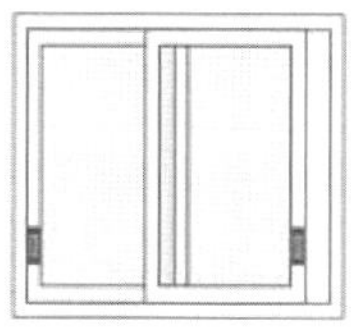	좌우로 움직여 개폐할 수 있는 창을 미서기 창이라고 한다. 흔히 슬라이딩 창호라고 하며, 비교적 작은 공간에서도 넓은 면적의 창을 구성해 놓을 수 있기 때문에 많은 가정에서 주로 쓰이는 창의 형태이다. 미서기 창의 방충막은 주로 외부에 설치되며 별도의 잠금장치를 설치해 개방을 제한해 안정성을 높이기도 한다.
오르내리기 창 (double hung)	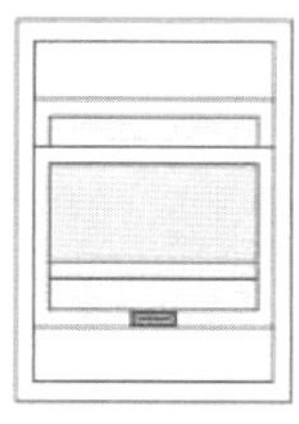	미서기 창과 반대로 위 아래로 움직여 개폐하는 방식의 미닫이창이다. 탁 트인 조망에 시원한 분위기를 연출하기 때문에 국내에서는 펜션이나 전원주택에 주로 사용되며 유럽에서 가장 많이 쓰이는 창이다.
턴앤틸트 창 (turn & tilt)	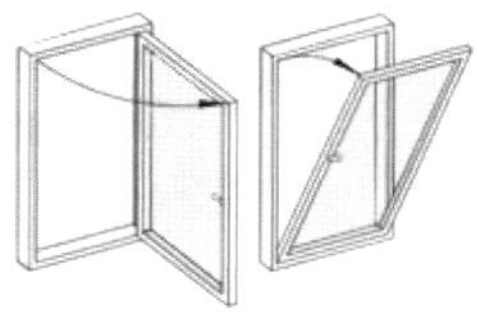	핸들 하나로 두 가지 개폐방식을 제공하는 창이다. 안 쪽으로 창을 기울여 개방하는 방식은 역구조의 프로젝트 창과 비슷해 보이지만, 힌지가 아래쪽에 달려있어 위쪽으로 환기가 가능하다. 측면으로 힌지를 사용할 경우 여닫이 창 방식으로 개방이 가능하다. 외부의 접근이 어려워 안전성이 우수하다.
폴딩도어 (folding door)	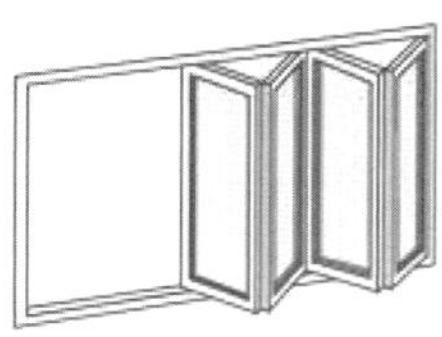	'접이식도어'라고도 부르는 폴딩도어는 문을 열었을 때 개방감이 가장 좋은 것이 장점이다. 일반 창호는 개폐 시 보통 50% 정도 열리지만 폴딩도어는 90%까지 열 수 있어 환기에 강점을 갖춘 형태이다. 기본적으로 폴딩도어 상부는 행거레일에 행거롤러를 매달아 접거나 펴가며 개폐를 할 수 있다.

출처 : (주)본엘이비건설 블로그, https://m.blog.naver.com/lo8255ve/221697947243 바탕으로 연구진 작성

9) 설계 유의 사항

① 개별창호 교체 시, 기존 창호를 떼어내는 과정에서 발생할 수 있는 창호 주변부의 보수(창의 프레임과 맞닿은 마감의 석고보드공사, 페인트공사)까지 염두에 두고 예산을 수립해야 한다.

② 창호의 상하부, 문의 상부에 물 끊기 홈을 제대로 계획하지 않아서 누수가 생기는 경우가 많음. 물 끊기 Flashing은 약간의 경사를 바깥쪽으로 두도록 하고, 비가 창호 프레임으로 새어 들어온다는 가정 하에 이를 배수할 수 있도록 설계해야 한다.

10) BRP 창호 부문 지원범위

① 단열창호 : KS3117 규정에 의한 창 세트 적용 범위에 포함된 창 세트 중 에너지 소비효율 등급 1~3등급 창 세트

㉠ 한국에너지공단 효율 관리 제도에 따른 에너지소비효율 등급 라벨 부착 창호에 한해 지원

㉡ 고정창 · 터닝도어 · 폴딩도어의 경우 에너지소비효율 등급 라벨 대신 시험성적서 제출로 대체 가능하다. (단, 1㎡ 미만 크기의 창호는 기준 적용 제외)

㉢ 단, 내 · 외창 전체 에너지소비효율등급 1~3등급 기준 적용 및 에너지소비효율 등급 라벨 부착 창호 지원은 '23. 4. 1. 이후 신청 건부터 적용한다.

② 단열 덧창 : 기존 창호의 철거 없이 기존 창호 내, 외부에 설치하는 KS F 3117 규정에 의한 창 세트 중 에너지소비효율등급 1~3등급의 창 세트

③ 고 기밀성 단열 문 : 건축물 중 외기와 접하는 곳에 사용되는 문으로서 KS F 2297 규정에 의한 열관류율이 1.2W/(㎡ · K) 이하이며, 기밀성 등급의 통기량이 1등급(1㎥/h · ㎡) 이하인 제품이어야 한다.(고효율 에너지 기자재 인증제품)

11) 건축물의 에너지절약 설계기준 창 및 문 의무 사항

창 및 문의 경우 KS F 2278(창호의 단열성 시험 방법)에 의한 시험성적서 또는 별표 4에 의한 열관류율 값 또는 산업통상자원부 고시 「효율관리기자재 운용 규정」에 따른 창 세트의 열관류율 표시 값 또는 ISO 15099에 따라 계산된 창 및 문의 열관류율 값이 별표 1의 열관류율 기준을 만족하는 경우 적합한 것으로 본다.

1.2.3 기계요소[필수공사]

고효율 냉 · 난방설비 [필수공사]

▣ 요소기술 개요

• 고효율 냉난방 설비는 에너지소비효율 등급표시, 고효율 기자재인증을 받은 냉난방 설비로 에너지를 절약할 수 있는 고효율설비시스템을 말한다.

1) 냉 · 난방효율 향상 방법

열원설비 교체 (냉동기, 보일러)	대수분할 최적화	에너지원 종류 변경	냉/난방시스템 교체 (EHP/GHP 교체)	냉/난방시스템 추가설치

	냉동기(열원설비) 교체	보일러(열원설비) 교체
사진		
기술 개요	기존 대비 높은 효율의 신규 열원 설비 설치를 통한 에너지 절감 기법	열원 교체에 따른 공사가 커짐, 펌프 등 열원의 부속 설비에 대한 교체 유무 확인 필요
기술 특성	열원 교체에 따른 공사가 커짐, 펌프 등 열원의 부속 설비에 대한 교체 유무 확인 필요	열원 교체에 따른 공사가 커짐, 펌프 등 열원의 부속 설비에 대한 교체 유무 확인 필요
시공성	중	중
경제성	하	하
에너지 절감	상	상
개선 부문	냉방 에너지 절감, 실내열 환경	난방 에너지 절감, 실내열 환경
기술 검토	기존 설비의 노후화 현황과 건물에서 요구하는 공조 능력에 대한 현재 설비의 능력 평가가 정확히 이루어져야 함	기존 설비의 노후화 현황과 건물에서 요구하는 공조 능력에 대한 현재 설비의 능력 평가가 정확히 이루어져야 함

출처 : 공공건축물 그린리모델링 가이드라인 2022 p.133. 바탕으로 연구진 작성

2) 냉방설비 및 시스템

• 공조시스템에서 냉방열의 흐름(실내열부하의 이동경로) : 중앙식공기조화기 → 냉수펌프라인 → 냉동기 → 냉각수펌프라인 → 냉각탑 → 대기로 배출

	냉동기	빙축열시스템
사진		
기술 개요	압축식 터보 냉동기: 압축, 응축, 팽창, 증발 4가지 과정(압축냉동 사이클)의 반복을 통해 냉매가 순환하여 냉동작용	심야시간 22 : 00~08 : 00에 값싼 심야전기를 이용해 얼음을 얼려 저장한 후, 주간 냉방 시 열교환기에서 차가운 브라인과 냉수를 열 교환시켜 차가운 냉수를 공급하여 냉난방하는 시스템
기술 장점	• 신뢰성이 높음 • 설치면적이 적고 초기 투자비가 저렴 • 수명이 길고 운전이 용이 • 다수의 냉동기로 직결 운전시 조합이 용이	• 여름철 냉방 시스템 운전비용 절감 (심야전력요금 = 주간전력요금의 25%) • 부하변동에 대한 대응이 용이(유연성) • 주간 시간대에 축열조 이용하므로 냉동기 등의 열원기기의 용량 및 수전설비의 감소
기술 단점	• 소음, 진동이 많음 • 수변전 용량이 큼 • 용량감소(부분부하)시 서징 발생 우려 • 전력요금이 비싼 지역에서 운전비 증가	초기설치 비용 비쌈

출처 : 공공건축물 그린리모델링 가이드라인 2022 p.134. 바탕으로 연구진 작성

냉각탑		
 냉각탑	기술 개요	• 냉각수로 사용되어 데워진 물을 공기로 냉각, 재사용하기 위해 사용되는 열교환기
	기술 특성	• 물의 증발잠열 이용하여 99%의 냉각수를 회수
	주의 사항	• 냉각탑 선정 시 고려사항 1. Casing 재질 (Steel, FRP복합재료, Stainless, 콘크리트, 목재) 2. 공기냉각형식 (대항류형, 직교류형) 3. 열전달 방법(개방형, 밀폐형) 4. 용량(도표참조, 보통 냉동기 용량의 1~1.5배)

3) 냉난방 통합설비 및 시스템

<table>
<tr><th colspan="3">냉온수기</th></tr>
<tr><td rowspan="2">
흡수식 냉온수기</td><td>기술 개요</td><td>• 흡수식제품(냉동기, 냉온수기)중 냉동기의 흡수식 Cycle과 같은 원리를 이용하여 냉방+난방까지 겸용하는 기술</td></tr>
<tr><td>기술 특성</td><td>• 하절기에 높아지는 전력수요를 낮추고, 가스 등을 사용하여 냉방에 활용하게끔 하여 국내 에너지 불균형 대안으로 제시
• 냉동기 cycle 중 흡수액을 재순환하기 위해 가스(경유) 등의 열원 사용</td></tr>
<tr><th colspan="3">EHP(전기동력 구동형 인버터 히트펌프)</th></tr>
<tr><td rowspan="3">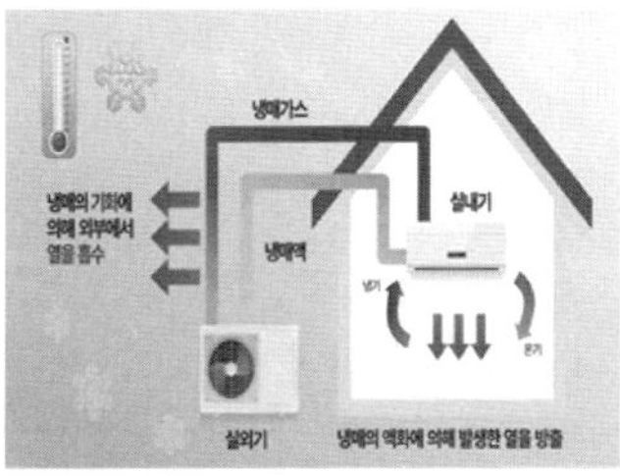
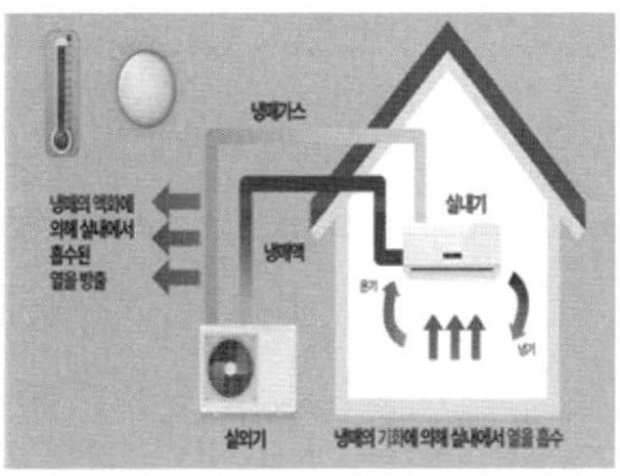</td><td>기술 개요</td><td>• 전기(2차에너지)에 의한 압축기(HEAT PUMP)를 구동 냉매로 순환시켜 냉난방</td></tr>
<tr><td>기술 장점</td><td>• 수 배관이 아닌 냉매가스를 이용하여 누수 및 동파에 대한 위험성 없음
• 인버터 방식으로 효율운전, 관리비 절감
• 문제발생시 실별 조치 가능해 전체운전중단 없음
• 기계실이 불필요하여 건물활용도 극대화
• 저소음형으로 정숙한 실내환경 유지
• 실외기 선택(용량)의 폭이 넓음</td></tr>
<tr><td>기술 단점</td><td>• 유지관리비가 많이 소요됨
• 수전설비 필수(대용량일 경우)
• 하절기PEAK전력에 영향
• 밀폐형 압축기사용으로 수리가 불가능
• (-5℃) 이하 사용 시 효율저하(75% 이하)</td></tr>
<tr><th colspan="3">GHP(가스엔진 구동형 퍼지제어 히트펌프)</th></tr>
<tr><td rowspan="2">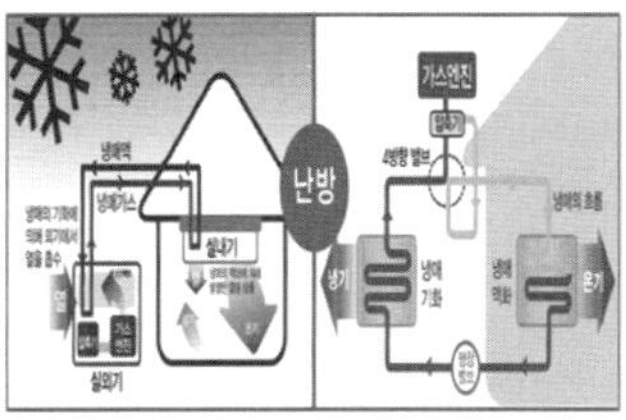</td><td>기술 개요</td><td>• 도시가스를 열원으로 하는 가스엔진을 동력으로 압축기(HEATPUMP)를 구동, 냉매를 순환시켜 냉난방</td></tr>
<tr><td>기술 장점</td><td>• 유지관리비가 적게 소요됨
• 수배관이 아닌 냉매가스를 이용하여 누수 및 동파에 대한 위험성이 없음</td></tr>
<tr><td></td><td>기술 단점</td><td>• 주요장비(실외기, 실내기)가 수입품임
• 도시가스 배관이 필수적으로 필요함
• 배관길이 (최대 150M)
• 초기투자비가 고가
• 가스시설이 없을 경우 불리
• 실외기의 옥외설치로 세심한 주의 필요</td></tr>
</table>

출처 : 공공건축물 그린리모델링 가이드라인 2022 p.136. 바탕으로 연구진 작성

4) 고효율 냉·난방기/보일러 종류 및 특성

종류		사용연료	효율	효율인증
히트펌프 [냉 · 난방]	EHP	전기	COP 4.0~6.0	-
	GHP	가스	COP 1.4~1.7	고효율인증제품
냉방기 [냉방]	패키지에어컨	전기	COP 3.5~5.1	에너지소비효율등급제품
	시스템에어컨	전기	COP 3.5~5.1	에너지소비효율등급제품
흡수식 냉방기	1중 효율	가스	COP 0.65~0.75	고효율인증제품
	2,3중 효율	가스	COP 0.9~1.2	고효율인증제품
	냉온수기	가스	COP 0.9~1.2	고효율인증제품

※ 에너지소비효율 등급 및 고효율 인증제품은 에너지공단 홈페이지에서 검색이 가능하다.

5) 건축물 에너지 설계기준 제9조 기계 부분

① 열원설비

㉠ 열원설비는 부분부하 및 전부하 운전효율이 좋은 것을 선정한다.

㉡ 난방기기, 냉방기기, 냉동기, 송풍기, 펌프 등은 부하 조건에 따라 최고의 성능을 유지할 수 있도록 대수 분할 또는 비례제어운전이 되도록 한다.

㉢ 난방기기, 냉방기기, 급탕기기는 고효율 제품 또는 이와 동등 이상의 효율을 가진 제품을 설치한다.

㉣ 냉방기기는 전력피크 부하를 줄일 수 있도록 하여야 하며, 상황에 따라 심야전기를 이용한 축열·축냉시스템, 가스 및 유류를 이용한 냉방설비, 집단에너지를 이용한 지역냉방방식, 소형열병합발전을 이용한 냉방방식, 신·재생에너지를 이용한 냉방방식을 채택한다.

6) 설계 유의 사항

① 고효율 냉난방 설비 계획 시, 냉매 배관 등의 배관에 단열 설계가 되었는지, 도면을 통해 검토하고 미적용 시 기계설비 업체와 협업하여 계획해야 한다.

② 고효율 냉난방 설비 계획 시, 냉매 배관 등의 배관이 구조체와의 간섭 여부를 확인하고 간섭되는 경우, 기계설비 및 구조 업체와 협의하여 적용해야 한다.

③ 시스템 에어컨 등의 고효율 냉난방 설비를 실외에 설치할 경우, 냉매 및 드레인 배관 등 외벽을 타공하여 설치하는 경우가 많으며, 이러한 경우 타공 후 단열 대책이 잘 계획되었는지 확인해야 함. 이러한 계획이 없다면 기계설비, 구조, 에너지 컨설팅 수행기관과 협의하여 적용해야 한다.

④ 용량이 큰 기계 설비를 옥상 등에 계획하는 경우, 방진/방음을 위한 장비 패드 설치를 계획해야 한다.

고효율 보일러 [필수공사]

▣ 요소기술 개요

• 고효율 보일러는 에너지소비효율등급표시, 고효율기자재인증을 받은 보일러로 에너지를 절약할 수 있는 고효율설비시스템을 말한다.

1) 보일러(난방)

	노통연관보일러	관류형 보일러
사진		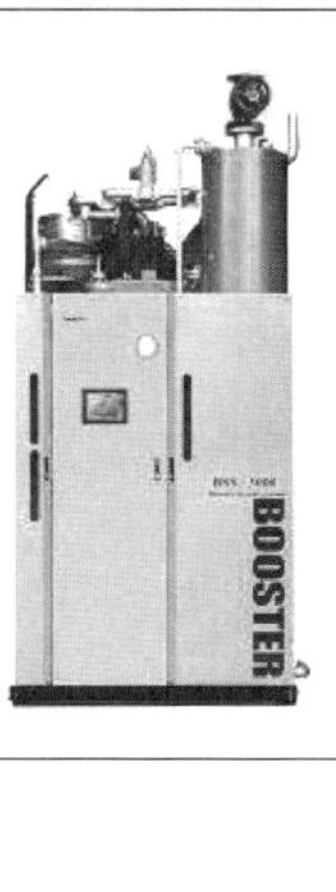

	노통연관보일러	관류형 보일러
기술 개요	• 노통 보일러와 연관식 보일러의 장점을 이용한 것으로, 전열 면적이 커서 열효율이 높고 증기발생 시간이 단축되는 보일러 • 주요열원 : 도시가스LNG 또는 경유 • 대규모건물의 고압증기 보일러로 적합 • 입형 보일러, 콘덴싱 보일러 등노통 연관식 보일러 원리를 기반으로 여러 소형 노통 연관식 보일러 모델이 개발됨	• 긴 관의 한쪽 끝에서 급수를 펌프로 압입하여 차례로 가열, 증발, 과열시켜 관의 다른 끝에서 증기 상태로 송출하는 압력 보일러 • 현재는 관류보일러라고 하면 소형관류 보일러를 의미함(소규모 건물) • 근래 수관에 수천 개의 핀FIN 부착한 2~3t/h 대용량 관류보일러 생산
기술 장점	• 부하변동에 대한 안정성이 있음 • 수면이 넓어 급수제어가 용이 • 효율이 가장 높음 • 수처리가 간단하며 수명이 김	• 소용량 이면서 열효율 80~90%로 높음 • 경량이고 설치 면적이 적음. • 기동시간이 짧아 부하변동 대응성이 양호
기술 단점	• 기동시간이 길고 분할 반입이 불가능	• 수명이 짧음(5~6년) • 가격이 비싸고, 효율 저하가 큼 • 소음이 크고 엄밀한 수처리가 요구됨 • 스케일 제거가 곤란하며 연관교체 불가능

출처 : 공공건축물 그린리모델링 가이드라인 2022 p.146. 바탕으로 연구진 작성

2) 보일러(급탕)

급탕시스템구성		
 급탕탱크, 팽창탱크, 보일러	기술 개요	• 급탕방법에 따른 분류 (1) 개별식(소규모) - 즉시 탕비기 - 저탕형 탕비기 : 일정량의 열탕이 항상 저탕, 학교, 공장, 기숙사 등 특정한 시간에 다량의 온수를 필요하는 장소에 적합 (2) 중앙식(대규모) - 직접가열식 : 보일러 사용하여 온수를 직접 생산하고 저탕조에 저장하여 공급 - 간접가열식 : 증기보일러 스팀 사용하여 가열 코일을 통해 온수를 생산하여 공급

3) 열원설비 방식 선정 시 고려사항

① 부지 조건

연료공급 가능 여부 및 종류 (특히 도시가스의 공급 여부)

② 법규 검토

㉠ 지역난방 관련(집단에너지 공급 법/시행령 제8조)

ⓐ 지역난방 고시 지역 : 일정 규모 이상 건물 지역난방을 의무적으로 사용한다.

ⓑ 지역난방 고시 지역이 아닌 지역 : 건축주가 선정한다.

ⓒ 지역난방 공급지역/지역난방 의무 지역/ 지역냉난방 의무 지역

㉡ 건축물의 설비기준 등에 관한 규칙 제23조-2

일정 규모 이상의 건축물에 중앙집중식 냉방설비를 설치하는 경우 : 축냉식 또는 가스를 이용한 냉방방식으로 설계한다.

㉢ 건축물의 냉방설비에 대한 설치 및 설계기준

축냉식, 가스식 냉동기 용량이 전체 용량의 60% 이상

㉣ 신재생에너지 개발 및 이용-보급촉진법 시행령 제16조

ⓐ 대상 : 공공기관 중 건축연면적 3천㎡ 이상의 건축물

ⓓ 투자기준 : 건축공사비의 5% 이상을 신재생에너지에 투자하여 한다.

4) 난방/급탕설비 및 시스템

보일러는 밀폐된 여러 가지 모양의 금속제(강철제, 주철제) 용기 내에 물 또는 열매체를 넣고 열원을 이용하여 가용한 후 증기나 온수 열원을 발생시킨다.

5) 보일러 종류

① 연료에 의한 분류 : 가스(LPG/LNG), 전기

② 열매에 의한 구분

ⓐ 증기보일러 : 주철제, 관류형, 노통연관식, 수관식

ⓑ 온수보일러 : 가스, 온수, 진공온수, 관류형 온수보일러

ⓒ 전기보일러 : 전기보일러(축열식), 전기온풍기, 전기바닥난방

※ 심야전기 최고 50kW로 제한

③ 기타

지역난방, 냉온수기, 심야전기, 히트펌프, 태양열, 열병합

6) 보일러의 능력 표시

① 온수보일러 : kcal/h

② 증기보일러 : 환산증발량 ton/h = 539,000kcal/h

7) 냉 · 난방 설비 및 설계 검토

<table>
<tr><th colspan="2">도면검토_고효율 보일러설비 관련</th></tr>
<tr><td>계통도</td><td>난방 평면도</td></tr>
<tr><td>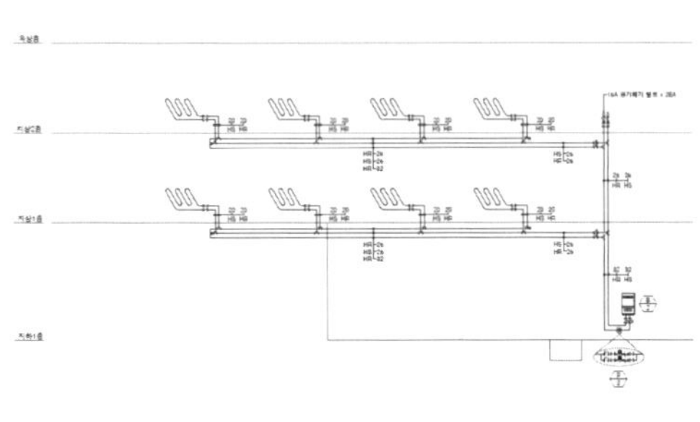</td><td>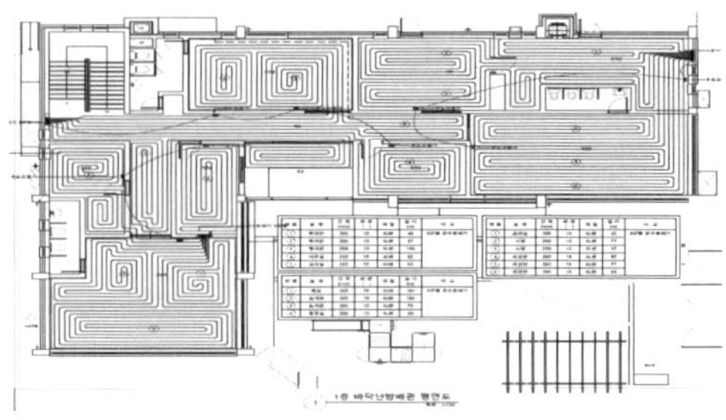</td></tr>
<tr><td>장비일람표</td><td>시험성적서 · 고효율에너지기자재 인증서</td></tr>
<tr><td>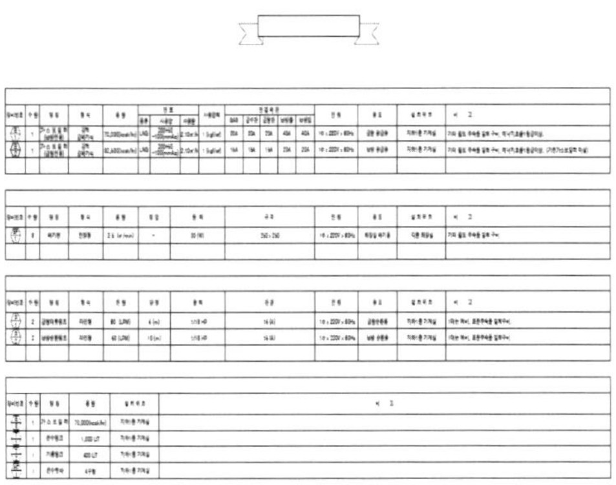</td><td>
</td></tr>
</table>

주요내용	• 계통도 : 열원 설비와 펌프 간 계통연결, 난방 설비의 설치 위치 등 • 냉난방평면도 : 열원 설비, 펌프의 용도 및 위치 • 장비일람표 : 열원, 냉난방설비, 송풍설비의 성능 및 수량 등 • 시험성적서 : KOLAS 인정 시험소 여부, 시험규격/표준, 시험환경, 시료 종류, 시료 사양, 시험결과 등 정보 • 고효율에너지기자재 인증서 : 인증 기자재 종류, 에너지 성능, 근거 시험성적서 정보 등
필수검토 내용	(1) 고효율보일러 성능점검 • 시험성적서 또는 고효율에너지기자재 인증서 검토 • 시험성적서에서 제품명을 확인하고, 효율 등 시험 결과값 확인 (2) 장비일람표 검토 • 장비일람표와 시험성적서(고효율에너지기자재 인증서)를 비교하여 일치 여부 검토 (3) 계통도, 평면도 및 장비일람표 등을 비교하여, 적합한 설계 여부 검토 • 계통도 확인을 통해 설비의 조닝 및 설치 위치 등을 확인 • 평면도와 장비일람표 비교를 통해 설비 설치 위치 및 설치 장비 확인

출처 : 공공건축물 그린리모델링 가이드라인 2022 p.144. 바탕으로 연구진 작성

폐열회수형환기설비 [필수공사]

▣ 요소기술 개요

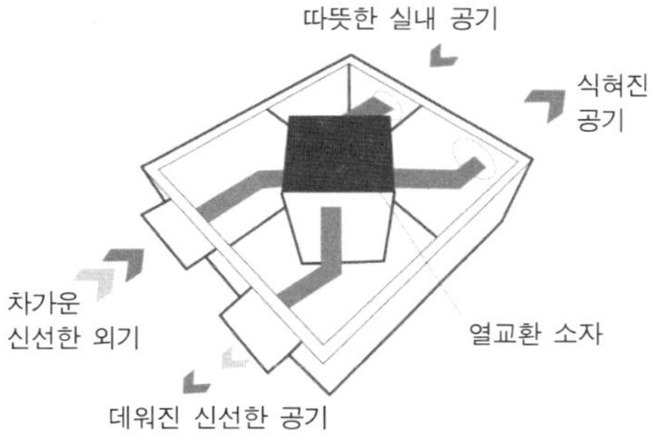

• 자연환기는 대량의 공기를 단기간에 배출하고 신선한 공기를 받아들이는 장점이 있지만 일정환기량 유지에 불리하고, 겨울철 난방에너지를 증가시키는 단점이 있다. 이를 보완하기 위해 기계환기 방법 중 열회수형 환기장치를 이용하면 일정 환기량을 유지하고 냉 · 난방에너지를 줄이는 효과가 있다. 따라서 열회수형 기계환기 장치는 필수적이다.

1) 폐열교환기형 환기설비 개념

열 회수 환기설비의 기본적인 원리는 기계에 의한 환기 시 버려지는 폐열을 회수하는 것으로 따뜻하지만 오염된 실내공기와 신선하지만 차가운 외부공기가 섞이지 않게 접촉시켜 열 손실을 감축해야 한다.

열회수형 환기설비 개념도

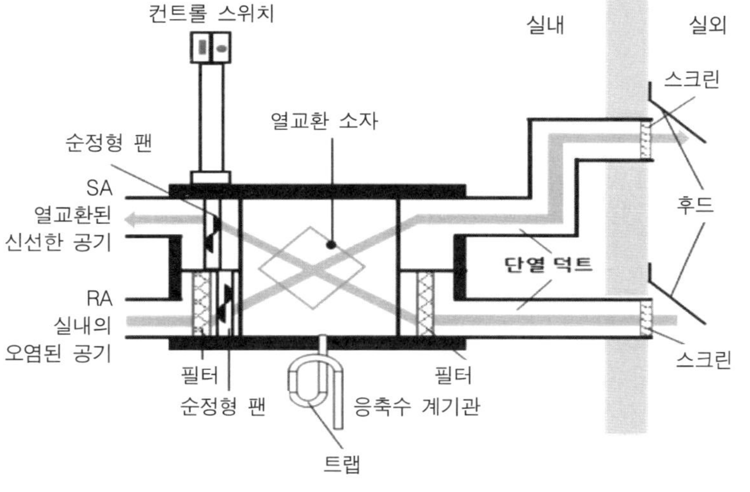

<table>
<tr><td>일반적인 열 회수 방식
(다른 방향으로 겹친 간격지)</td><td>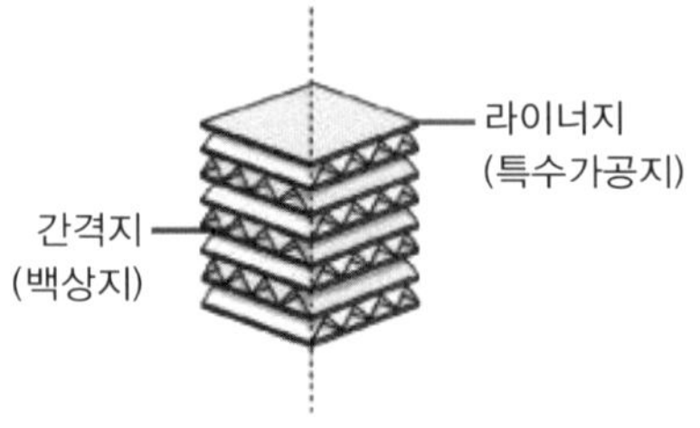
</td></tr>
<tr><td>열 회수 환기장치 사례</td><td>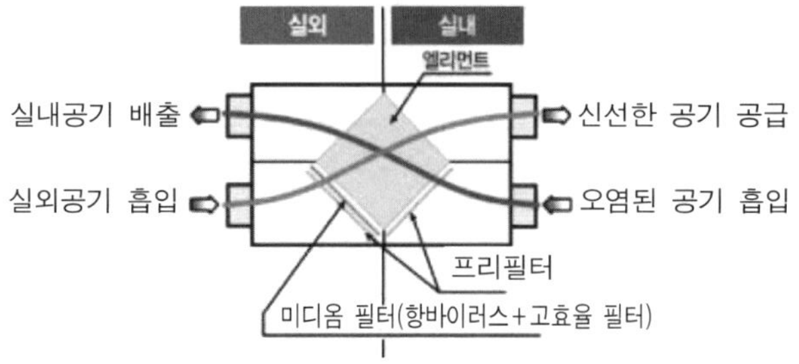
</td></tr>
</table>

2) 폐열회수 환기장치의 특성

① 70% 이상의 열회수율로 환기로 인한 실내온도의 변화가 거의 없다.

② 전열교환기의 경우 현열, 잠열 모두 회수할 수 있어 효율이 우수하다.

③ 열회수를 통하여 냉·난방 부하를 감소시켜 에너지 사용량 절감이 가능하다.

④ 오염된 실내공기 배출 및 신선한 외기 유입이 가능하다.

⑤ 고성능 필터를 사용 시 눈에 보이지 않는 각종 유해물질(휘발성 유기화합물 등)과 악취 등을 제거하여 건강과 삶의 질을 높인다.

⑥ 적절한 습도를 유지하여 실내의 곰팡이 발생을 방지한다.

3) 폐열교환기형 환기설비 선택 기준

	필 수				권 장
	에너지계수		유효열교환율		필터 성능
성능 기준	냉방	전열 : 8.00	냉방	전열 : 49%	D2A(W2A) 등급 또는 동등이상의 필터 (입자표집률 90% 이상)
	난방	전열 : 15.00	난방	전열 : 71%	
관련 표준	KS B 6879				KS B 6141

4) 열교환기형 환기설비 개선에 따른 특징

<table>
<tr><td rowspan="7">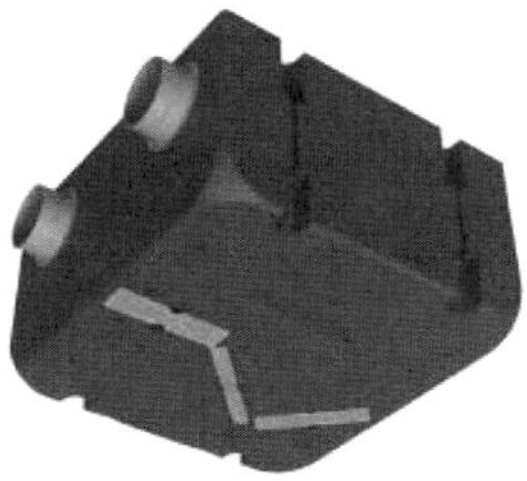</td><td>기술 개요</td><td colspan="3">환기에 의한 열손실을 줄이고, 실내 환기 성능 향상 및 환기로 인한 에너지 손실을 방지</td></tr>
<tr><td>기술 특성</td><td colspan="3">열교환 방식에 따라 판형, 회전형, 히트파이프 형으로 구분하며, 판형 열교환기는 소용량 환기 유닛, 회전형 열교환기는 대용량 환기 유닛에 주로 적용</td></tr>
<tr><td rowspan="2">시공성/
경제성</td><td>시공성</td><td>경제성</td><td>에너지절감</td></tr>
<tr><td>중</td><td>중</td><td>상</td></tr>
<tr><td>개선 부문</td><td colspan="3">냉난방 에너지 절감, 실내 공기환경</td></tr>
<tr><td>기술 검토</td><td colspan="3">외기도입 설비 설치 이전에 창호 및 건물 구조체의 기밀성능 향상을 위한 기밀보수 공사 고려</td></tr>
</table>

5) 폐열회수 환기설비 종류

<table>
<tr><th>판형 환기설비</th><th>환형(로터리형) 환기설비</th><th>벽부/창문 형 환기설비</th></tr>
<tr><td></td><td></td><td>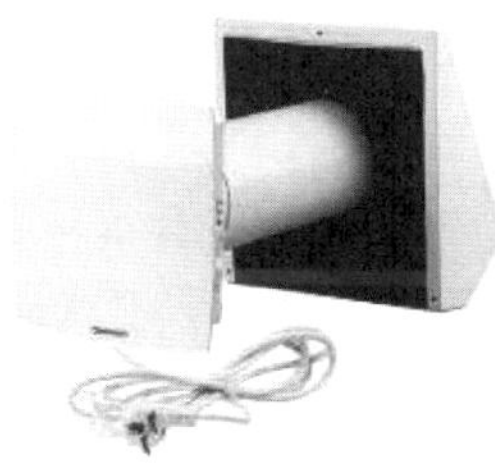</td></tr>
<tr><td>• 일반적으로 가장 많이 사용되는 제품 종류
• 여러 겹으로 되어있는 특수 재질 펌프를 겹처 놓고, 실내를 나가는 공기와 실외에서 들어오는 공기가 그 사이를 통과하도록 하여, 공기가 서로 섞이지 않으면서 서로의 열을 교환하는 원리</td><td>• 환형(로터리형) 방식은 업무시설에서 사용되는 대형공조기에 들어가던 열교환기를 주택에 적합하게 축소시킨 방식
• 원형의 열교환 소자가 지속적으로 돌아가면서 절반은 급기를, 절반은 배기를 담당함. 배기할 때, 열교환 소자에 머문 열에너지를 급기하면서 열 흡수하는 열교환 방식</td><td>• 벽부형/창문형 환기설비는 하나의 열교환 소자를 이용해 나가는 공기로 가열 혹은 냉각하고 일정 시간이 지난 후 공기의 방향이 반대로 바뀌어 들어오는 공기에 열을 전달해주는 방식
• 벽부형/창문형 환기설비는 세라믹의 축열기능으로 열을 회수하여 환기가 이루지며, 환기 배관을 설치하고 연결해야 하는 번거로움이 없으며 가격이 저렴하다는 장점</td></tr>
</table>

출처 : 공공건축물 그린리모델링 가이드라인 2022 p.153. 바탕으로 연구진 작성

1.2.4 전기요소[필수공사]

고효율 조명 [필수공사]

■ 요소기술 개요

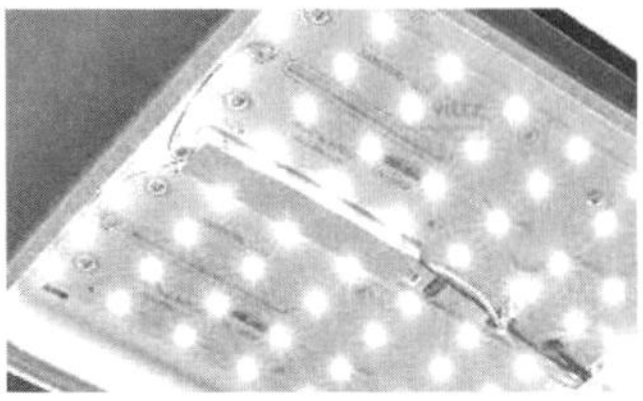

• 고효율 조명은 고효율 에너지 기자재로 인정된 조명기기로 일률적인 LED 교체가 아닌 건물 용도와 공간의 높이, 면적 등을 종합적으로 고려하여 계획해야 한다.

1) LED의 장점

구분	내용
에너지 효율은 ↑ 전료소모는 ↓	LED의 가장 큰 특징은 '고효율, 저전력, 장수명'이라는 것이다. LED는 기존 백열등 대비 1/5 수준의 전력만 소비하기 때문에 에너지를 크게 절감 할 수 있어 전기료 비용을 줄일 수 있다.
친환경 기술	LED는 환경규제 물질로 지정된 수은(Hg)을 사용하는 형광등과 달리 수은(Hg)을 전혀 함유하지 않아, 이산화탄소(CO_2)가 발생하지 않는 친환경 기술이다. 또한 자외선과 다른 유해성분 방출이 없다.
디지털 및 빠른 응답속도	기존 아날로그 조명과 달리 LED는 디지털 반도체 소자이기 때문에 제어하기 쉽고, 빛의 색상이나 온도, 밝기 등을 제어 할 수 있어 단순히 빛을 밝히는 광원이 아닌, 다양한 기능을 갖춘 조명으로 만들 수 있다.

출처 : 연구진 작성

2) 조명설비 의무 사항

① 조명기기 중 안정기내장형램프, 형광램프를 채택할 때는 산업통상자원부 고시[효율관리기자재 운용 규정]에 따른 최저 소비효율 기준을 만족하는 제품을 사용하고, 유도등 및 주차장 조명기기는 고효율제품에 해당하는 LED 조명을 설치하여야 한다.

② 공동주택 각 세대 내의 현관 및 숙박시설의 객실 내부 입구, 계단실의 조명기구는 인체 감지 점멸형 또는 일정 시간 후에 자동 소등되는 조도 자동조절 조명기구를 채택하여야 한다.

③ 조명기구는 필요에 따라 부분조명이 가능하도록 점멸회로를 구분하여 설치하여야 하며, 일사광이 들어오는 창 측의 전등 군은 부분 점멸이 가능하도록 설치한다. 다만, 공동주택은 그러하지 않을 수 있다.

④ 공동주택의 효율적인 조명에너지 관리를 위하여 세대별로 일괄적 소등이 가능한

일괄 소등스위치를 설치하여야 한다. 다만 전용면적 60제곱미터 이하인 주택의 경우에는 그러하지 않을 수 있다.

3) 조명설비 권장사항

① 옥외등은 고효율 제품인 LED 조명을 사용하고, 옥외등 조명회로 격등 점등(또는 조도 조절 기능) 및 자동점멸기에 의한 점멸이 가능하도록 한다.

② 공동주택의 지하 주차장에 자연 채광용 개구부가 설치되는 경우에는 주위 밝기를 감지하여 전등 군별로 자동 점멸되거나 스케줄 제어가 가능하도록 하여 조명 전력이 효과적으로 절감될 수 있도록 한다.

③ LED 조명기구는 고효율 제품을 설치한다.

④ KS A3011에 의한 작업 면 표준조도를 확보하고 효율적인 조명설계에 의한 전력 에너지를 절약한다.

⑤ 효율적인 조명에너지 관리를 위하여 층별 또는 구역별로 일괄 소등이 가능한 일괄 소등스위치를 설치한다.

4) 설계 유의 사항

① 일류적으로 LED로 교체하는 것이 아닌 공간의 높이, 면적 등을 고려하여 조명을 재배치해야 한다. 문의 열림이나 외관에 영향을 주지 않도록 주의해야한다.

② LED 조명 내부에서 발열이 생기는데, 이를 배열할 수 있는 설계가 된 제품을 사용해야 한다. (초기 LED 조명의 하자가 많이 발생하여 제품이 개선되었음에도, 여전히 문제가 있는 제품들이 유통되고 있음)

③ 사람이 상시로 사용하는 공간이 아닌, 간헐적으로 사용하는 공간(예 : 화장실, 탕비실, 개인 사무실, 회의실 등)은 재실 센서 설계를 권장한다.

④ 조명 설계 시, 창호와 가까이 있는 첫 번째 열의 조명은 화로를 따로 설계하여, 자연채광 조도에 따라 off되도록 설계를 권장한다.

⑤ LED 조명의 장점을 최대한 살려 이용하려면, 조도 조절 설비(dimmer)를 함께 설계하고 BEMS에 연결하여 원격조절 단, 이미 조도 조절 설비 스위치가 있더라도, 형광등이나 백열등의 조도 조절 설비와 LED 조도 조절 설비는 다르므로, 조명 교체 시 함께 교체해야 한다.

⑥ 기존 조명을 LED로 교체하는 경우, 기존 조명기구의 전력량을 그대로 LED 조명의 전력량으로 교체하지 않음. 보통 LED는 백열등의 25~30% 선에서 같은 조도 발산함

건물에너지관리시스템 [필수공사]

■ 요소기술 개요

- 건물에너지관리시스템(BEMS)은 에너지 관련 설비정보를 실시간 수집 · 분석하여 쾌적한 실내 공간 유지 및 건물 성능효율을 개선하는 운영시스템을 말한다.
- 원격 검침 전자식 계량기는 원격에서 단말기를 이용하여 검침 데이터를 수집 · 분석하는 설비를 말한다.

1) BEMS(Building Energy Management System : 건물에너지관리시스템)

BEMS

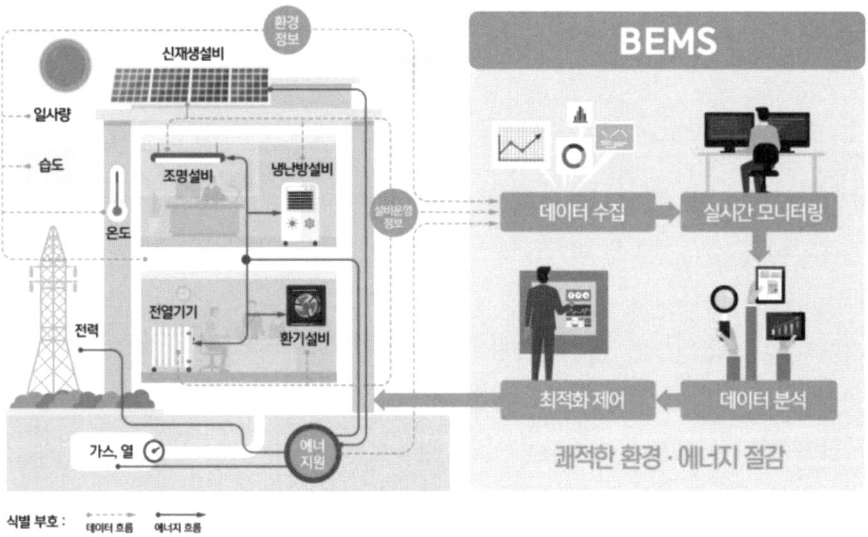

출처 : 칸 저널 http://www.kharn.kr/news/article.html?no=15044

기술 개요	• 건물 내 에너지 관리 설비의 다양한 정보를 실시간 수집 · 분석해 에너지 사용 효율을 개선하는 시스템으로, 에너지사용량 · 설비운전 현황 · 실내 환경 및 탄소 배출량 등을 관리하는 시스템
기술 특성	• 2021년 1월 BEMS의 KS 표준 제정을 통해 BEMS 데이터 관리 전반에 대한 세부적인 표준 체계를 구성 • 또한, BEMS 업계의 데이터 관리체계를 표준으로 정립하고, BEMS를 통한 에너지 절감 효과를 객관적으로 확인할 수 있도록 기반을 마련

< BEMS 개념 >

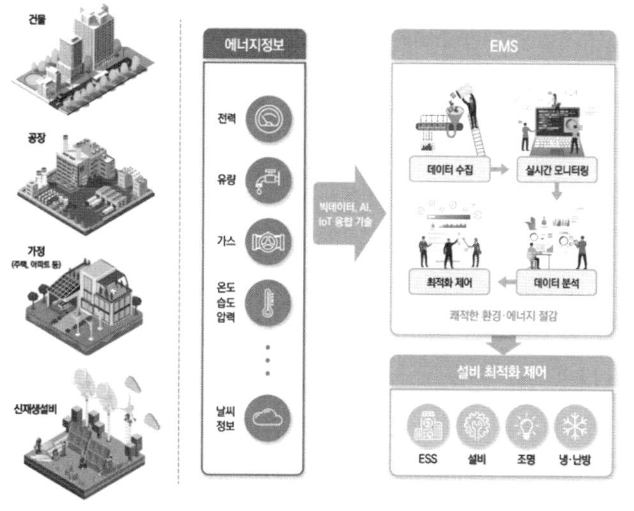

출처 : 그린리모델링 창조센터
https://www.greenremodeling.or.kr/report/boardView.asp?bid=report&nSeq=3379

장점	• 에너지원별 에너지사용량 파악 가능 • 적합한 설비 제어를 통한 에너지절감 • 정부 정책 준수
단점	• 높은 초기 투자비용 • 효율적인 사용을 위해 높은 수준의 교육 필요
특이 사항	• ZEB 인증 시 의무 설치 • 연면적 1만㎡ 이상 공공건물 신축 또는 별동 증축 시 BEMS 의무 설치

2) BEMS 기능

BEMS 기능		내 용
1	데이터 표시 기능	획득 수집한 건물에너지 소비 및 관련 데이터를 알기 쉽게 컴퓨터 화면 등을 통해 표시하는 기능
2	정보 감시 기능	운영자가 에너지 소비에 관한 기준 값이나 에너지 사용 설비의 운전범위 등을 입력할 수 있어야 하며, 입력값과 실제 운영 결과를 비교하여 운전범위나 기준값을 벗어나는 경우 이를 운영자에게 알려주는 기능
3	데이터 및 정보 조회 기능	운영자가 원하는 기간 동안의 건물에너지 소비 및 관련 데이터와 정보를 표 또는 그래프로 제공하는 기능

BEMS 기능		내 용
4	건물에너지 소비현황 분석 기능	운영자가 건물에서 운용되는 각종 설비의 운전상태와 성능을 쉽게 파악할 수 있도록 하는 기능
5	설비의 성능 및 효율 분석 기능	기후와 실내 환경 등 건물에너지 소비와 밀접한 관련이 있는 항목에 관한 정보 제공 기능
6	실내외 환경 정보 제공 기능	에너지를 절약하고 건물과 설비의 계획적인 운영에 도움을 주기 위하여 건물의 에너지 소비량을 예측하는 기능
7	에너지 소비량 예측 기능	에너지를 절약하고 건물과 설비의 계획적인 운영에 도움을 주기 위하여 건물의 에너지 소비량을 예측하는 기능
8	에너지 비용 분석 기능	건물의 에너지 소비에 따른 비용 분석 정보의 제공을 위한 기능
9	제어 시스템 연동 기능	자체적으로 제어기능을 수행하거나, 그렇지 못한 경우에는 건물자동화시스템과 연동하여 자동으로 제어하는 기능을 제공

출처 : (사)한국EMS협회 http://www.bems.or.kr/bbs/content.php?co_id=summary_bems
바탕으로 연구진 작성

3) BEMS 설치 등급

구분		등급	비 고
BEMS	90점 이상	1	최적화 등 최고 수준의 BEMS 기능을 구현하고 체계적으로 운영·관리하고 있음
	70점 이상	2	BEMS를 통해 에너지 사용 수준 및 현황을 정확히 파악하고 에너지 효율화에 활용함
	60점 이상	3	BEMS의 기능을 모두 갖추고 지속적으로 운영·관리하고 있음
원격검침전자식계량		-	건축물에 상시 공급되는 모든 에너지원별 원격검침전자식 계량기 설치(제로에너지건축물 인증기준)

① 설치계획 검토 및 설치확인 시에는 1~9번까지 평가항목에 따라 평가한다.
② 설치확인서 유효기간 연장 시에는 1~15번까지 평가항목에 따라 평가한다.
③ 신청자는 모든 항목(항목 15 제외)에서 최소 평점 이상을 획득하여야 한다.

항 목		배점	
		설치계획 검토 및 설치확인	유효기간 연장
1	데이터 수집 및 표시	10	5
2	정보감시	15	5
3	데이터 조회	5	5
4	에너지소비 현황 분석	15	5
5	설비의 성능 및 효율 분석	15	5
6	실내외 환경 정보 제공	10	5
7	에너지 소비량 예측	10	5
8	에너지 비용 조회 및 분석	10	5
9	제어시스템 연동	10	5
10	운영 목표 및 추진체계	-	10
11	운영조직	-	0
12	운영성과 평가 및 개선	-	15
13	계측기 관리	-	10
14	데이터 관리	-	10
15	(가점항목) 에너지절감 성과	-	5
계		100	105

4) 설계 유의 사항

① 기존 건물의 설비 및 시스템의 설치 연도, 용량, 에너지 사용량 등의 검토를 통한 BEMS 적용 범위의 선정이 중요하다.

② 소규모 건축물의 경우, BEMS를 설치하기에는 단가가 맞지 않아 포기하는 경우가 많음. 제로에너지인증에서 요구하는 BEMS 기준이 소규모 건축물에 맞지 않음. BEMS를 설치하지 않더라도, 최소한의 모니터링 성능은 갖추는 것을 권장한다.

③ BEMS 설치 시 국내에 납품하고 있는 EHP 제품들은 개별로 제어할 수 있도록 컨트롤러가 별도로 판매함. 이를 중앙제어반에서 통합관리하기 위해서는 유선 컨트롤러가 추가로 필요하다.

1.2.5 신재생요소[필수공사]

신재생에너지-태양광 [필수공사]

▣ 요소기술 개요

• 태양의 빛에너지를 광전효과를 이용하여 전기에너지로 바꿔주는 태양전지를 이용한 에너지를 말한다.

1) 태양광 에너지

전기적 성질이 다른 N형 반도체와 P형 반도체를 접합시킨 태양전지에 햇빛을 비추면 전자(-)와 정공(+)이 만들어지고 전자와 정공은 자유롭게 이동하거나 전자(-)는 N형 반도체에, 정공(+)은 P형 반도체에 달라붙어 N형 반도체와 P형 반도체 표면에 전극을 형성하게 되면서 전자를 외부 회로로 흐르게 하면 전류가 만들어진다.

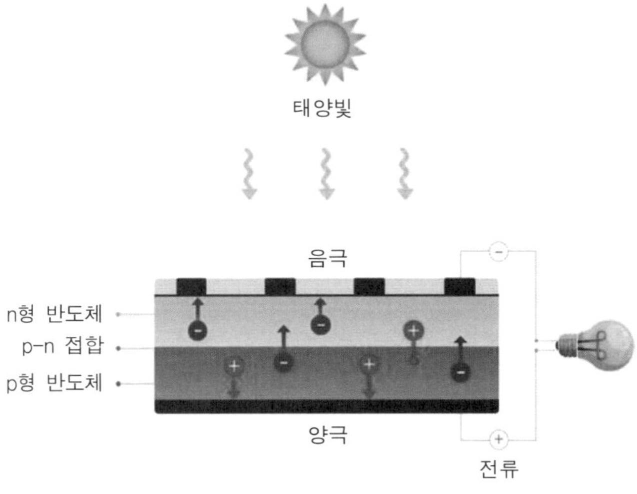

그림 4.6 태양광 에너지 개념도

출처 : 한국일보(https://m.hankookilbo.com/News/Read/201907312174711602)

2) 설계 프로세스

<table>
<tr><th>구분</th><th colspan="2">설계 프로세스 가이드라인</th></tr>
<tr><td>개요</td><td colspan="2">신재생 에너지 발전을 위하여 대지의 기후 및 특성 등을 고려한 설계의 적정성 검토</td></tr>
<tr><td>프로세스</td><td colspan="2">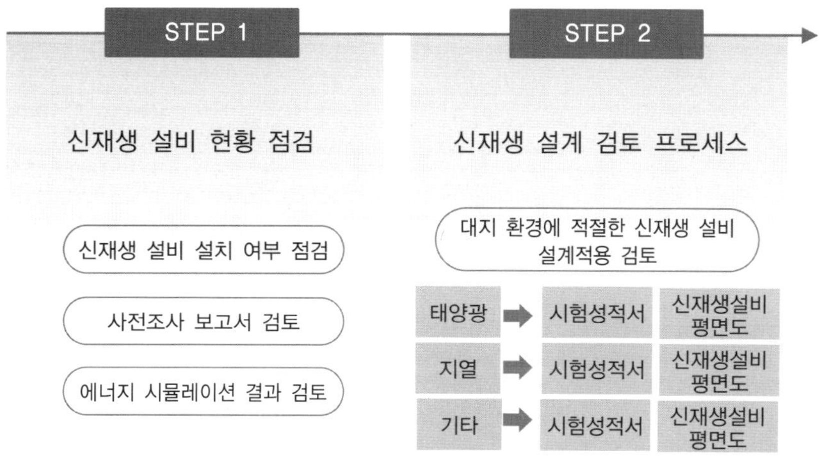
</td></tr>
<tr><td>관련 도서</td><td colspan="2">도면, 계산서, 시방서 등을 포함한 설계도서, 개선 전/후 설계도서*, 신재생에너지(태양광) 공인시험성적서(또는 제품 인증서), 공공건축물 그린리모델링 지원사업 신청서, 사전조사 체크리스트, 현장 청문조사 자료(일반사항), 현장 청문조사 자료(쾌적도)
* 그린리모델링 요소기술의 개선계획이 있는 경우</td></tr>
<tr><td rowspan="2">설계 검토</td><td>도서 검토</td><td>신재생 설비 평면도, 신재생 설비 상세도, 시방서, 계산서 등</td></tr>
<tr><td>성능 검토</td><td>사전조사 보고서(체크리스트, 설문지), 신재생에너지 설비 공인시험성적서(또는 제품인증서)</td></tr>
</table>

3) 신재생 에너지 활용

① 신재생 에너지원 종류 변경은 전기 및 가스 등 기기의 에너지원을 교체한다.

② 국가적 균형 에너지원별 소비 관리 노력에 맞추어 선택적 에너지원 소비가 가능하다는 특징이 있으며, 냉·난방 에너지 등 건물에서 사용하는 에너지의 절감이 가능하다.

③ 신재생 에너지로는 지열, 태양광, 풍력 등이 있으나, 현재는 태양광설비만 그린리모델링 국가 지원금 대상에 해당 되므로 건물 현황과 국가 지원금 가능 여부를 검토하여 설치계획의 수립이 필요하다.

4) 태양광 기술과 특성

태양광

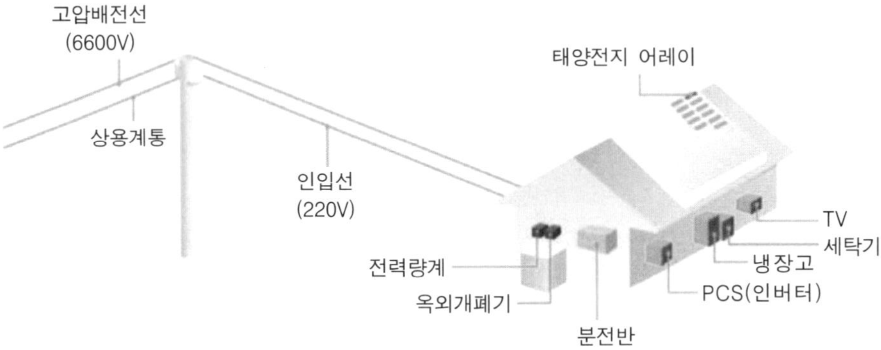

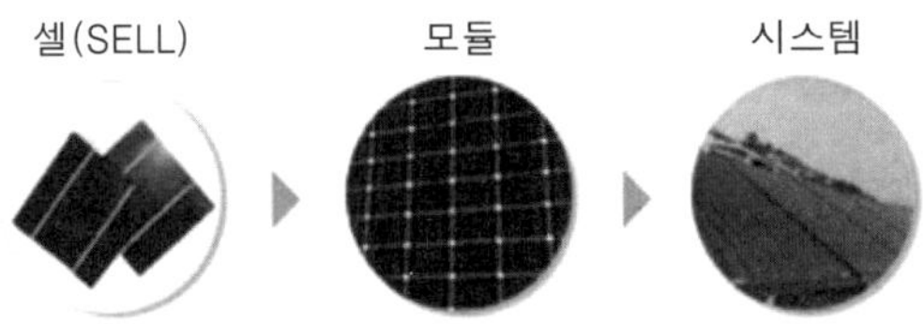

특징	태양의 빛 에너지를 변환시켜 전기를 생산하는 발전기술 햇빛을 받으면 광전효과에 의해 전기를 발생하는 태양전지를 활용함
장점	발전기가 별도로 필요하지 않아 햇빛이 비치는 곳이면 간단히 설치할 수 있으며 소형으로도 제작이 가능함 소음과 진동이 적으며 수명이 길어 유지비용이 거의 없음
단점	에너지 밀도가 낮아 태양전지를 많이 필요로 하며 설치비용이 비쌈
특이 사항	태양광 발전시스템은 태양전지(Solar cell)로 구성된 모듈(Module) 고축전지 및 전력변환설비로 구성됨

출처 : 에스디(http://sdenc.kr/2016/business_solar01.html)

5) 설계 유의 사항

① 태양광 구조물은 건물 위 옥상, 지붕 마감자재, 구조물 구조검토 등을 통한 보강 여부를 검토해야 한다.

② 지붕의 경사가 20℃ 이상인 경우 및 3층 높이 이상의 경우, 작업자의 안전을 고려하여 지붕 끝에서 1m 이상의 공간을 확보하고 유지관리를 고려한 태양광 배치 설계를 해야 한다.

1.2.6 선택요소

차열도료 [선택공사]

▣ 요소기술 개요

• Cool Roof(차열도료)는 지붕을 시원하게 하는 목적을 가진 모든 페인트를 말하며, 유입되는 열을 반사시키는 것을 목적으로 함. 주변환경과 일 사각에 대한 부분을 고려하여 설계를 진행해야 한다.

1) 차열도료(Cool Roof)

건물 지방이나 옥상에 태양광 반사 및 태양열 차단효과가 있는 흰색 차열 페인트를 칠하는 것으로 건물에 열기가 축적되는 것을 막아 실내 온도를 낮추는 효과가 있다 건물 지붕이나 옥상에 태양열 반사나 차단효과가 큰 백색계열의 차열페인트를 도색해 건물에 흡수되는 열을 감소시킨 것을 말한다.

2) 도료의 선택

기존에 널리 사용되었던 단열도료 보다 우수한 성능의 차열도료를 선택하여야 하며 공인시험 기관 발행 시험 성적서를 확인한다.

※ 공공건축물 그린리모델링 설계가이드라인(2020. 08)

시험방법 ASTM C1549, E903, E1918에 의한 태양열 반사율이 초기값 0.65 이상인 도료와 SPS-KPIC 5020-7316 : 2018 준수하는 지붕용 차열도료에 한함

3) 차열페인트, 백색페인트 비교

<table>
<tr><th>성능</th><th colspan="2">차열페인트</th><th>백색 페인트</th></tr>
<tr><td>가시광선 반사</td><td colspan="2">○</td><td>○</td></tr>
<tr><td>적외선 반사</td><td colspan="2">○</td><td>요구하지 않음</td></tr>
<tr><td>조색 구현 가능 색상</td><td colspan="2">다양한 색상 가능</td><td>백색 및 밝은 색상 위주</td></tr>
<tr><td rowspan="2">반사율 기준</td><td>가시광선</td><td>(고명도) 80% 이상
(저명도) 0% 이상</td><td rowspan="2">기준 없음
(통상 65% 이상)</td></tr>
<tr><td>적외선</td><td>80% 이상</td></tr>
<tr><td>성능 심사기준</td><td colspan="2">한국 “단체표준”, 일본 공업규격 “JIS”</td><td>미국 쿨루프인증위원회(CRRC)
(백색 쿨루프 인증 시)</td></tr>
</table>

출처 : 어드그린코트 https://adgreencoat.kr/vs

일사조절 차양설비 [선택공사]

▣ 요소기술 개요

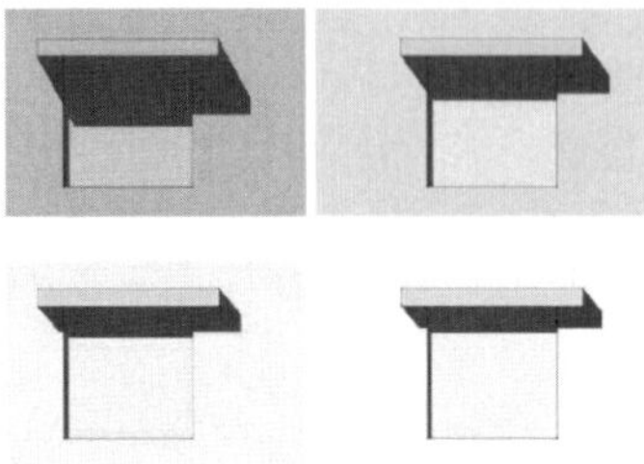

• 일사조절 차양설비는 여름철 일사 차단과 겨울철 적절한 일사유입을 통해 건축물의 에너지 소비를 절감하는 것을 목적으로 한다.

1) 차양설비 종류

① 설치 위치 : 외부 차양, 내부 차양, 유리 간 사이 차양

② 가동 유무 : 고정식, 가변식

③ 형태 : 수평차양, 수직차양

수평차양의 다양한 형태

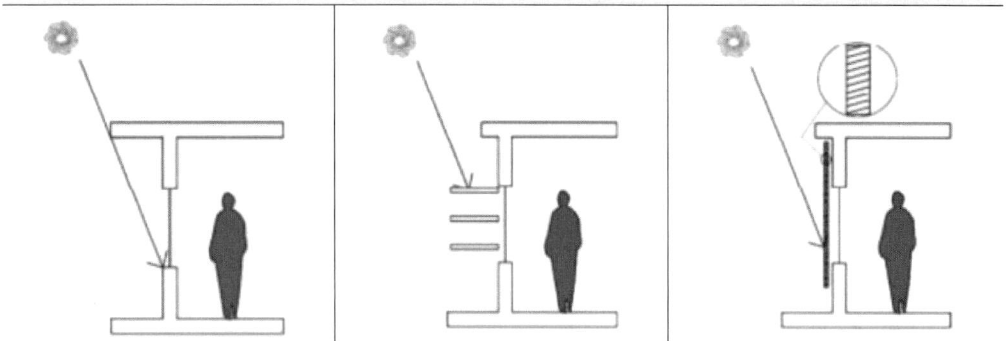

처마 방식	수평루버 방식	소형루버스크린 방식

출처 : 연구진 작성

2) 차양설비 종류 및 예시

(시 : 시공성, 경 : 경제성, 에 : 에너지절감율)

종류	사진	개요	특성	시	경	에
어닝	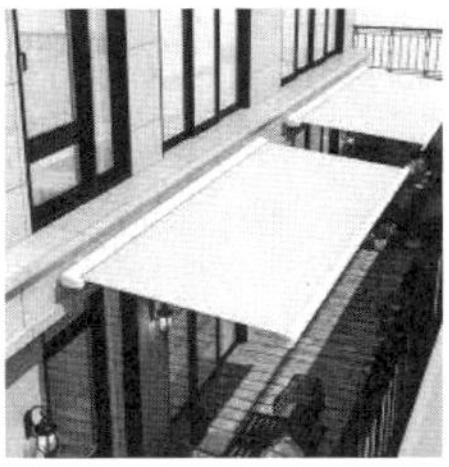	직달일사 감소를 위한 건축적인 처마의 일종으로, 처마의 길이를 제어할 수 있음	주로 저층부(1~2층)에 주로 적용	하	중	중
외부롤 스크린		외부 돌출 길이 없이 중층부(3~10층)에도 적용 가능한 차양설비	내부에 설치하는 블라인드보다 에너지 효율이 높음	중	상	상
외부 베네시안 블라인드		슬랏을 조절하여 외부로 방출되는 열을 유지시키고 실내로 유입되는 냉기를 차단	내부에 설치하는 블라인드보다 에너지 효율이 높음	상	하	상
루버		직사광선을 피하면서 통풍에 지장 없이 부드러운 채광이 가능한 수직형 또는 수평형 차양설비	전동형과 고정형으로 분류할 수 있으며, 건물의 외관에 변화를 줄 수 있음	중	중	상

콤비블라인드		
	개요	망사원단과 불투명원단이 교차되며 빛과 시선을 조절할 수 있는 블라인드
	특성	변색과 습기, 오염에 강해 오랫동안 사용할 수 있음

로만쉐이드		
	개요	원단이 접히며 오픈되는 방식
	특성	커튼의 느낌과 블라인드의 느낌을 동시에 가지며 잔고장이 적다는 장점을 가짐
허니콤블라인드		
	개요	벌집모양으로 접어 올릴 수 있어 은은한 채광효과를 연출할 수 있음
	특성	벌집모양이 공기층을 형성하여 방한, 방음, 방열에 도움을 줌

출처 : 공공건축물 그린리모델링 가이드라인 2022 p.190. 바탕으로 연구진 작성

3) 차양설비 종류별 표준

구분	에너지성능 항목	성능
어닝	태양열 취득률	태양열 취득률 0.3 이하
실내 전동롤 블라인드		태양열 취득률 0.6 이하
외부 베네시안 블라인드		태양열 취득률 0.1 이하
루버	-	-

출처 : 공공건축물 그린리모델링 가이드라인 2022 p.188. 바탕으로 연구진 작성

4) 설계 유의 사항

① 남향 창호는 수평 차양에 의한 에너지 소요량 저감 효과가 크므로 차양을 설치하는 것이 좋으나, 창면적비가 40%이하이고 SHGC가 낮은 유리를 적용한 경우에는 차양 설치에 따른 겨울철 일사 획득 가삼소로 에너지 소요량 저감효과가 감소한다.

② 차양 설비의 목적이 냉방부하 감소라고 너무 깊게 설계하면 늦가을부터 초봄사이의 난방 시즌에 일사가 충분치 않아 난방부하 증가, 태양열 취득률 기준이랑으로 일사가 차단하지 않도록 유의해야 한다.

③ 차양설비와 창호의 관계를 단면으로만 판단하여 설계하면 안됨. 평면상에서 차양 설비의 길이를 창호 폭과 동일하게 설계하는 경우가 많은데, 태양의 일사각을 고려한다면 창호폭 보다 300~600㎜ 정도 더 길게 설계하는 것이 일사차단에 유리하다.

순간온수기 [선택공사]

▣ 요소기술 개요

• 순간온수기는 저장탱크를 거치지 않고 순간적으로 냉각 혹은 가열이 가능한 전기온수기로 별도의 설비 없이 소규모 건물에서 단시간에 온수를 공급할 수 있는 설비를 말한다.

1) 개요

난방과 온수를 같이 사용하지 않고 온수만 사용하는 가정이나 사무실, 화장실 등 온수만 사용하는 곳에서는 보일러를 설치하는 것보다 급탕 전용 온수기를 설치하는 것이 효율적이다.

2) 종류 및 특징

가스순간온수기 : 별도의 가스공급배관이 필요함[LNG(도시가스), LPG방식]

전기순간온수기 : 가스공급배관등의 설치공사 없이 기존 전력망에 간편 연결 가능

전력시장관리자(전력거래소)의 수요감축 요청에 반응할 수 있는 수요관리와 결합된 전기온수기

① 선택용량

㉠ 15리터 : 간단하게 손을 씻을 수 있는 용량

㉡ 30리터 : 설거지나 1명이 머리를 감을 수 있는 용량

㉢ 50리터 : 작은 음식점이나 미용실, 한 사람이 샤워할 수 있는 용량

㉣ 80리터 : 50리터보다 좀 더 많은 온수가 필요한 업소에서 사용하는 용량

㉤ 100리터 : 업소용, 어른 2~3명이 샤워할 수 있는 용량

② 공급방식에 따른 분류

㉠ 상향식 : 수도꼭지 상단에 설치, 온수가 아래로 내려가는 방식을 말한다.

㉡ 하향식 : 수도꼭지 하단에 설치, 온수가 위로 올라가는 방식을 말한다.

③ 설치 시 확인사항

㉠ 수전이 직수인지 온수 겸용인지 확인한다.

㉡ 거치를 위한 설치공간 벽재질을 확인한다.

㉢ 가스온수기일 경우 LNG 또는 LPG 공급원을 확인한다.

㉣ 가스온수기의 경우 연도 또는 환기장치 설치를 위해 외부와 직접 면한 벽체의 개구부 확보가 필요하다.

3) 설계 유의 사항

① 벽걸이형의 경우 저장탱크의 부피에 따른 하중 지지대 등 해당 강도의 요구사항이 적용됨. 50리터 이상의 보일러는 지지벽에 고정하지만 200리터 이상의 탱크는 하부에 두는 것을 추천한다.

② 가능한 취수구 가까이에 기계를 설치하고, 물이 흐르는 경우 싱크대 아래와 같이 물이 들어가지 않는 장소에 계획해야 한다.

스마트 에어샤워 [선택공사]

▣ 요소기술 개요

• 스마트 에어샤워는 주로 출입구에 설치되며, 바람을 이용하여 출입자 몸에 붙은 오염물질을 제거하는 설비를 말한다.

1) 스마트 에어샤워 기술개요

회오리바람을 발생시켜 건물에 출입하는 사람 몸에 붙은 미세먼지를 털어내고 이를 집진하여 내부의 공기질을 쾌적하게 유지할 수 있도록 도움을 주는 설비를 말한다.

2) 스마트 에어샤워 특징

① 어린이집, 의료시설과 같은 공공시설 내 공기질에 대한 관심이 높아지며 다중이용시설을 중심으로 설치 확대 중이다.

② 제품에 따라 UV살균기능이 있는 제품을 사용하면 옷 표면의 바이러스도 일부 차단이 가능하다.

3) 스마트 에어샤워 설계

① 기존 보안대 형식의 에어샤워가 장소 제약이 많아 바형식의 보급형으로 설치가 가능하다.

② 인공지능 IoT 센서를 통해 어린이집 실내공기를 24시간 감시할 수 있는 기능을 선택하는 등 목적에 맞는 제품을 선택해야 한다.

4) 종류 및 특징

① 에어커튼 : 실내로 유입되는 초미세먼지의 원천차단 인체 및 물건에서 털린 초미세먼지의 내부 유입 차단

② 에어 샷 : 사람의 옷과 물건에 묻어 있는 초미세먼지 제거

③ 집진 및 필터링 : 집진 팬에 의한 흡입력으로 초미세먼지를 집진하고 해파필터를 통해 실내 초미세먼지 제거 및 탈취

5) 설계 유의 사항

① 단조달청 내에 등록된 스마트 에어샤워 제품명이 에어샤워, 하이브리드 클린룸 시스템, 인체 통과형 공기청정시스템 등 다양한 명칭으로 등록되어 있으므로, 제품 선정 시 다양한 키워드를 통한 제품검색이 필요하다.

② 스마트 에어샤워에는 다양한 기능이 탑재되어 있으므로, 그린리모델링 대상 건물의 필요한 기능 탑재 여부를 확인 후 제품선정이 필요하다.

③ 환경부 수도권대기환경청에서 정한 대기환경 기준, 미세먼지(PM10) 50㎍/㎥(24시간 평균치 100㎍/㎥) 이하, 초미세먼지(PM2.5) 15㎍/㎥ 이하(24시간 평균치 35㎍/㎥) 이하의 수준을 만족하지 못하는 경우, 스마트 에어샤워 설치를 권장한다.

2. 그린리모델링 공사

2.1 단열공사

구분	단열공사 가이드라인
프로세스	(아래 흐름도 및 STEP 표)

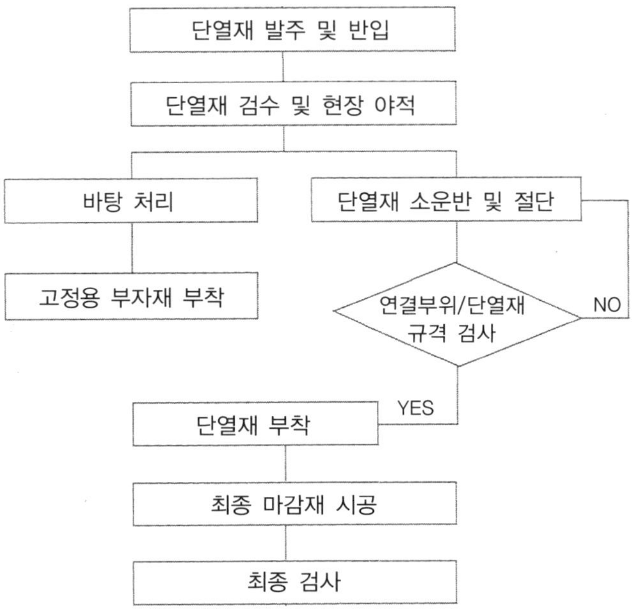

STEP 1	단열재	
품질관리 항목	품질관리 Check point	현장 점검 Check point
- 단열재 성능	- 납품 송장 확인 - 필요시 외부 검사의뢰	- 단열재 품질 - 단열재 납품 성능표

STEP 2	단열재 시공	
품질관리 항목	품질관리 Check point	현장 점검 Check point
- 고정철물 규격 - 고정철물 설치 간격 - 부착재 강도 - 단열재와 단열재 연결부	- 고정철물 규격 확인(설계도서 비교) - 고정철물 간격 및 인발 강도 등 체크 - 단열재와 단열재 연결 부위 테이핑 정밀도	- 고정철물 녹 발생 여부 - 고정철물 설치 간격 및 고정 상태 - 최종 마감 시 공정 전체 감리 확인

1) 단열재 시공 일반사항

① 단열재 규격이 600×1200(mm) 이하인 것을 사용한다.

② 단열재 붙이기는 시공벽면의 하부에서 상부로 붙여 나가되, 수직방향의 이음은 통줄눈이 생기지 않도록 하고, 각 이음부위는 서로 밀착되게 정밀 시공하여야 한다.

③ 단열재는 접착 모르타르 바름과 단열재 패스너 공법을 병행하여 시공한다.

④ 접착모르타르를 단열재에 도포할 때에는 전면도포방식을 취하거나 점·테두리 접착방식으로 도포하며, 이때 접착면적의 최소 40% 이상이 부착되도록 하고, 테두리면은 50mm 이상, 두께는 최소 10mm의 띠 형태로 빠짐없이 도포하여야 한다.

⑤ 부착된 단열재의 표면은 틈새가 없어야 하고, 수직, 수평을 측정하여 평활하게 시공한다.

⑥ 단열재를 부착한 후 최소 24시간 동안 경화시켜야 하며, 이때 단열재가 움직이지 않도록 한다. 만일 단열재가 손상된 경우에는 접착재료로 채워서는 안 되며, 단열재를 보강하여야 한다.

⑦ 외 단열시스템의 모든 종결 부분은 메쉬를 단열재 뒤에서부터 최소 200mm 이상 감아올려 감싸도록 한다.

⑧ 창문 등 모든 개구부 부위 모서리에는 L-형 단열재를 사용하여야 하며, 200×300mm의 보강메쉬를 시공하여야 한다. 또한 개구부 주위는 실란트 시공을 할 수 있도록 단열재를 10~13mm 이격 시켜 설치한다.

⑨ 시공 벽면의 모서리부분은 단열재가 서로 엇갈리도록 수직으로 교차하여 붙이며 유리섬유 메쉬는 좌, 우면 양측의 메쉬가 약 200mm 정도 겹쳐질 수 있도록 한다.

⑩ 접착제는 표면건조로 인한 부착력 감소 방지를 위하여 단열재에 도포하는 즉시 바탕면에 부착하여야 한다.

2) 시공순서

구분	시공 순서
지면에서 높이 1.8m 이하 부위	① 프라이머 → ② 접착모르타르 → ③ 단열재 → ④ 단열재 패스너 → ⑤ 접착모르타르 → ⑥ 충격 보강용 메쉬 → ⑦ 접착모르타르 함침 → ⑧ 일반(표준) 메쉬 → ⑨ 접착모르타르 함침 → ⑩ 마감재
지면에서 높이 1.8m 초과부위	① 프라이머 → ② 접착모르타르 → ③ 단열재 → ④ 단열재 패스너 → ⑤ 접착모르타르 → ⑥ 일반(표준)메쉬 → ⑦ 접착모르타르 함침

3) 단열재 시공 시 유의 사항

① 건축물 에너지 절약설계기준의 강화에 따라 단열공사의 중요성이 부각, 따라서 지역별 열관류율 기준을 준수하고, 단열 시방서에 규정된 단열재 취부공법을 적용하여야 한다.

② 보드 단열재의 경우, 보드 간 접합부의 테이핑이 시방서에 명기되었는지 확인하고, 공사시 확인 후 진행해야 한다.

③ Open cell이나 Fiberglass 단열재를 사용하는 곳에서는 단열재를 너무 압박해서 밀어 넣거나 하면, 단열재 내부 공기층이 압박되어 단열효과가 저화된다. 특히, 단열재를 잘라서 모양에 따라 설치해야 하는 경우, 작업자가 제대로 모양에 맞춰 재단하지 않고 구겨 넣은 경우가 많은데, 이 부분에서 단열효과가 떨어지고 결로가 발생하게 되어 주의가 필요하다.

④ 배면에 알루미늄호일 등의 방습지가 부착되어 있는 단열재의 경우. 설치 전에 반드시 방습지가 훼손되어 있는지 확인 후에 설치해야한다.

⑤ 외단열 설치 시 가장 빈도가 높은 하자는 실런트 조인트 이다. 외단열 마감과 실런트의 화학작용을 이해하고 실런트를 선택해야 한다. 외단열 시스템 생산업체가 각 단열재와 마감재에 적합한 실런트를 추천하는데, 이를 보고 시방하고 시송 시에도 확인해야 한다.

⑥ 외단열 시, 베이스코트를 너무 얇게 바르면 방수층이 형성되지 않고, 너무 두껍게 바르면 나중에 크랙의 요인이 된다. 사용하는 제품의 생산자가 요구하는 적절한 두께로 설계하고 시공하는 것이 중요하다.

⑦ 외단열 시, 익스펜션조인트(EJ)를 반드시 입면에 표기하고 상세를 제공해야 한다. 남, 동, 서측 면은 특히 최대 7.5m 마다 EJ를 설치하고, 북측도 9mm 마다 설치할 것을 권장한다. 그리고 건물에서 단차가 발생하는 경우, 단열이 설치되는 기존 벽체의 구조나 종류가 바뀌는 경우, 기존 벽체에 이미 EJ가 있는 곳 등은 반드시 외단열 EJ기 설계되고 시공 되어야 한다.

4) 현장 환경조건

① 시공 현장의 온도가 5℃ 이상 35℃ 이하인 경우에 한하여 시공한다.

② 기온이 5℃ 미만, 습도 85% 이상 및 우천 시 환경에서는 시공을 하지 않는다.

③ 시공 전 외벽 구조체의 바탕면은 건조되고 오염되지 않은 상태이여야 한다.

5) 재료별 단열재 선정

구분	벽체			천장 및 지붕			바닥		
	내부	중앙	외부	천장위	지붕밑	지붕위	지하	1층	기준층
판형	○	○	○	○	○	○	○	○	○
모포형	–	○	–	○	–	–	–	–	○
현장 발포형	○	○	○	○	–	○	–	–	–

6) 기타 부자재

구분	부자재명	구분	부자재명
	• 일반메쉬 외단열시스템 공사나 크랙보수 공사시 단열재에 전달되는 충격 흡수나 확산, 균열방지 등의 용도로 사용		• 익스텐션 조인트 누수가 발생하기 취약한 부위에 설계 및 시공시 세심한 주의를 필요로 하는 곳에 보강하는 제품
	• 보강메쉬 외단열시스템 공사나 크랙보수 공사시 충격흡수나 확산, 균열방지 등의 용도로 사용	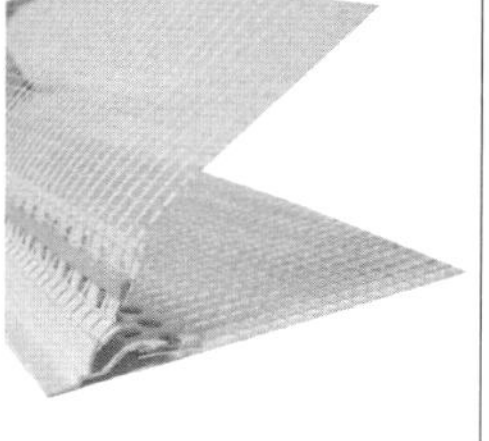	• 낙수방지 코너비드 창호의 단부등에 사용되는 부자재로 벽체를 타고 흐르는 물줄기를 끊어주어 오염을 막아주는 제품
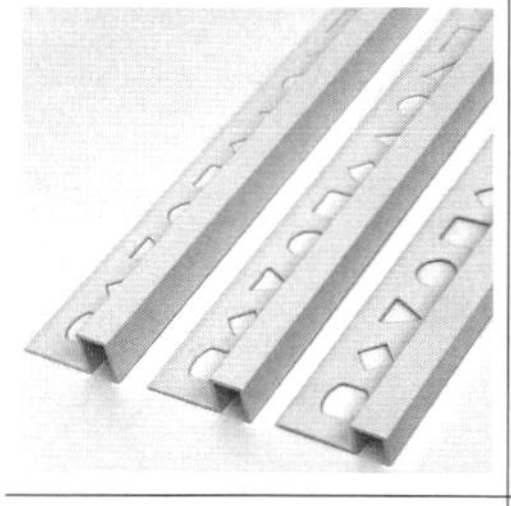	• 코너비드 단열재의 코너부위의 파손 방지를 위해 사용되는 부자재		• 외단열 스타트트랙 지면으로부터 단열재가 시작되는 부위에 시공되는 부자재로 단열재의 시작면을 고르게 하는 자재
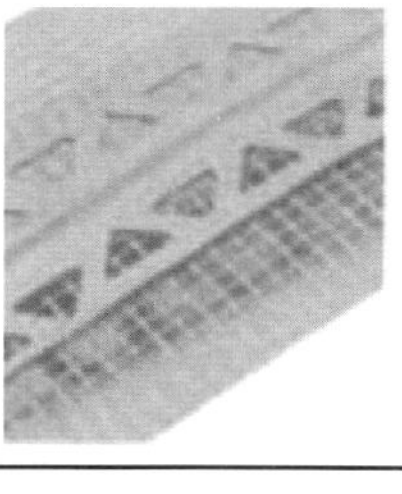	• 프리코너비드 단열재의 코너부위의 파손방지를 위해 사용되는 부자재로 코너의 각을 조절 가능		• 인슐레이션 패스너 단열재 부착 후 풍압 등으로부터 단열재를 보호하기 위해 보강하는 앵커

2.2 창호 시공 가이드라인

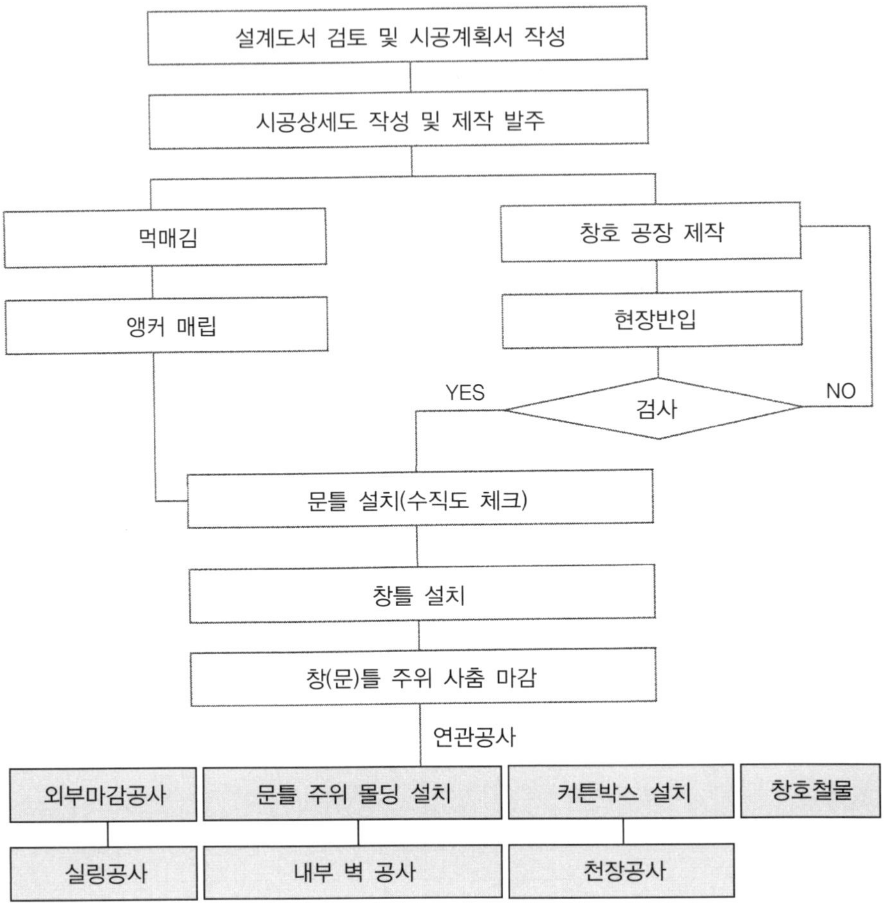

STEP 1	기존 문 철거	
품질관리 항목	품질관리 Check point	현장 점검 Check point
- 안전 확인	- 해체 시 전도 등의 위험성이 있는 방법으로 해체 금지	- 해체 안전 준수 유무

STEP 2	기존 문틀 철거	
품질관리 항목	품질관리 Check point	현장 점검 Check point
- 구조체 손상 방지	- 해체 시 해체 장비 등에 의한 구조체 손상 방지	- 해체 장비 및 해체 공법의 적정성

STEP 3	신규 문틀 설치	
품질관리 항목	품질관리 Check point	현장 점검 Check point
- 신규 문틀 설치	- 운송 보양 및 자재 검수 - 양중 결속 - 구조물과 체결 - 구조체와 문틀 사이 단열	- 오염 방지 시트(테이프) 등 상태 - 크레인 등 양중 시 결속으로 인한 문틀 손상 방지 조치 후 결속 - 문틀과 구조체 체결 앵커 등 부속철물 적정성 - 매립 깊이 등 적정성 - 구조체와 문틀 사이 단열 처리

STEP 4	문 설치 및 마감	
품질관리 항목	품질관리 Check point	현장 점검 Check point
- 자재 검수 - 문틀과의 결속 철물 적정성	- 경첩 등 문틀과 문 설치 하드웨어 적정성	- 설계도상의 규격 및 수량 사용 확인

2.3 유리공사

1) 시공시 유의사항

① 공통사항

㉠ 유리의 품질 및 성능을 장기간 유지하기 위해서는 가공 전에 유리의 종류에 따른 유의사항을 반드시 숙지한 후 가공해야 한다.

- 유리와 금속물질이 직접 닿지 않도록 한다.
- 유리와 접촉하여 다른 재료를 적치하지 않도록 하고, 유리와 근처에 쌓아 놓은 재료와의 사이에 열이 축적되지 않도록 주의해야 한다.
- 시공먼지, 콘크리트 부스러기, 쇠의 녹 등이 이슬이나 응축수와 결합하여 유리에 부식을 발생시키는 화학물질을 형성하지 않도록 주의해야 한다.
- 유리 시공 후에 건물의 타 공정 작업 중에 일어날 수 있는 유리의 손상을 막기 위해 유리면에 보양지를 부착하고 낙하물에 의한 유리의 파손이나 용접 불꽃등의 물질로 인한 유리의 손상이 가지 않도록 주의해야 한다.

- 실란트 충전 작업 후 양생될 때까지 이물질이 침투되지 않도록 보호해야 한다.
- 타 공정의 작업자들이 유리를 보호하도록 유리주의 스티커를 부착해야 한다.

② 시공시 기온

항상 4℃ 이상의 기온에서 시공하여야 하며, 더 낮은 온도에서 시공해야 할 경우, 실런트 시공시피접착표면은 닦은 후 마른걸레로 닦아내고 담당원의 승인을 받은 후 시공해야 한다.

③ 유리의 보관

유리가 현장에 반입되면 보관 장소에 신속하게 소운반 한다. 유리는 파손이 쉬운 재료이므로 보관 장소는 견고한 수직벽에 대구 보호재를 댄다. 바닥은 대목을 수평으로 한 뒤 깔판을 나란히 해서 보호재를 깔아야 하며 유리는 종류별로 85° 정도의 각도로 벽에 세워 보관한다.

원판유리 보관	복층유리 보관
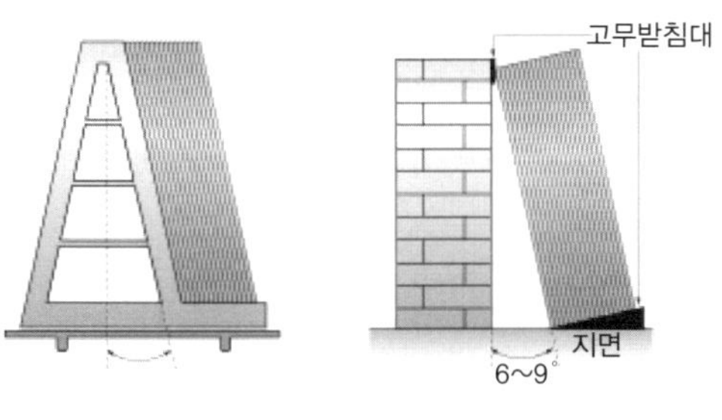	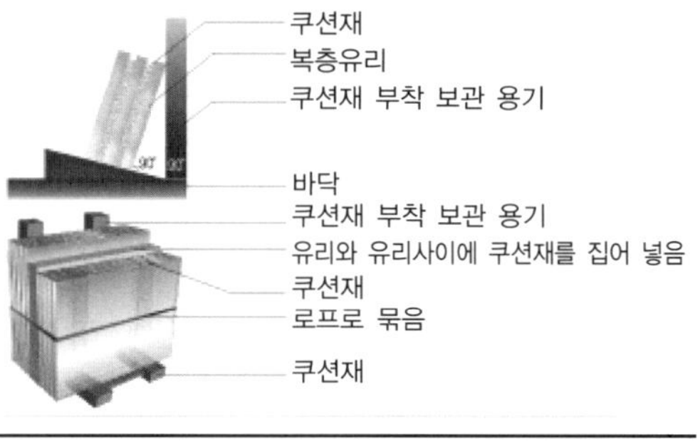

출처 : (주)영관판유리, http://ykglass.co.kr/glassdt/glass3.htm?idx=3

④ 유리의 절단

- 공사의 규모가 클 경우 절단은 공장에서 행하여 현장에 반입하지만, 소규모 공사일 때는 현장에서 절단하는 경우도 있다. 판유리의 절단은 유리칼을 사용한다.
- 절단은 절단하기 쉬운 높이에 수평대를 만들어 유리를 놓고 절단크기의 위치에 맞추어 자를 대고 유리칼을 유리표면에 눌러대고 자른다.
- 절단면에 흠이 없는 상태를 클리어 컷이라고 하며 절단에는 클리어 컷이 요구된다.

• 보통 판유리는 두께 3mm에서 6mm, 망입판 유리는 두께 6.8mm에서 8mm까지 절단이 가능하다.

2) 복층유리 시공시 유의사항

① 복층유리 공통사항

• 복층유리의 성능을 충분히 확보하기 위해서는 단열성과 기밀성이 우수한 창틀을 사용해야 하며, 창틀을 끼울 경우, 개폐에 의한 충격, 뒤틀림 등의 영향이 유리에 미치지 않도록 주의해야 한다.

• 창틀 시공 시, 창틀 내부에 배수구가 뚫려있지 않으면 물이 차게 되어 복층유리 실란트 팽창(swelling)현상이 발생 할 수 있다. 이로 인하여 복층유리 내부에 실링된 실란트의 접착력이 떨어지게 되어 내구성의 저하와 복층유리 내부에 결로현상이 생길 수 있다.

• 수밀성과 내후성에 뛰어난 무초산 타입의 실리콘계, 폴리설파이드계 및 폴리우레탄계의 실란트를 사용해야 한다.

• 복층유리의 실란트는 유기재료로 일정한 수명이 있는 제품이며 그 기능을 장기간 유지하기 위해서는 시공 방법이 중요하므로 표준시공법을 반드시 지키야 한다.

• 복층유리를 주문할 경우 제조 후에는 절단, 면 가공, 홀 가공 등 일체의 가공이 불가능하므로 주문 시 크기와 형상을 정확히 해야 한다.

• 보통의 복층유리는 실란트의 접착부위가 태양 직사광선에 노출되면 내구성이 떨어지므로 창틀에서 복층유리의 실란트 접착부위가 태양 직사광선에 노출되지 않도록 시공해야 하며, 2, 4-side구조 공법에는 시공할 수 없다.

• 온도 70℃ 이상의 환경에서는 장시간 사용을 피해주십시오. 장기간 사용은 복층유리의 실란트에 악영향을 끼쳐 수명을 단축시킬 우려가 있다.

3) 로이(Low-e)유리

① 개요

• 로이유리란 유리 표면에 금속 또는 금속 산화물을 얇게 코팅한 것으로 열의 이동을 최소화 시켜주는 에너지 절약형 유리이며 저방사유리 라고도 불린다. 로이(Low-E : low-emissivity)는 낮은 방사율을 뜻한다.

• 로이유리는 저 방사 유리로서 투명 금속류 코팅막을 통해 열을 흡수하여 재방사함으로써 실내 측의 열을 보존하거나 외부의 열 유입을 줄여준다. 코팅의

위치에 따라 열 손실이 달라질 수 있으므로 구분하여 사용해야 한다.

② #2면 코팅 로이유리

- 복사열 획득이 많은 방향에 사용하는 창호(냉방부하가 많이 발생하는 향에 배치하는 것이 유리)

③ #3면 코팅 로이유리

- 전도에 의한 열손실로 난방부하가 많이 발생하는 방향에 사용하는 창호

④ 기온에 따른 로이코팅 시공

냉방우선, 업무시설 : 로이코팅(#2면)	난방우선, 주거시설 : 로이코팅(#3면)

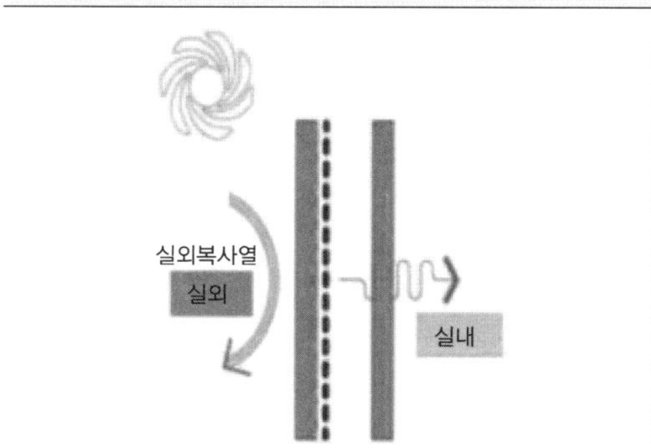

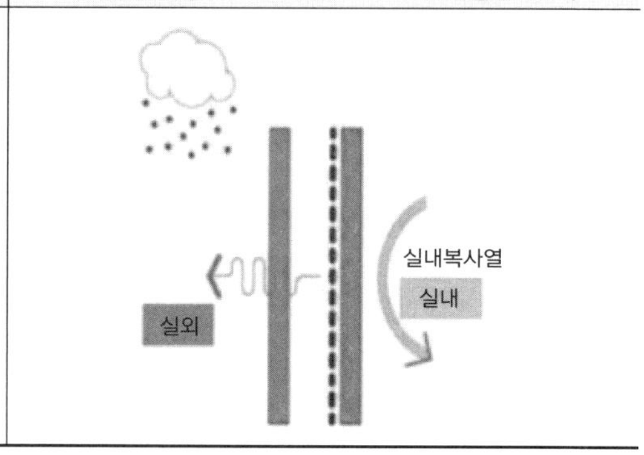

출처 : 국토교통부 공공건축물 그린리모델링 시공가이드(2020)

4) 이중창의 로이코팅 위치와 결로

7번면 로이 : 이론적 최적위치[4번면 결로 발생]	3번면 로이 : 권장 위치[복사열로 4번면 결로 억제]

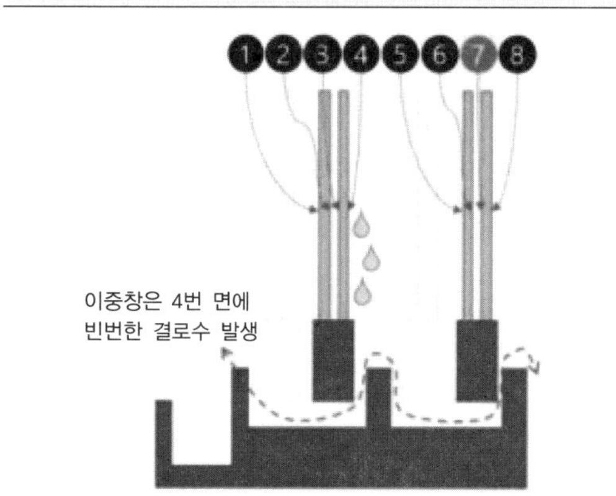

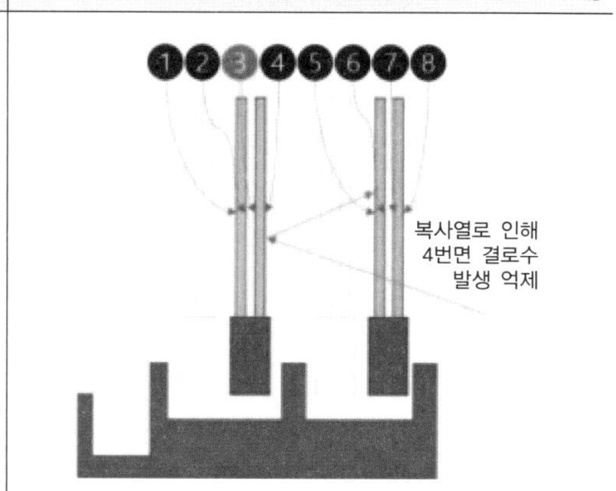

출처 : 국토교통부 공공건축물 그린리모델링 시공가이드(2020)

① 주택에서 많이 도입되고 있는 이중창에 있어 7번 면 한 곳에 하거나 3번과 7번 면 두 곳에 하는 경우는 공히 겨울철 4번 면에 결로현상이 빈번히 발생하여진다. 이론적으로는 왼쪽 그림처럼 하는 것이 단열성능 면에서는 유리하나, 7번 면에 로이코팅이 되어 있을 경우 실내의 열이 잘빠져 나기 못해 바깥쪽 유리의 온도가 더 내려가는데, 기밀성능이 아주 높지 못한 이중창의 구조상 실내의 습기가 (온도가 떨어진) 4번 면에서 결로를 일으키기 때문이다.

② 유리면의 번호는 일반적으로 외부로부터 내부로 가며 1면, 2면, 3면, 4면... 8면 순으로 호칭한다.

5) 로이코팅 육안검사 및 간이 현장검사

<table>
<tr><th colspan="2">유리면 표시마크 확인</th></tr>
<tr><td>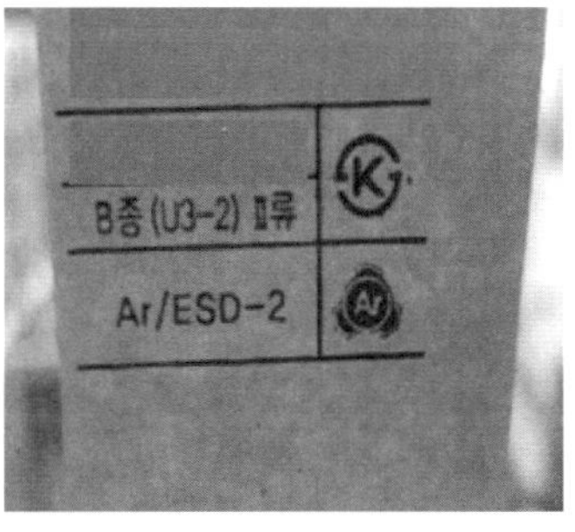</td><td>B종 : 로이코팅유리
U1, U2 : 일반유리
U3-1 : 16㎜ 로이복층유리
U3-2 : 22, 24㎜ 로이복층유리
Ⅰ, Ⅱ, Ⅲ류 : 접합부의 내구년한(3, 5, 10년)
Ar : 유리중간층의 주입가스 종류(아르곤)</td></tr>
</table>

출처 : 국토교통부 공공건축물 그린리모델링 시공가이드(2020)

<table>
<tr><th>후레쉬 비추기</th><th>GLASS-CHECKER</th></tr>
<tr><td>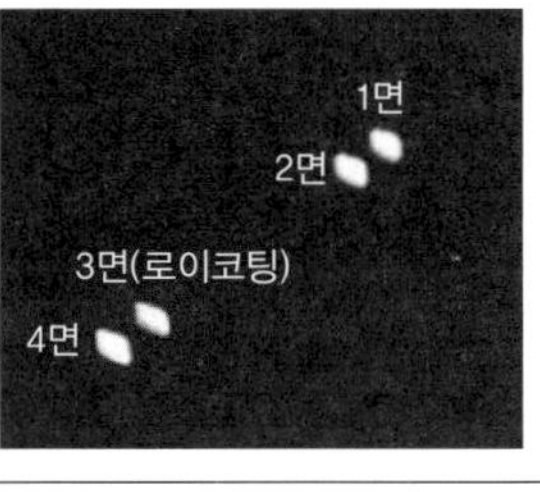</td><td></td></tr>
<tr><td>핸드폰의 플래시 기능이나 라이터 등의 불꽃을 비추어 반사되는 빛 영상의 색상의 차이로 로이코팅 여부 및 시공면 등을 간이 검사할 수 있음</td><td>GLASS-CHECKER를 이용하여 현장에서 복층유리의 두께, 공기층 두께 및 로이코팅 여부와 시공면 등을 확인할 수 있음</td></tr>
</table>

출처 : 국토교통부 공공건축물 그린리모델링 시공가이드(2020)

2.4 기밀공사 프로세스

1) 개요

기밀 시공 프로세스	1. 기존 건축물 기밀성능 확인(블로어 도어 테스트)
	2. 그린리모델링 건축물 기밀성능 목표 수립
	3. 구조에 따른 기밀계획
	4. 부위별 기밀시공(기밀층, 개구부, 배관, 배선 틈새 부위 등)
	5. 기밀 성능 확인(블로어 도어 테스트)

① 기존 건축물의 기밀성능을 확인하기 위해 블로어 도어 테스트를 하여 현 상황을 진단한다. 개선할 수 있는 사항을 검토하여 그린리모델링 후의 기밀성능 목표를 수립한다. 구조에 따라 기밀계획을 정하고 부위별 시공 방법과 사용 자재를 결정한다.

② 시공 중에는 개구부, 배관, 배선, 틈새 등의 기밀 취약 부분을 신경 쓰며 기밀이 끊기는 부분이 없도록 시공한다. 시공 중에는 구조체가 완성된 시점에서 취약 부분을 찾기 위해 다시 테스트하고 시공 후에는 최종 기밀 성능을 측정하기 위해 테스트를 실시한다.

2) 기존 건축물 기밀성능 확인(블로어 도어 테스트)

블로어 도어 테스트를 통해 기존 건축물의 기밀성능을 확인하고 누기 또는 침기 발생 위치를 정확히 판단한다.

기밀성능 유지 필요한 곳	블로어 도어 테스트 개념도
(그림 1)	(그림 2)

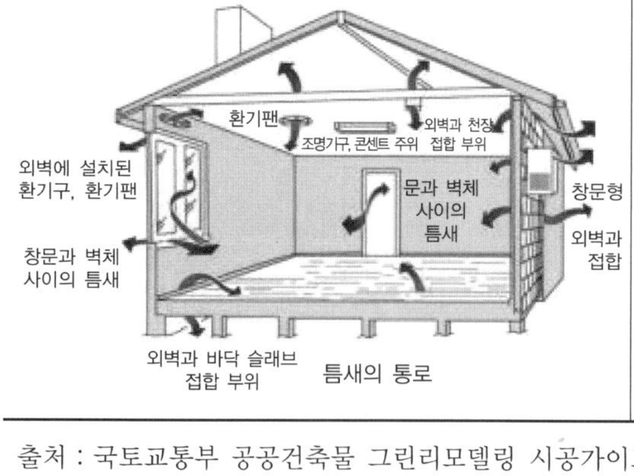

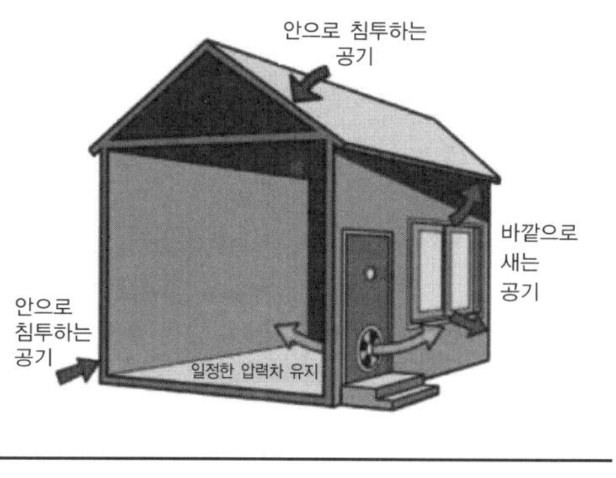

출처 : 국토교통부 공공건축물 그린리모델링 시공가이드(2020)

3) 구조에 따른 기밀계획 및 확인

① 건축물의 기밀성능 기준의 주거건물 기밀화 가이드라인

<table>
<tr><td></td><td>기밀층은 외피를 기준으로 하나의 경계층으로 연속되어 형성되어야 한다. 기밀층은 공기를 통과시키지 않아야 하며, 지속적이고 내구성이 있어야 한다. 기밀층은 수증기의 이동이 가능하나, 구조와 단열재가 인접하는 부분의 기밀유지가 중요하다. 기밀화 건물에서는 적정 환기를 보장하기 위한 기계 환기 설치를 고려하여야 한다.</td></tr>
<tr><td>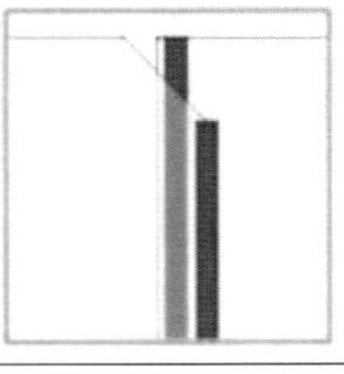</td><td>기밀층용 비닐과 비닐이 만날 때 면밀하게 밀봉해야 한다. 맞댄 비닐 사이에 양면테이프를 붙이고, 바깥 비닐의 가장자리에 테이프로 밀봉한다. 이를 더 안정적으로 유지하기 위해 스터드와 같은 지지대를 설치하는 것이 바람직하다. 특수한 바람막과 기밀막은 접착제, 접착테이프와 침투 방지 실링으로 연결한다.</td></tr>
<tr><td>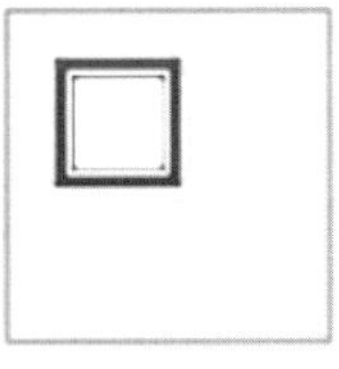</td><td>창문이나 문의 프레임을 설치 또는 재설치할 때, 프레임 주변의 틈새를 막아야 한다. 작은 틈새에 접합제를 쏘는데, 잘 접합하기 위해 접합부분을 깨끗하게 하고 마감페인트를 칠한다. 개구부가 클 경우 미리 압축되어 있다가 팽창되는 폼을 사용한다. 우레탄폼은 시공 후에 수축되어 실링 된 테이프가 끊어질 수 있으므로 마감 실링재를 이용한 기밀화가 필요하다.</td></tr>
<tr><td></td><td>문 또는 창문 프레임과 테두리 벽의 접합부를 접합제를 사용하여 실링한다. 내부에는 테두리 벽 또는 창턱과 창호와 문 사이의 틈새에도 실링을 적용한다.</td></tr>
<tr><td>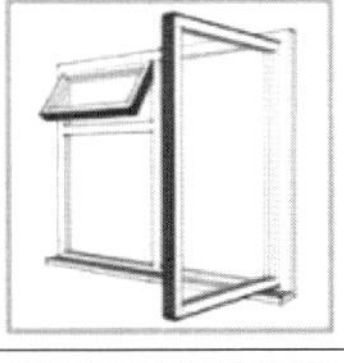</td><td>개방창과 외부 연결문의 개폐 접합부에 웨더 스트립을 설치한다.
모서리 접합부 등의 시공부위에 유의한다.</td></tr>
<tr><td></td><td>천장 개구부가 외기와 연결될 수 있는 곳이라면 weatherstrip을 설치한다. 접합절체부에 seal을 압착시키는 것을 확실히 하여야 한다.</td></tr>
<tr><td>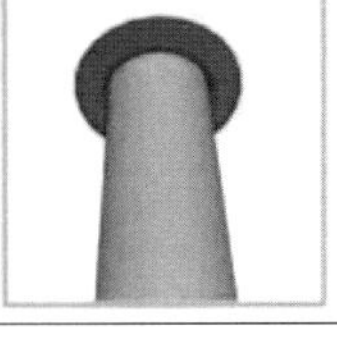</td><td>배수구, 가스 파이프, 보일러 퓨즈, 전선 케이블 등 외벽을 통하는
홀 주위를 실링한다.</td></tr>
</table>

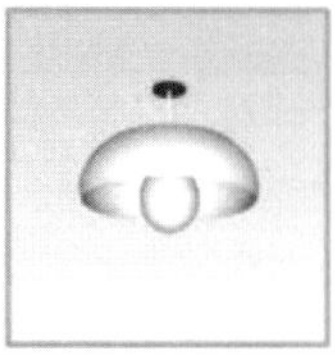	천장에서 전등을 끼우거나 줄을 잡아당길 수 있도록 만든 홀 주위를 실링한다. 만약 전등 끼우는 부분이 기밀하지 않다면, 천장 윗부분에 기밀 상자(airtight box)를 설치한다. 기밀하게 전등을 교체할 수 있는 것을 사용한다.
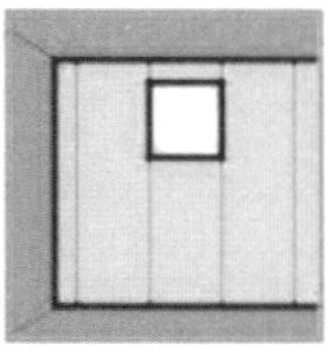	건식 라이닝은 공기 누기가 매우 심하기 때문에, 기밀하게 하기 위해 건식 라이닝 설치 전, 벽체의 표면을 칠하는 방법을 고려한다. 건식 라이닝이 외벽에 연결되어 있을 때, 기밀 실링제가 하나로 연결되도록 시공한다. 실링 된 보드 사이의 접합부를 모두 기밀하게 하는 것이 필요하다.
	바닥 슬래브 또는 공조실 바닥자재의 이음새 부분을 실링한다.
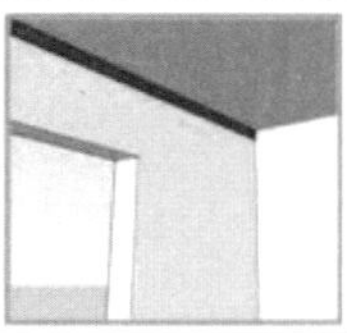	천장과 외벽사이 접합부를 실링 한다. 건식라이닝과 굽도리널(Skirting Board)사이의 접합부를 실링한다.

출처 : 사단법인 한국건축친환경설비학회(www.kiaebs.org)

2.5 고효율 냉난방 장치

1) 시공프로세스

과정	내용
1. 설계 및 도면 작성	냉난방 장치의 위치, 규격, 배관 및 전선 연결 등에 대한 도면 작성
2. 장비 준비	냉매, 증기압축기, 냉각팬, 열교환기, 벨브, 제어장치 등의 장비 준비
3. 배관 및 전선 연결	냉매 및 전기 배선을 연결하여 냉매가 순환하고 제어장치가 작동하도록 함
4. 냉매 충전	적절한 냉매를 충전하여 냉매 순환을 가능하게 함
5. 증기압축기 설치	증기압축기를 냉난방 장치에 설치하고 고정하여 진동이나 충격으로 인한 고장을 예방
6. 열교환기 설치	열교환기를 적절한 위치에 설치하고, 배관을 연결하여 냉각 작업을 수행하도록 함
7. 냉각팬 설치	냉각팬을 설치하고, 제어장치와 연결하여 냉각 작업을 수행하도록 함

과정	내용
8. 밸브 연결	밸브를 연결하여 냉난방 작업을 조절할 수 있도록 함
9. 시스템 테스트	냉난방 장치가 정상적으로 작동하는지 확인하기 위해 시스템 테스트를 수행
10. 마무리	전선을 정리하고, 배관을 고정하며, 장치를 시운전하여 작동 여부를 확인하고 마무리 함

2) 장치별 설치 유의사항

① 콘덴싱 보일러

㉠ 보일러 용량은 층별, 사용 존별 대수제어가 가능하도록 대용량보다는 소용량 여러 대로 설치하는 것이 바람직하다.

㉡ 보일러는 수평, 수직으로 설치하되 보수 또는 청소 등의 작업공간을 감안하여 설치하여야 한다.

㉢ 배관의 연결부는 교체 및 사후 유지 보수관리가 용이하도록 유니온, 플랜지 또는 유니온 부착형 밸브를 사용하여야 한다.

㉣ 보일러는 감전 등의 사고를 방지하기 위하여 접지극부 플러그를 사용한다.

㉤ 보일러 주위의 모든 배관은 보온 마감하여야 한다.

㉥ 콘덴싱 보일러 응축수는 배수 입상관과 겸용으로 드레인 처리한다.

㉦ 개별 가스보일러는 배기가스의 흐름방향으로 하향 구배, 콘덴싱 가스보일러는 상향 구배를 준다.

㉧ 연도는 주위의 가연물과 접촉이 되지 않도록 하여야 하며 벽체 관통부는 적절한 조치를 취하여야 한다.

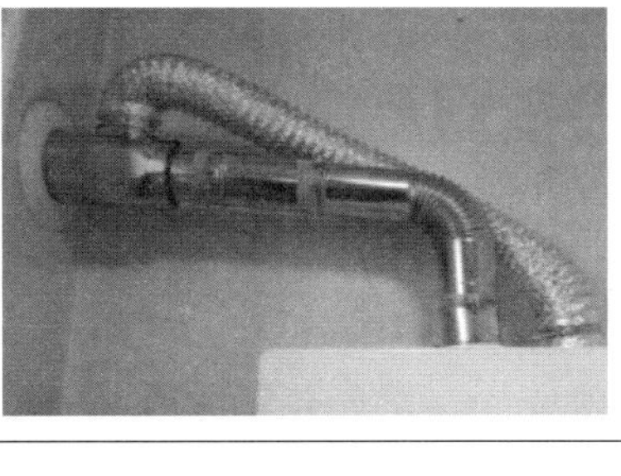

- 연도와 실내 측 주름관과의 연결부는 파이프 클램프를 활용하여 고정
- 벽체 관통부의 여백은 불연성 단열재인 글라스울로 채움
- 주름관 그대로 사용시 500℃를 견딜 수 있는 내열 실란트를 사용하여 주름관, 연통 마감 사이의 기밀성을 확보

② EHP, GHP 등 냉난방기 설치

㉠ 일반적으로 건물내부에 냉·온열을 공급하는 실내기와 건물 외부에 냉온열을 생산하는 실외기로 구성되어 있다.

㉡ 실내기는 대개의 경우 천정매립형 으로서 사전 건물의 천정과 슬래브 사이의 공간을 확인하여 공간의 여유 폭을 확보하여야 하며 다음과 같은 장소에 설치하여야 한다.

- 토출공기가 실내 전체에 골고루 퍼질 수 있는 곳
- 응축수의 배수가 잘되고 실외기와 배관 접속이 쉬운 곳
- 냉방효과가 가장 좋으며 전원 연결이 쉬운 곳

③ 실외기 옥상 설치

실외기는 옥상 설치의 경우 방수층을 훼손하지 않도록 매트 기초와 방진 패드 등으로 시공함 다음과 같은 장소에 설치하여야 한다.

- 흡입구 근처에 실내공기 흡입을 방해하는 장애물이 없는 곳
- 유지보수가 용이하고 공기의 흐름이 원활한 곳
- 소음, 진동 등으로 인한 민원이 발생하지 않는 곳

3) 체크리스트

구분	검토사항	적용유무	
		Y	N
점검내용	냉난방부하에 맞는 적정한 용량의 장비를 선택하였는가?		
	고효율인증제품 또는 에너지소비효율등급표시제품을 사용하였는가?		
	고효율 설비 지원제도를 활용하였는가?		
	각종 공급관의 보온재 시공 상태를 확인하였는가?		
	배관의 구조물 관통부의 실링은 도면대로 시공되었는가?		
	설비시스템운영 시 유의사항에 대해 충분히 인식하고 있는가?		
	가능한 비전기식 설비를 채택하였는가?		
	실외기 설치 시 기존 바닥 구조물의 방수층이 훼손되지 않았는가?		
	보일러의 연도는 긴밀하게 연결되었는가?		
	설비시스템운영 시 유의사항에 대해 충분히 인식하고 있는가?		

2.6 폐열회수형 환기장치

1) 시공 프로세스

열회수형 환기장치 시공 프로세스	1. 열회수형 환기장치 설치위치와 배기 · 흡기 후드의 위치 선정
	2. 환기장치의 연결구 방향을 고려하여 설치
	3. 환기장치에 덕트를 설치하여 각 실과 배기 · 흡기 후드로 연결

2) 열회수형 환기장치 설치위치

① 가급적이면 오일, 가스, 나무 등 가연성 물질을 연료로 사용하는 난방장치와 같은 위치에 설치하는 것을 피한다.

② 바닥 위에 설치하는 경우 진동에 안전해야 하고, 벽에 걸어서 설치하는 경우에도 반드시 진동방지 제품을 사용하여 분리한 후에 설치해야 한다.

③ 열회수형 환기장치는 구동 시 소음 및 진동이 발생하므로 소음에 민감한 공간을 파하는 것이 좋다.

④ 가급적 환기장치의 지속적인 관리와 점검이 쉬운 위치에 설치한다.

3) 열회수형 환기장치 설치방법

① 환기장치에서 발생하는 진동과 소음이 실내로 유입되지 않도록 실내 측에 흡음 · 방진이 가능한 덕트를 최소 2m 이상 설치한다.

② 외부로 연결된 덕트는 단열이 가능한 것으로 사용하고 최소 2m 이상 설치한다.

③ 외부에 설치된 배기 · 흡기후드는 신선한 공기와 오염된 공기가 혼합되지 않도록 최소 1.5m 이상 이격하여 설치하고, 가능한 같은 면에 위치하지 않도록 한다.

④ 외부에 설치된 배기 · 흡기후드로 비나 눈이 들어오지 못하도록 하고, 외부 이물질이 침입하지 못하도록 틈새망을 설치한다.

⑤ 신선한 공기를 흡입하는 덕트는 오염물질이 유입되지 않도록 지면에서 최소 1.5m 이상 위에 설치하고 냄새 및 악취가 나는 곳은 피한다.

⑥ 결로와 소음을 방지하기 위해 덕트에 보온재를 설치한다.

건축물 내부 덕트 설치 사례	급 · 배기구 설치 사례
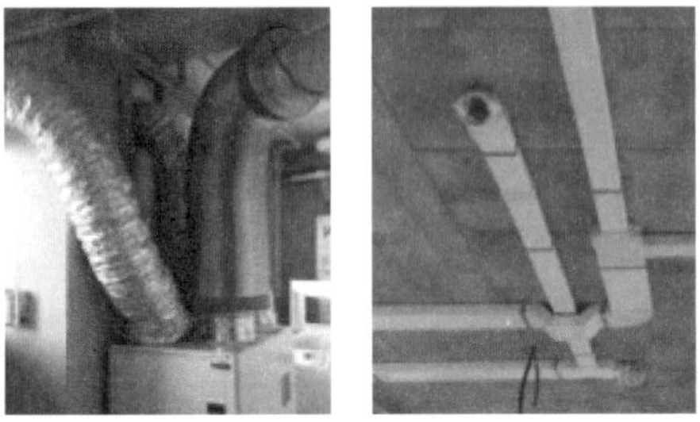	

출처 : 그린리모델링 창조센터(www.greenremodeling.or.kr)

2.7 고효율 조명(LED 조명)

1) 시공프로세스

과정	내용
1. 도면 및 설계	LED 설치 위치, 규격, 구성 등에 대한 도면 및 설계 작업
2. 재료 준비	LED 모듈, 케이스, 드라이버, 케이블, 커넥터, 접착제, 고정용 나사 등을 준비
3. 적정 위치 표시	LED 모듈 설치 위치를 표시하고, 케이스에 LED 모듈을 배치할 위치를 표시
4. LED 모듈 부착	LED 모듈을 케이스에 접착제를 사용하여 부착
5. 케이블 연결	LED 모듈과 드라이버를 케이블로 연결
6. 드라이브 고정	드라이버를 케이스에 고정하여 충격이나 진동으로 인한 고장을 예방
7. 점등 테스트	모든 연결이 올바르게 이루어졌는지 확인하기 위해 LED를 점등하여 작동 여부를 확인
8. 마무리	케이블을 정리하고, 커넥터 및 나사 등을 사용하여 부분을 고정하고, 케이스를 닫음

2) 선택 및 품질관리

① 고효율 기자재 인증제품 또는 KS 인증 제품 선택

② 색온도 6,000K 이하 제품 선택

③ LED 모듈 방열기능 취득 제품 선택

④ 형광등 및 LED등 개략적인 특성 비교

3) 설치 유의사항

① 형광등기구를 LED 등기구로 교체 시 동일 성능 기준 전력 사용량이 반으로 줄어들어 기존 전등용 배선은 교체할 필요 없다.

② 2구 이상의 스위치 결선시 전원선과 전등선을 검전 드라이버로 구분하여 배선이 필요하다.

출처 : 국토교통부 공공건축물 그린리모델링 시공가이드(2020)

③ LED 거실등 종류는 크게 일체형거실 등, 개별형 거실 등 2가지 타입으로 나눌 수 있는데 기존 조명을 제거하고 새로운 조명으로 교체 시 기존조명의 브라켓 부착 흔적 등을 고려하여 가급적 일체형 거실등은 일체형 LED등으로 개별형 거실등은 개별형 LED거실 등으로 선택하는 것이 바람직하다.

4) 시공 프로세스(운반 · 반입 및 설치)

① 조명기구 운반 시 충격이 가해지지 않도록 기구 단위별로 포장하여 반입한다.

② 조명기구 운반 시 램프 종류는 별도로 취급한다.

③ 기구의 설치위치 및 높이는 설계도면에 따른다.

④ 기구 몸체의 교체 및 철거가 용이하도록 하고, 전구의 교체 등 유지관리가 쉽도록 설치한다.

⑤ 조명기구는 부착 전에 자재, 구조 및 배선상태 등을 점검한 후 정격 전압을 인가하여 이상이 없는 제품만을 취부 한다.

⑥ 조명기구의 취부 시에는 건축 마감재, 조명기구 형태 등을 고려하여 기구가 추락하지 아니하도록 박스 또는 틀 보강대, 인서트연결 환봉 등에 견고하게 부착하여야 하며, 필요한 경우 PVC 받침대 또는 목대를 사용한다.

⑦ 이중의 경우 슬래브 매입 박스와 기구와의 접속은 케이블 배선 또는 금속제 가요 전선관배선으로 하는 것을 원칙으로 한다.

2.8 BEMS

1) BEMS 구축 방법

① 유선 방식 : 신축 건축물의 경우 사전 설계에 의해 센서와 메인 시스템과의 연결을 유선으로 연결하는 방식으로 경제성이 있으나 설비의 이동, 추가 등에 대처성은 다소 떨어진다.

② 무선 방식 : 기존 건축물은 BEMS 시스템 도입을 위한 별도의 유선 연결이 사실상 어려운바 무선 연결 방식에 의한 시스템 구성이 오히려 경제적일 수 있으며 또한 설비 증설이나 이동에 유연하게 대처할 수 있고 리모델링 시에는 개선 전 가 설치에 의해 검측도 가능하여 개선 후 효과 등을 검증 시 유리하다.

유선 모니터링 시스템 구성도	RF무선 모니터링 시스템 구성도
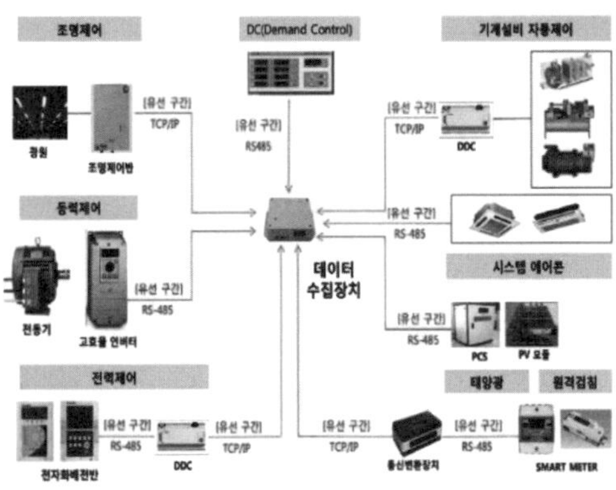	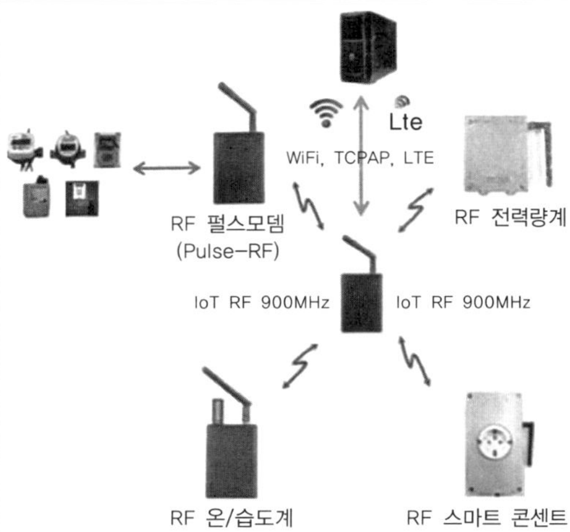

출처 : 국토교통부 공공건축물 그린리모델링 시공 가이드(2020)

출처 : 칸 저널 (www.kharn.kr/news/article.html?no=12384)

2) BEMS 설치기준

① 국내표준 : KS F 1800-1(건물에너지관리시스템 - 제1부 : 기능과 데이터처리절차)

② 한국에너지공단 에너지관리시스템 설치확인업무 운영규정

3) 건물에너지관리시스템 설치확인 기준(개정 2019. 2. 20)

구분		등급	비고
BEMS	90점 이상	1	최적화 등 최고 수준의 BEMS 기능을 구현하고 체계적으로 운영 · 관리 하고 있음
	70점 이상	2	BEMS를 통해 에너지 사용 수준 및 현황을 정확히 파악하고 에너지 효율화에 활용함
	60점 이상	3	BEMS의 기능을 모두 갖추고 지속적으로 운영 · 관리하고 있음
원격검침전자식계량		-	건축물에 상시 공급되는 모든 에너지원별 원격검침전자식 계량기 설치(제로에너지건축물 인증기준)

① 설치계획 검토 및 설치확인 시에는 1~9번까지 평가항목에 따라 평가한다.

② 설치확인서 유효기간 연장 시에는 1~15번까지 평가항목에 따라 평가한다.

③ 신청자는 모든 항목(항목 15 제외)에서 최소 평점 이상을 획득하여야 한다.

항목		배점	
		설치계획 검토 및 설치확인	유효기간 연장
1	데이터 수집 및 표시	10	5
2	정보감시	15	5
3	데이터 조회	5	5
4	에너지소비 현황 분석	15	5
5	설비의 성능 및 효율 분석	15	5
6	실내외 환경 정보 제공	10	5
7	에너지 소비량 예측	10	5
8	에너지 비용 조회 및 분석	10	5
9	제어시스템 연동	10	5
10	운영 목표 및 추진체계	-	10
11	운영조직	-	0
12	운영성과 평가 및 개선	-	15
13	계측기 관리	-	10
14	데이터 관리	-	10
15	(가점항목) 에너지절감 성과	-	5
계		100	105

4) 공공건축물 그린리모델링 중 BEMS 설계가이드라인(2020. 8)

건물에너지관리시스템 (BEMS)	원격검침 실시간 모니터링시스템 구축	적용기준	적용수준
		1급	층별 or 존별 관리시스템
		2급	에너지원별 관리시스템

건물의 에너지 사용처와 BEMS를 활용한 에너지절감 프로세스의 예

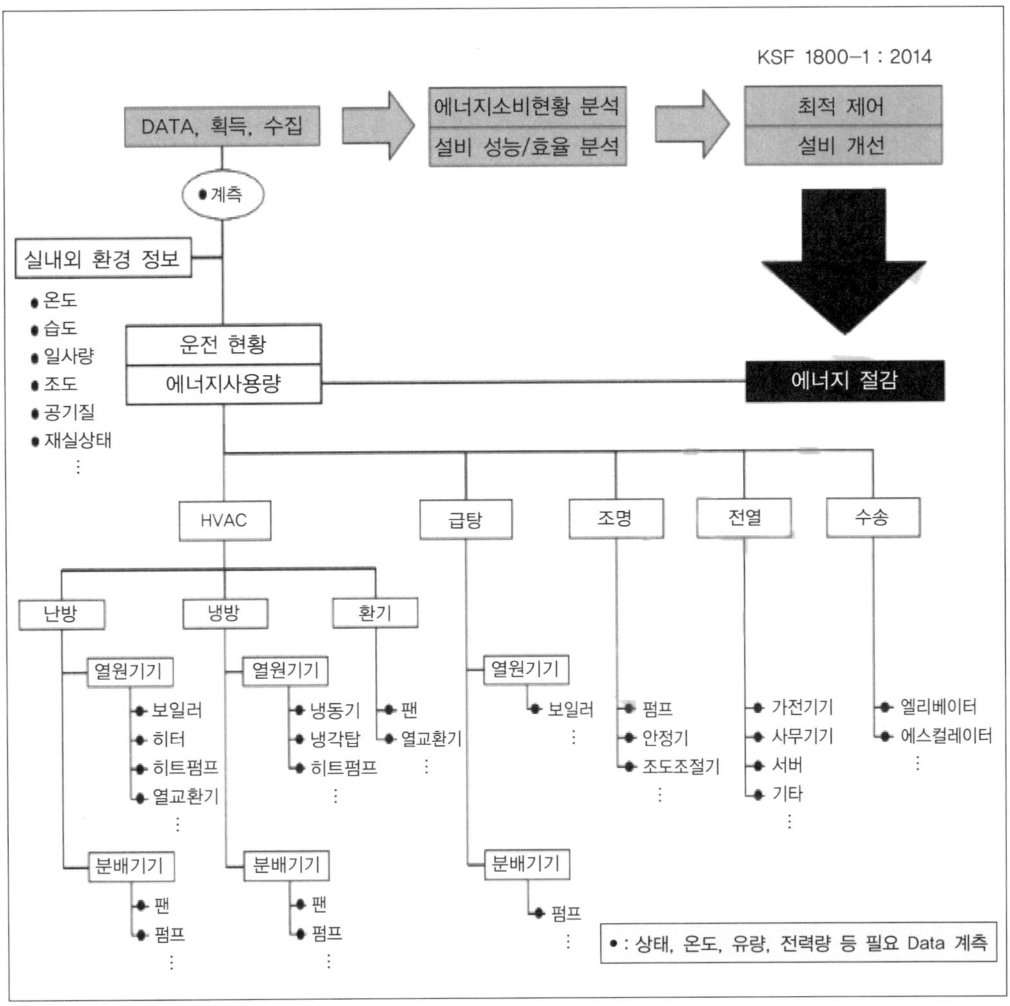

출처 : 국가표준인증 통합정보시스템 KS F 1800-1(2014)

2.9 태양광 발전설비 계획

1) 태양광 발전 시공 프로세스

구분	신재생에너지(태양광) 가이드라인
프로세스	신재생에너지(태양광) 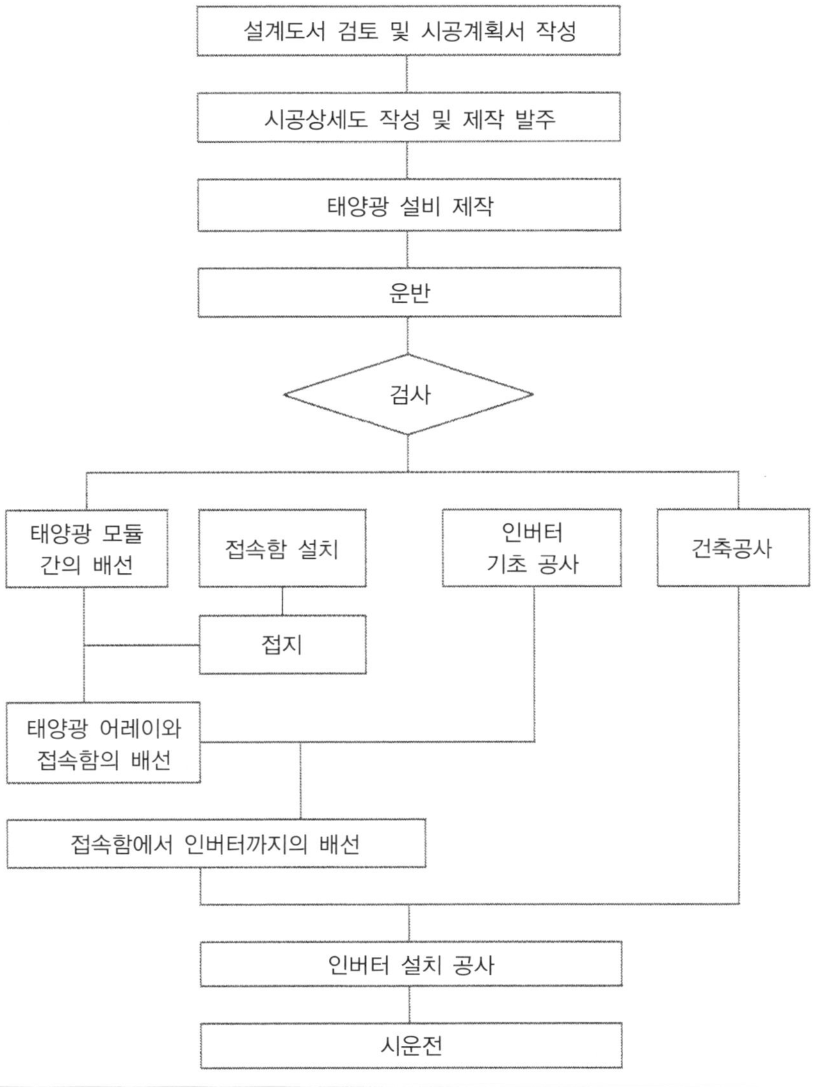 ※ 신·재생에너지 설비의 지원 등에 관한 지침 : [별표 1-1] 신재생에너지 설비 월별 시공 가이드라인 참고

STEP 1	운반 · 반입

시공 · 품질 Check point

- 주요 설비 및 자재 운반 시 충격이 가해지지 않도록 기구 단위별로 포장하여 반입해야함 - 설비는 현장 반입 후 우수 등에 젖지 않도록 보관해야함 - 양중 장비 등을 이용하여 공사장 안으로 자재를 반입하는 경우를 대비하여 절연전선 또는 전력케이블 보호관을 설치해야함 - 기기는 설치하기 전에 보관이나 운반 중의 먼지, 이물 등을 깨끗이 청소하여야 하며 또 기기의 외관을 점검하여 파손 등 기타 이상 유무를 확인해야함	 자재 현장 반입

STEP 2	설치 전

시공 · 품질 Check point

- 가설 비계 또는 안전 발판 등을 설치하여 옥상에서의 작업을 시작하도록 하여 안전을 확보해야함	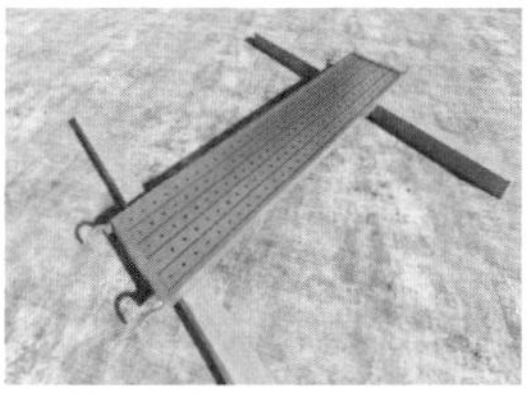

STEP 3	지지대 설치

시공 · 품질 Check point

- 태양광설비 지지대(태양광모듈의 고정부위 및 지면, 건물 등과 고정되는 부분 포함)는 현행 건축구조기준(국토교통부고시)에 따른 자중, 적재하중, 적설하중, 풍하중 등을 포함한 구조하중 및 그 밖의 진동과 충격에 대한 안전성이 확보되도록 설계 및 설치해야함	 태양광 지지대

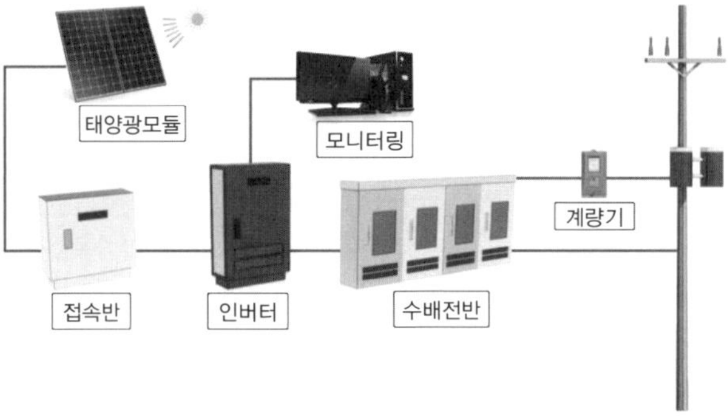

STEP 4	태양광발전 모듈

시공 · 품질 Check point

1) 방위각
   그림자의 영향을 받지 않는 곳에 정남향 설치를 원칙으로 하여 가능한 정남향 방향으로 설치하도록 하며, 설치장소의 여건상 불가피할 경우 정남향 기준 동쪽 또는 서쪽 방향으로 45℃ 이내에 설치해야함
2) 경사각
   현장여건에 따라 조정하여 설치하되 일반적 최적 경사각인 그 지방의 위도에 가능한 근접토록 하고 일조시간을 같이 고려해야함
3) 태양광설비 설치
   태양광모듈을 설치할 때는 태양광모듈이 지지대에서 이탈하지 않도록 스프링 와셔와 평 와셔를 끼워 단단하게 고정해야함

STEP 5	접속함 설치

시공 · 품질 Check point

1) 커넥터(접속 배선함)
   ① 태양전지판의 프레임은 냉간압연 강판 또는 알루미늄 재질을 사용하고 밀봉 처리하여 빗물 침입을 방지하는 구조이어야 하며, 이를 부착할 경우에는 흔들림이 없도록 고정해야함
   ② 태양전지판 결선 시에 접속 배선함 구멍에 맞추어 압착단자를 사용하여 견고하게 전선을 연결해야 하며, 접속 배선함 연결부위는 일체형의 방수용 커넥터를 사용해야함

접속함

2) 케이스
   접속함의 케이스는 냉간압연 강판, 알루미늄 재질 또는 PC(폴리카보네이트) 또는 동등이상(내열성)의 재질로 된 것을 사용하고 밀봉 처리하여 빗물 침입을 방지함

3) 화재예방조치
   ① 실외에 설치할 경우에는 방진방수등급 IP54 이상의 접속함을 설치해야함
   ② 인버터 발산열로 인한 접속함 내부온도 상승방지를 위해 접속함과 인버터는 다른 선상에 설치하도록 하며, 필요시에는 방열설비를 적용하여 안전성을 확보해야함

4) 낙뢰 방지
   잦은 낙뢰가 예상되는 지역에 설비를 설치하는 경우에는 SPD(Surge Protection Device)를 접속함 내부에 설치하여 낙뢰로부터 시스템을 보호해야함

STEP 6	인버터 설치
시공 · 품질 Check point	
- 인버터는 실내용과 실외용으로 구분하여 설치하여야 하고, 직사광선에 노출되지 않고 환기 원활한 장소에 설치해야함 - 인버터는 사람과 지속적으로 접촉되지 않고, 이동에 방해되지 않는 장소에 설치해야함	

2) 태양전지 모듈 선택 및 계획

① KS 인증을 받은 태양전지 모듈 또는 태양열 집열판 제품인지 확인한다.

② 제품의 규격 및 설치부위 면적을 확인한다.

③ 건물의 형태에 따라 태양전지모듈(PV, PhotoVoltaic System) 또는 일체형 태양전지모듈(BIPV, Building Integrated Photovoltaic System)을 외부 마감재 대신 사용하여 건물 외장재 비용 절감 및 건물 외부경관의 조화로움을 연출 할 수 있도록 계획한다.

PV	BIPV

출처 : 환경에너지공단 (http://blog.energy.or.kr/?p=23610)

출처 : 그린포스트코리아 (http://www.greenpostkorea.co.kr/news/articleView.html?idxno=102961)

3) 계획 시 고려사항

① 태양전지 모듈 또는 태양열 집열판의 방향은 정남향을 원칙으로 계획하고 주변 환경 및 건축물의 형태에 맞게 조절한다.

② 기존 건축물의 지붕이 경사지붕일 경우 지붕경사를 최대한 활용한다.

③ 태양전지 모듈 또는 태양열 집열판에 음영이 생기지 않도록 계획한다.

④ 건축물의 지붕에 설치할 경우 방수층이 깨지지 않도록 설계한다.

⑤ 적설하중 및 구조하중에 견딜 수 있도록 구조안전을 사전에 검토한다.

4) 태양전지 모듈 또는 태양열 집열판의 적정 각도

모듈의 경사각

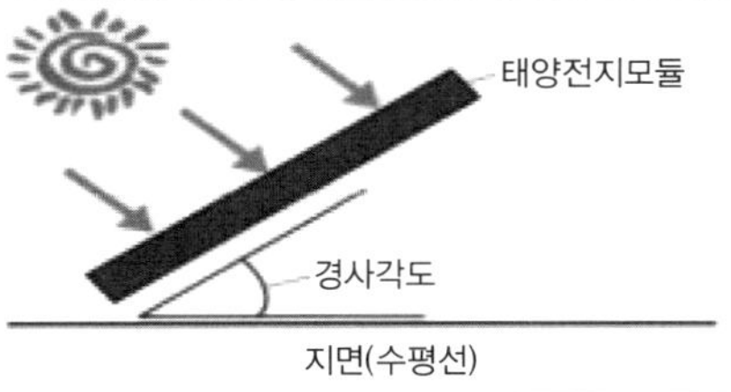

계절별 경사각도	
사계절 고정설치	설치장소의 위도
겨울(각도 조절형)	설치장소 위도 +15도
여름(각도 조절형)	설치장소 위도 -15도

5) 설비구조물 구조안전 검토

태양광 집열판은 기존 건축물에 설치할 경우 자체하중은 물론 풍하중 등 고려해야 할 외부 요인이 많으므로 건축물에 미치는 영향 등 구조안전을 사전 검토하여야 한다.

① 고정하중 : 태양전지 모듈의 질량과 지지물 등의 질량의 합

② 풍하중 : 태양전지 모듈에 가해지는 풍 압력과 지지물에 가해지는 풍 압력의 합

③ 적설하중 : 모듈면의 수직 적설하중

④ 지진하중 : 지지물에 가해지는 수평 지진력

태양광 설비의 개요도

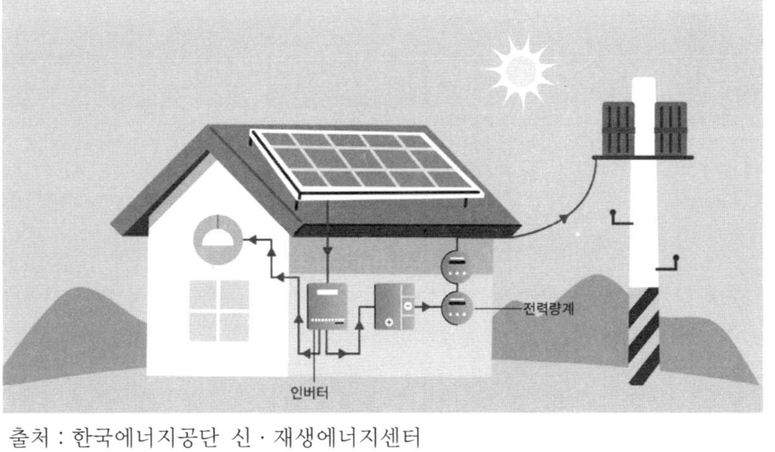

출처 : 한국에너지공단 신 · 재생에너지센터
(ttps://www.knrec.or.kr/biz/korea/intro/kor_solar.do)

6) 체크리스트

구분	검토사항	적용유무	
		Y	N
태양광	KS 인증을 받은 제품 혹은 설계에서 제시한 조건에 적합한 제품을 사용하였는가?		
	태양광 모듈, 태양열 집열판의 규격을 고려하여 계획하였는가?		
	직달 일사에 대한 방해 요소가 있는지?		
	지역별 태양의 고도를 고려하여 계획하였는가?		
	전체적인 건축물과 조화를 이루고 있는가?		
	구조물에 대한 구조안전을 사전 검토하였는가?		

2.10 차열도료(Cool Roof) 시공프로세스

구분	기술 요소별 시공 가이드라인
개요	Cool Roof 공사
프로세스	가설공사 → 바탕면 정리 → 하 도 → 상(중)도 → 품질검사

STEP 1	지붕 표면 청소	
품질관리 항목	품질관리 Check point	현장 점검 Check point
- 바탕면 건조	- TSP를 활용한 표면 청소	- 현장 확인

STEP 2	지붕 표면 균열 정리	
품질관리 항목	품질관리 Check point	현장 점검 Check point
- 관통부, 균열, 이음새	- 지붕 균열 정리 (조인트 실런트, 퍼티 등) - 코팅 및 보강 (노출 및 가장자리, 관통부 부위 등)	- 균열 마감 상태 - 코킹 등 마감 품질 확인

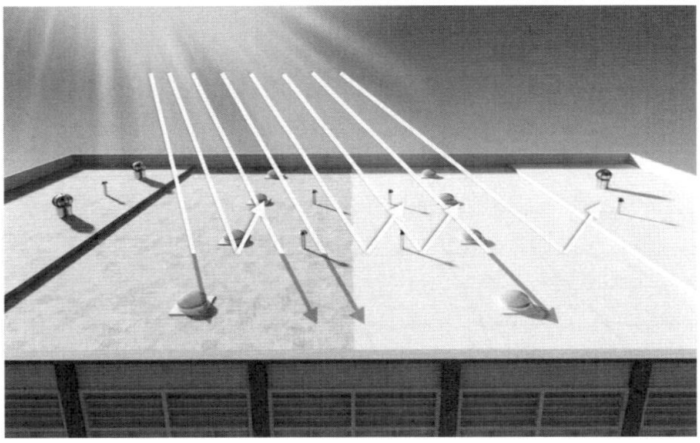

STEP 3	코팅 및 페인트칠	
품질관리 항목	품질관리 Check point	현장 점검 Check point
- 적절한 도구사용	- 실런트 경화 후 코팅 적용 - 지붕 매핑 후 각 페인트 영역표시 - 롤러 접근 불가 부분 넓적하거나 뻣뻣한 붓 사용	- 경화 상태 확인 - 코킹 등 최종 마무리 품질

2.11 대기전력차단 콘센트 설치 기준(에너지절약설계기준)

1) 산업통산부 고시 [대기전력저감프로그램운용규정]에 의한 대기전략저감 우수제품으로 등록된 자동절전제어장치(대기전략차단콘센트 또는 대기전력차단스위치/일괄소등스위치)

2) 공동주택은 거실, 침실, 주방에는 대기 전력자동 차단장치를 1개 이상 설치하여야 하며, 대기전력자동차단장치를 통해 차단되는 콘센트 개수가 거실에 설치되는 전체 콘센트 개수의 30% 이상이 되어야 한다.

3) 공동주택 외의 건축물은 대기전력 자동 차단장치를 설치하여야 하며, 대기전력 자동 차단장치를 통해 차단되는 콘센트 개수가 거실에 설치되는 전체 콘센트 개수의 30% 이상이 되어야 한다. 다만 업무시설 등에서 OA Floor를 통해서만 콘센트 배선이 가능한 경우에 한해 자동절전 멀티탭을 통해 차단되는 콘센트 개수를 산입 할 수 있다.

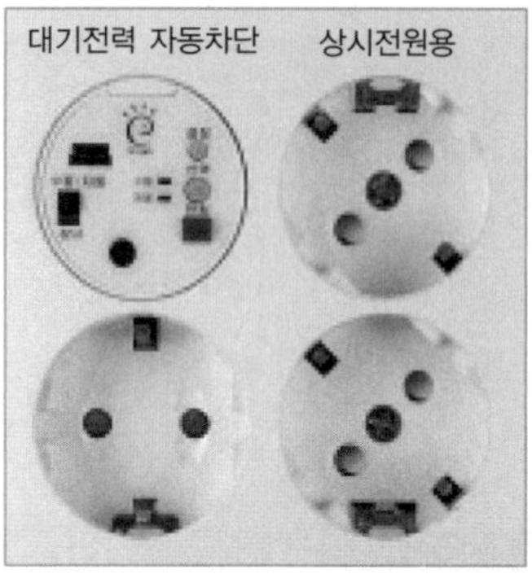

대기전력차단콘센트

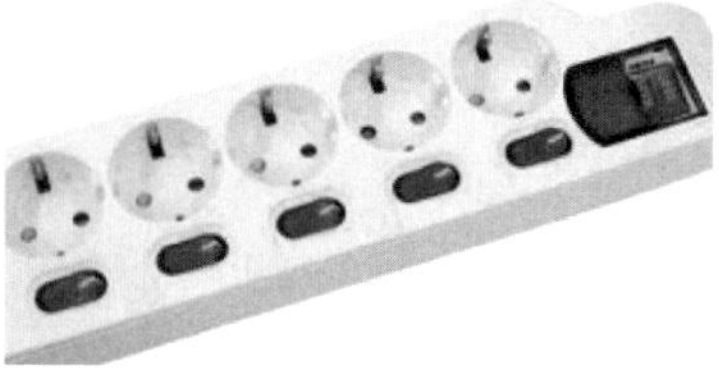
대기전력절전멀티탭

2.12 온수기 설치 시 확인사항

1) 일반사항

① 수전이 직수인지 온수 겸용인지 확인한다.

② 거치를 위한 설치 공간 벽재질을 확인한다.

③ 가스온수기일 경우 LNG 또는 LPG 공급원을 확인한다.

④ 가스온수기의 경우 연도 또는 환기장치 설치를 위해 외부와 직접 면한 벽체의 개구부 확보가 필요하다.

2) 온수기 선택용량

① 15리터 : 간단하게 손을 씻을 수 있는 용량

② 30리터 : 설거지나 1명이 머리를 감을 수 있는 용량

③ 50리터 : 작은 음식점이나 미용실, 한 사람이 샤워할 수 있는 용량

④ 100리터 : 업소용, 어른 2~3명이 샤워할 수 있는 용량

3) 공급방식의 따른 분류

① 상향식 : 수도꼭지 상단에 설치, 온수가 아래로 내려가는 방식

② 하행식 : 수도꼭지 하단에 설치, 온수가 위로 올라가는 방식

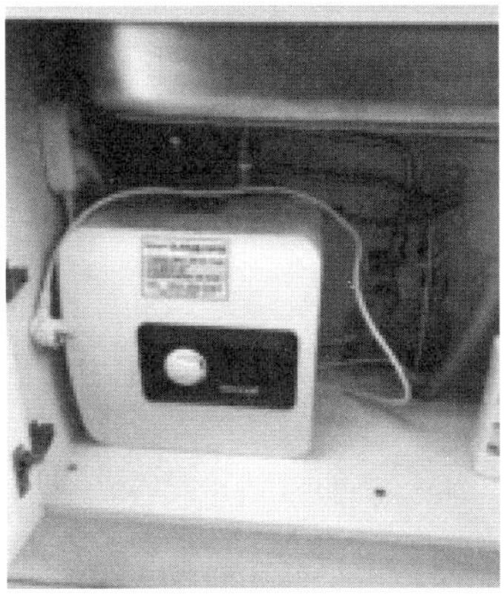

상향식 온수기

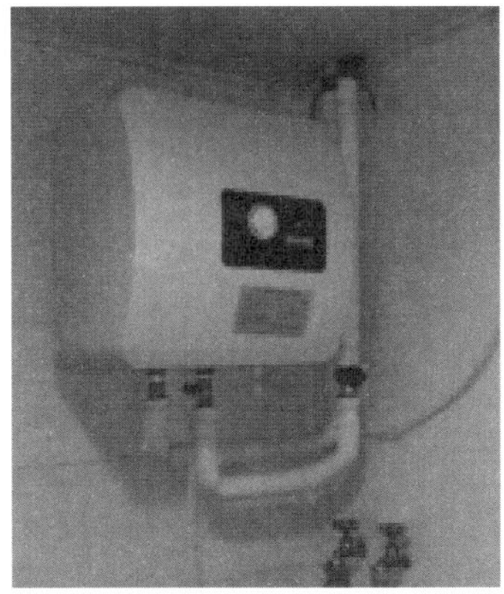

하향식 온수기

2.13 일사조절 차양설비 시공프로세스

구분	일사조절 차양설비 가이드라인
개요	일사조절 차양설비 공사
프로세스	차양도면(설계도서) 확인 차양 설치 위치 구조안정성 확인 구조 안정성 부족 → 보강 공사(철골 등) 구조 안정성 확보 양중 및 고정 설치 검 사

STEP 1	구조체 확인	
품질관리 항목	품질관리 Check point	현장 점검 Check point
-구조 안정성	-벽체의 구조 안정성 (두께, 강도 등)	-현장 확인

STEP 2	앵커 작업	
품질관리 항목	품질관리 Check point	현장 점검 Check point
- 앵커 규격 및 시공 깊이	- 앵커 및 천공 깊이 파악	- 앵커 규격

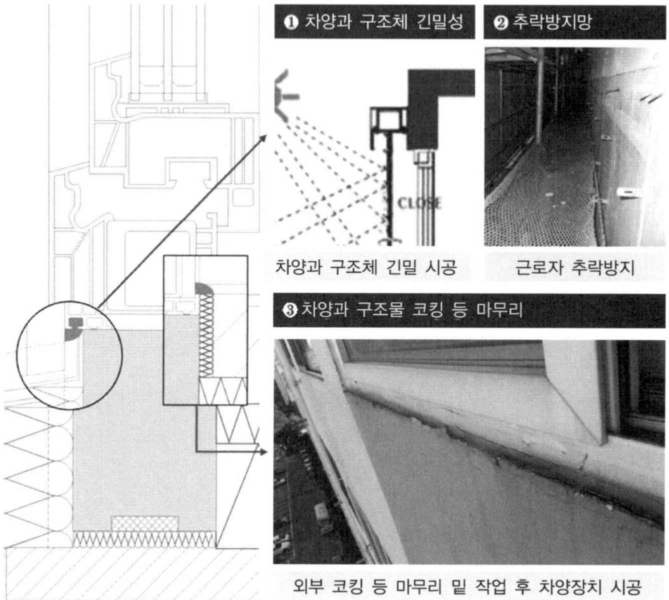

STEP 3	양중 및 차양 설치	
품질관리 항목	품질관리 Check point	현장 점검 Check point
- 적절한 양중 설비 선정 - 근로자 추락 방지 시설 설치 - 근로자 안전보호구 착용 - 차양 설치 정밀성	- 비계 안정성(단단한 지반, 비계 고정 상태 등) - 양중장비 안정성(아웃트리거 위치 등) - 차양과 구조체와의 긴밀성 - 차양 설치 앵커의 수량 및 천공 깊이 등 - 차양과 구조물과의 코킹 등 최종 마무리	- 비계 및 양중 장비 안정성 확인 - 차양설치를 위한 앵커 등 구조적 안정성 확보 유무 - 코킹 등 최종 마무리 품질

1) 방위별 차양의 설치

① 일반사항

차양은 주로 입사 에너지량이 상대적으로 많은 남·서향에 면하는 개구부 창에 설치하며 방위별 특성에 맞는 차양을 설치하여야 한다.

② 개구부가 남측에 면하는 경우

㉠ 남측으로 들어오는 열에너지는 다른 방위에 비해 상당히 많다. 남측면으로 들어오는 일사로 인해 냉방부하가 발생하기 쉬우므로 차양장치 계획에서의 남측면 차양은 가장 중요하며, 최적의 차양장치 설치 전략이 필요하다.

㉡ 입사각이 높으므로 수직형 보다는 수평형 차양장치가 효과적이다.

㉢ 수평 차양장치 설치 시 창 너비보다 크게 계획해야 효과적으로 일사량을 줄일 수 있다.

㉣ 세로로 가늘고 긴 창일 경우 수평 차양장치가 더 효과적이다.

㉤ 일반적으로 창이 하부부터 차양까지 높이에 0.4~0.5배 정도의 길이가 적당하며 위도에 따라 다소 차이가 있다.

③ 개구부가 동·서측에 면하는 경우

㉠ 동·서측은 남측에 비해 태양의 고도가 낮아 실내 깊이 들어오는 일사가 많으므로 냉·난방부하가 발생하기 쉽다. 또한 일사가 개구부 면의 수직이 아닌 측면으로 들어오기 때문에, 수평차양 장치보다는 수직 차양장치를 사용하는 것이 효과적이다. 일반적으로 동 측면이 석 측면에 비해 발생하는 냉·난방부하량이 적다.

㉡ 남측에 비해 태양의 고도가 낮고 일사가 측면에서 들어오기 때문에 수직 차양장치를 계획하는 것이 효과적이다.

㉢ 수직 루버 차양의 경우 루버의 개수를 분할할수록, 태양광이 유입되는 방향과 수직일 때 효과적이다.

㉣ 입사각에 따라 조절할 수 있도록 차양장치를 계획해야 한다.

④ 개구부가 북측에 면하는 경우

북측은 일사가 직접 도달하지는 않고 산란광을 통해 실내로 유입하기 때문에 차양장치를 통한 냉·난방부하 절감 효과가 다른 면에 비해 적다.

2) 가동형 차양의 설치위치 따른 SHGC(태양열취득률)

유리 내측에 설치	유리와 유리사이에 설치	유리 외측에 설치
0.88	0.5	0.34

2.14 석면제거 및 해체공사

1) 석면제거

일반사항 : ㉠ 석면조사는 [산업안전보건법], [석면안전보건법]의 관련법규에 의거하여 실시하여야 하며, 사업추진 단계에서 반드시 조사 및 철거 비용을 고려한다.

㉡ 관련 규정에 의해 지정된 석면조사기관에 의한 조사를 실시하여 석면철거 필요부위를 확인한다.

2) 석면건축물 관리

① 석면건축자재가 존재할 경우 해당 자재의 해체·제거가 이루어지지 않고 존치되는 경우에는 지속적인 관리를 하여 석면에 노출될 수 있는 가능성을 최소화하여야 한다.

② 석면조사 시 실시한 위해성 평가를 토대로 산출된 위해성평가 점 및 등급에 따라 적절한 조치방법을 마련하여 실시한다.

위해성 등급	판단 기준	조치방법
높음	20 이상	• 석면함유 건축자재의 손상이 매우 심한 상태 - 해당 건축자재를 제거, 다만, 제거하지 않고도 인체영향을 완벽히 차단할 수 있다면 해당 구역 폐쇄 또는 해당 건축자재 밀봉 - 보온재의 경우, 보온재를 완벽하게 보수할 수 있다면 보수 - 제거가 아닌 폐쇄, 밀봉 또는 보수를 한 경우에는 해당 건축자재를 지속적으로 유지·관리 - 석면함유 건축자재의 해체·제거 시 석면의 비산방지 및 격리 조치
중간	12~19	• 석면함유 건축자재의 잠재적인 손상 가능성이 높은 상태 - 손상에 대한 보수 - 손상위험에 대한 원인제거 - 필요 시 해당 지역에 대한 출입금지하거나 폐쇄 - 석면함유 건축자재의 해체·제거 시 석면 비산방지 조치 수립 - 보수하여도 잠재적인 석면노출 위험이 우려될 경우 제거 조치

낮음	11 이하	• 석면함유 건축자재의 잠재적인 손상 가능성이 있는 상태 – 비산성과 손상이 동시에 있는 경우 손상에 대한 보수 – 석면함유 건축자재 또는 설비에 대한 지속적인 유지관리 – 석면함유 건축자재 또는 설비가 손상되었을 경우 즉시 보수 – 전기공사, 배관공사 등 건축물 유지보수 공사 시 석면함유 설비 또는 자재가 훼손되어 석면이 비산되지 않도록 작업 수행

3) 석면 해체 · 제거 공사

① 석면해체 · 제거를 업으로 하려는 자는 대통령령으로 정하는 인력 · 시설 및 장비를 갖추어 고용노동부장관에게 등록하여야 한다.

② 기관석면조사 대상인 건축물이나 설비에 대통령령으로 정하는 함유량과 면적(50㎡) 이상의 석면이 포함되어 있는 경우 해당 건축물 · 설비소유주 등 석면해체 · 제거업자로 하여금 그 석면을 해체 · 제거하도록 하여야 한다.

연습문제

Exercises

연·습·문·제

1. 대수선형 리모델링의 설명으로 적합하지 않은 것은?

① 공사비가 적게 든다.
② 소형 평형의 경우에 적합하다.
③ 공기가 빠르다.
④ 면적을 증가시키지 않고 주거성능을 개선하는 방법이다.

2. 도시 생애주기 흐름 중 지가가 하락되고 건물의 경제적 내구년수가 경과하여 노후화되어 재개발이 새로운 잠재시기가 되는 단계는?

① 성숙기　　② 쇠퇴기
③ 천이기　　④ 악화기

3. 다음 빈 칸에 들어갈 말은?

건축물의 사회적 수명이란 시대변화와 사회적 요구성능이 높아짐에 따라 건축물 내부의 기능, 즉 전기설비, 마감재 등의 수명이 다하여 교체·수선하기 위한 수명을 말하며, 일반적으로 (　　　　)으로 보고 있다.

① 5년~10년　　② 10년~15년
③ 15년~20년　　④ 20년~25년

4. 90년대 아파트 구조형태별 리모델링 특성과 분석에 관한 설명으로 옳지 않은 것은?

① 구조는 기둥과 보 없이 가로, 세로벽과 바닥으로 건물을 구성한 구조
② 층고를 낮게 하여 높은 건물의 시공이 가능하고 내부 평면 변경의 한계는 있지만 가변성이 용이함
③ 리모델링시 내력벽의 부분 철거 후 구조보수·보강이 필요하므로 공사비가 증가하여 유지관리형 리모델링이 권장됨

④ 투자수단의 리모델링은 선택적으로 이루어지고, 유지관리형의 리모델링은 사업성이 거의 없는 형태이므로 국가의 간접적 지원(세제, 금융 등)이 필요한 리모델링이라고 봄

5. 공동주택 리모델링사업은 사업유형별 방안으로 대수선형, 증축형, 멀티형이 있다. 이 중 대수선형에 대한 장 · 단점에 관한 설명으로 옳지 않은 것은?

① 주거만족도 높음　　② 저렴한 공사비
③ 공사기간 단축　　④ 전용면적 미흡

6. 공동주택 리모델링 사업유형 중 세대구분형에 해당되는 것은?

① 전용면적 없이 설비교체가 용이하다.
② 저렴한 공사비와 공사기간이 단축된다.
③ 전용면적 증가와 내부마감이 변경된다.
④ 대형평형에 유리하며 수익창출이 가능하다.

7. 공동주택 사업유형 중 복도식을 계단실형으로 변경이 가장 용이한 형식은?

① 대수선형　　② 증축형
③ 세대구분형　　④ 복도갱신형

8. 수직증축형 리모델링 관련법 설명 중 옳게 설명한 것은?

① 14층 이하 2층, 15층 이상은 3층까지 가능하다.
② 전문기관에서 구조설계에 대한 안전성 검토는 3회 실시한다.
③ 세대분리형 가능범위는 전체가구수의 1/2까지 허용한다.
④ 세대를 늘릴 수 있는 면적은 면적과 관계없이 30%로 정해져 있다.

9. 기존 단지세대수가 600세대이며 15층인 공동주택을 증축 리모델링 할 경우 일반분양 최대 허용세대수와 수직증축 허용범위가 맞게 짝지어진 것은?

① 60세대, 2층　　② 60세대, 3층
③ 90세대, 2층　　④ 90세대, 3층

10. 수직증축형 리모델링을 하기 위하여 건축심의를 요청하면 진행되는 절차로 증축범위의 적정성 등을 확인하기 위한 절차는?

① 1차 안전진단　　② 1차 안전성검토
③ 2차 안전진단　　④ 2차 안전성검토

11. 리모델링 사업추진 과정 중 조합설립을 위한 동의요건은?

① 단지전체 2/3, 동별소유자 1/2 이상 동의
② 단지전체 3/4. 동별소유자 2/3 이상 동의
③ 단지전체 1/2, 동별소유자 2/3 이상 동의
④ 단지전체 2/3. 동별소유자 3/4 이상 동의

12. 리모델링과 재건축의 비교 중 맞는 것은?

① 리모델링과 재건축 모두 인허가 동의요건은 동별 1/2, 전체 2/3이다.
② 리모델링은 도시 및 주거환경 정비법, 재건축은 주택법에 근거한다.
③ 리모델링은 준공 후 15년, 재건축은 준공 후 30년이 경과가 되어야 한다.
④ 리모델링은 기존세대수 10% 이내, 재건축은 15% 이내에서 시행한다.

13. 공동주택 리모델링 증축기준에 옳은 설명은?

① 사용검사일로부터 30년 이후 증축가능하다.
② 증축범위는 전용면적 85㎡ 미만인 경우 30% 이내로 증축이 가능하다.
③ 기존세대수의 15% 이내에서 증축이 가능하다.
④ 15층 이상 최대 2개 층, 14층 이하 최대 3개 층 증축이 가능하다.

14. 개발형 리모델링 개념과 사업방식에 대한 설명 중 옳지 않은 것은?

① 수익증대 목적의 리모델링은 건물의 성능을 향상시키고 용도를 변경함으로써 가능하다.
② 리모델링 사업은 중소업체보다는 대기업들이 접근하기 쉽다.
③ 개발형 리모델링의 목적은 기존 건물이 너무 낡아 임대가 잘되지 않을 때, 또는 현재보다 건물의 가치를 향상시켜 수익성을 올리기 위한 것이다.

④ 리모델링 시장은 부동산 경기의 영향을 크게 받으므로 부동산 경기침체 시에는 리모델링사업 역시 사업성이 떨어져 시장이 위축될 수 있다.

15. 다음 빈 칸에 순서대로 들어갈 말은?

건축물에 발생하는 에너지는 국가 전체 에너지의 1/3, 자원소비의 40%, 이산화탄소 배출의 ( ), 폐기물의 40%를 발생시킨다. 이에 친환경, ( ) 리모델링의 요구가 높다.

① 40%, 생태적 ② 50%, 생태적
③ 40%, 유지관리형 ④ 50%, 유지관리형

16. 리모델링 마케팅 환경에 대한 설명 중 옳지 않은 것은?

① 리모델링 마케팅 환경은 자연환경, 경제환경, 정치환경, 그리고 사회환경으로 구분할 수 있다.
② 대규모 시설물을 지을 때 주변에 미치는 환경적 영향을 평가하는 '환경영향평가제'도 이러한 리모델링 마케팅의 환경적 요인중 하나인 자연환경에 속한다.
③ 리모델링 마케팅도 특정 시점의 경제구조와 경기변동 상황에 따라 영향을 받는다.
④ 정치, 행정적 환경은 리모델링 마케팅에 비교적 적은 영향을 미친다.

17. 다음 빈 칸에 순서대로 들어갈 말은?

민간 부문의 리모델링 수주는 주로 소개에 의한 지명경쟁을 통하여 이루어지는데, 구체적으로 (㉠)방식과 (㉡)방식 중 한 가지로 추진된다, 이 중 (㉡)방식이 보다 많이 활용되고 있는 편이다.

① ㉠ 사업제안 ㉡ 적격심사
② ㉠ 적격심사 ㉡ 사업제안
③ ㉠ 적격심사 ㉡ 가격경쟁
④ ㉠ 가격경쟁 ㉡ 사업제안

18. 리모델링 마케팅 전략 중 신혼가구, 독신가구, 3세대 동거가구 등 가구별 특성에 따른 리모델링 상품의 수요를 예측할 수 있는 방법은?

① 시장세분화(Segmentation)

② 표적시장(Target Market)
③ 포지셔닝(Positioning)
④ 특화 마케팅(Special Marketing)

19. 기업이 마케팅 목표에 따라 설정한 시장 표적에 마케팅 활동을 집중시키기 위해 사용하는 모든 투입변수 등을 해당 기업의 환경과 상황에 맞게, 그리고 마케팅 효과가 최대화될 수 있도록 구성하는 마케팅 전략은?

① 마케팅믹스(4Ps) 전략
② 포지셔닝(Positioning) 전략
③ 표적시장(Target Market) 선정 전략
④ 시장세분화(Segmentation) 전략

20. 개발형 리모델링의 시대별 트렌드 변화로 옳지 않은 것은?

① 상품 중시 → 소비자 중시 → 가치 중시 → 상생 중시
② 제품 → 차별화(디자인) → 가치 중시
③ 고객만족 → 고객감동 → 고객상생 → 고객관계
④ 판매 → 분양 → 스토리텔링

21. 그린리모델링(Green Remodeling)사업에서 민간이자 지원사업 대상공사에 해당되지 않는 것은?

① 건물단열 향상
② 건축물 구조체 보강
③ 신재생에너지 공사
④ 에너지 성능개선공사와 연관된 부대공사

22. 공동주택 리모델링 사업에 필요한 자금의 종류에 해당하지 않은 것은?

① 사업비　　② 공사비
③ 이주비　　④ 등록비

23. 대출에 대한 담보가치비율인 LTV 산정식에 영향을 미치는 요인이 아닌 것은?

① 임차보증금

② 주택가격

③ 주택담보 대출금액 연간 원리금 상환액

④ 선순위채권

24. 다음이 설명하고 있는 금융조달 규제는?

소득에 의한 대출금 상환비율을 정한 것으로 연간소득 대비 연간대출원리금 상환액의 비율을 발하며, 이를 총부채상환비율이라 한다.

① DTI(Debt To Income ratio)

② LTV(Loan To Value ratio)

③ DRR(Day Reverse Repo Rate)

④ DSR(Debt Service Ratio)

25. 대수선형 리모델링의 설명으로 적합하지 않은 것은?

① 공사비가 적게 든다.

② 발코니 면적이 커지고 채광과 통풍에 유리한 구조이다.

③ 공기가 빠르다.

④ 면적을 증가시키지 않고 주거성능을 개선하는 방법이다.

26. 도시 생애주기 흐름 중 지가상승의 현상이 나타나고 이주민의 손바뀜이 활발하며 재개발 재건축을 통한 새로운 성장기의 단계는?

① 악화기　　② 천이기

③ 쇠퇴기　　④ 성숙기

27. 다음 중 국내 리모델링 개발사업의 시장 전망 요소로 옳지 않은 것은?

① 노후 건축물의 재고 증가　　② 건물의 사회적 노후화

③ 재건축에 비해 비용증가　　④ 정부의 정책적 지원 강화

28. 국내 부동산 자산시장 구조에 대한 다음 설명 중 알맞지 않은 것은?

① 부동산 시장의 기능은 크게 공간시장과 자산시장으로 나눌 수 있다.

② 공간시장에서 부동산 자체의 수요와 공급에 의해 부동산 가격이 결정되는 반면 자산시장에서 임대료가 결정된다.

③ 공간시장, 자산시장, 개발시장은 동시적으로 균형을 이룬 상태일 경우 부동산 시장 전체가 균형상태에 있을 수 있다.

④ 공간시장이 불균형상태라면 자산시장과 개발시장이 균형상태에 있다 하더라도 부동산시장 전체는 불균형상태에 있다고 할 수 있다.

29. 건축물의 노후 수명 중 시대의 변화와 사회적 요구성능이 높아짐에 따라 전기설비, 마감재 등 건축물 내부 기능의 수명이 다하여 교체 · 수선하기 위한 수명은?

① 건축물의 구조적 수명

② 건축물의 사회적 수명

③ 건축물의 물리적 수명

④ 건축물의 경제적 수명

30. 콘크리트 구조물의 법적 내구수명에 대한 설명 중 옳은 것은?

① 콘크리트 구조물의 법적 내구수명에는 구조적 수명, 사회적 수명, 경제적 수명이 있다.

② 콘크리트 구조물의 구조적 수명이 남아있더라도 사회적 수명이 다하면 재건축하는 것이 환경적으로 이익이다.

③ 우리나라 콘크리트 구조물의 구조적 내력 수명은 150년 이상이다.

④ 콘크리트 구조물의 구조적 수명과 사회적 수명은 대부분 일치한다.

31. 건축물의 노후수명 중에서 시대의 변화와 사회적 요구성능이 높아짐에 따라 건축물의 내부의 기능, 즉 전기설비, 마감재 등의 수명이 다하여 교체·수선하기 위한 수명을 말하며, 일반적으로 15~20년으로 보고 있는 것은?

① 건축물의 사회적 수명

② 건축물의 경제적 수명

③ 건축물의 물리적 수명

④ 건축물의 구조적 수명

32. 공동주택 리모델링 사업 유형 중 세대구분형에 대한 설명으로 옳지 않은 것은?

① 1~2인 가구 임대가 가능하여 수익창출이 가능하다.

② 대형 평형에 유리하다.

③ 주차문제가 발생한다.

④ 복도식을 계단실형으로 변경하기에 좋은 리모델링 유형이다.

33. 공동주택 리모델링 사업유형 중 세대구분형에 해당되는 것은?

① 전용면적 증가 없이 설비교체가 용이하다.

② 저렴한 공사비와 공사기간이 단축된다.

③ 전용면적 증가와 내부마감이 변경된다.

④ 대형평형에 유리하며 수익창출이 가능하다.

34. 공동주택 리모델링 증축기준에 대해 옳은 설명은?

① 사용검사일로부터 20년 이후 증축이 가능하다.

② 증축범위는 전용면적 85㎡ 미만인 경우 40% 이내로 증축이 가능하다.

③ 증축 세대수는 기존 세대수의 1/3 범위 내에서 증축이 가능하다.

④ 15층 이상 최대 2개 층, 14층 이하 최대 3개 층 증축이 가능하다.

35. 개발형 리모델링 사업 추진방식 중 시공업체가 직접 사업주체가 되어 리모델링을 추진하는 방식은?

① 단순도급방식 ② 리스크 분담 사업 방식

③ 특수도급방식 ④ 개발사업방식

36. 친환경 생태적 리모델링의 특징 중 건축재료와 관련하여 고려해야 할 사항으로 옳지 않은 것은?

① 거주자의 안녕 및 건강에 미치는 효과

② 다양한 지역에서 생산되는 재료 사용

③ 재생가능성 및 재활용 가능성

④ 재료 이용의 적절성

37. 친환경, 생태적 리모델링에 관한 설명으로 옳지 않은 것은?

① 남향에 면한 공기의 선룸(sunroom)화
② 주거기능 및 설비의 노후화 개선에 있어서 환경부하를 최소화함
③ 동력·전력에너지를 최대한 이용함
④ 자연 외기에 면한 공간의 발코니 설치

38. 친환경적 생태적 도시재생 리모델링에 관한 설명으로 옳지 않은 것은?

① 건축물 외관에 벽면녹화 등 식물소재를 이용하여 에너지절감 효과 및 자연 요소를 도입한다.
② 가급적 해당 지역에서 생산되는 재료를 사용한다.
③ 에너지 절약을 위해 어두운 색채로 마감한다.
④ 주이용 에너지원으로 자연에너지를 최대로 이용한다.

39. 다음 리모델링 마케팅 환경 중 리모델링 마케팅에 영향을 미치는 가장 강력한 환경적 요인은?

① 자연환경 ② 경제환경
③ 정치환경 ④ 사회환경

40. 리모델링 사업의 수주와 관련한 특성으로 틀린 것은?

① 리모델링 수주 분야는 대체로 민간분야의 상업용 건물이 주류를 이루고 있다.
② 리모델링 수주는 업체의 체계적인 전략보다는 지인 등을 통한 소개가 주류를 이루고 있다.
③ 리모델링 수주는 사업제안 능력이 핵심적 관건이 되고 있다.
④ 리모델링 수주시 핵심경쟁력은 마케팅 전략과 판매능력이다.

41. 마케팅의 측면에서 리모델링 사업의 특성으로 옳지 않은 것은?

① 리모델링의 수주는 소개에 의한 지명경쟁으로 이루어진다.
② 입소문 마케팅(Buzz marketing)의 중요성이 크다.
③ 사후서비스가 중요하게 작용한다.
④ 도급방식보다는 자체 개발 방식으로 사업을 추진하는 업체가 대부분이다.

42. 리모델링 마케팅 기본전략 중에서 자사 제품이 경쟁사 제품과는 다른 차별화된 특징을 보유하고 있음을 고객에게 인지시키기 위한 과정을 설명하는 전략은?

① 시장세분화(Segmentation) 전략
② 표적시장(Target Market) 선정 전략
③ 포지셔닝(Positioning) 전략
④ 마케팅믹스(4Ps) 전략

43. 기업이 마케팅 목표에 따라 설정한 시장 표적에 마케팅 활동을 집중시키기 위해 사용하는 모든 투입변수 등을 해당 기업의 환경과 상황에 맞게, 그리고 마케팅 효과가 최대화될 수 있도록 구성하는 마케팅 전략에 속하는 전략으로 옳지 않은 것은?

① 시장세분화(Segmentation)전략
② 가격(Price)전략
③ 유통채널(Place)전략
④ 촉진(Promotion)전략

44. 다음은 마케팅 정보 전략의 패러다임 변화를 나타내고 있다. 과거와 현재의 마케팅 목표와 전략의 변화 중 옳지 않은 것은?

① 마케팅 목표 : 고객점유율 마케팅 → 시장 점유율 마케팅
② 마케팅 전략 : 대중 표적 마케팅 → 일대일 마케팅
③ 마케팅 과정 : 거래량 마케팅 → 고객관계마케팅
④ 마케팅 전달 : 단방향 마케팅 → 양방향 마케팅

45. 리모델링 금융제도 중 그린리모델링(Green Remodeling)사업에서 공공시범사업의 지원 내용에 해당되지 않는 것은?

① 기존 건축물 현황파악 및 분석
② 건물단열 향상
③ 에너지 성능개선 사업 기획
④ 사업 타당성 검토

46. 리모델링의 금융조달 방법에 대한 설명 중 옳지 않은 것은?

① 메자닌 금융은 투자자의 보호 장치로 활용하거나 다양한 투자자금을 끌어들이기 위해 사용된다.

② 집단대출은 일정 자격요건을 갖춘 특정집단의 차주를 대상으로 일괄승인에 의해 취급되는 여신을 말한다.

③ 주택담보대출은 부동산의 전형적인 부채금융방식으로 저당금융과 신탁금융이 있다.

④ 리모델링 사업은 제3자의 투자를 받는 것이 어렵기 때문에 건축물 소유자 또는 조합원의 사적 재산을 사업에 투자해야만 이루어진다.

47. 리모델링 관련 일반 융자 상품 중 일정 자격요건을 갖춘 특정집단의 차주를 대상으로 일괄 승인에 의해 취급되는 여신을 말하는 것은?

① 주택담보대출　　② 집단가계담보대출

③ 사업비대출　　④ 프로젝트파이낸싱

48. 독립된 프로젝트로부터 발생하는 미래 현금흐름을 상환재원으로 자금을 조달하는 금융기법으로 대출된 기업 전체의 담보나 신용에 근거하여 자금을 조달하는 기존의 기업금융과 구별되는 금융기법은?

① 주택담보대출　　② 사업비대출

③ 프로젝트 파이낸싱　　④ 수선금융대출

49. 다음 중 공동주택 리모델링 사업에 필요한 자금인 이주비에 대한 설명이 아닌 것은?

① 조합관리 및 업무추진을 위한 운영비가 포함된다.

② 조합원 집단으로 조달되는 개인주택자금이며, 주택담보대출이다.

③ 집단대출로 금리 등에서 유리하다.

④ 조합원이 이주할 때 필요한 자금으로 공사기간 동안 타 주택에 임시 거주하는데 필요한 가계자금이다.

50. 공동주택 리모델링 금융에서 이주비 대출 등 금융흐름에서 각 단계에 대한 설명으로 틀린 것은?

① 이주비 대출은 공사기간동안 거주를 위한 이주비를 조합원 소유토지 및 건물에 근저당권을 설정하고 조합원 명의로 대출하는 것을 말한다.

② 공사비 대출은 공사계획 확정 후 시공사 앞으로 대출하는 것을 말한다.

③ 사업비 대출은 조합 앞으로 대출하되, 조합은 사업비 부담금을 조합원으로 안분한다.

④ 주택담보대출은 조합원 개인별 이주비, 공사비, 사업비를 장기대출로 전환하는 것을 말한다.

51. 주택을 담보로 대출 취급시 해당 담보가치에 대한 대출취급가능금액 비율을 말하며 담보대출을 취급하는 하나의 기준이 되는 것은?

① DTI (Debt To Income Ratio)

② LTV (Loan To Value Ratio)

③ DSR (Debt Service Ratio)

④ IMF (International Monetary Fund)

52. 공동주택 리모델링 금융조달에 대한 내용으로 맞지 않는 것은?

① 집단대출제도를 활용하면 금리조건 등이 유리할 수 있다.

② 공동주택 리모델링 이주비 지급 절차는 조합원 입장에서 다른 대출보다 복잡하다.

③ 주택담보대출 금리는 변동금리방식과 고정금리방식 및 변동과 고정을 혼합한 혼합형방식 등이 있다.

④ 집단대출은 DTI 규제에서 자유롭다.

53. 다음 빈 칸에 공통으로 들어갈 말은?

(   )는 어떤 지역이 물리, 사회, 경제기능을 다하기까지 성쇠현상을 나타내는 연한을 말한다. (   )에 의하면 도시는 시간이 흐름에 따라 성장기, 성숙기, 쇠퇴기, 천이기, 악화기를 거친다.

54. 다음 빈 칸을 채우시오.

건물 생애비용에서 유지관리운영비가 차지하는 비중은 83.2% 정도이며, 이를 절감할 수 있는 대안으로 (　　　　　　)이 새로운 시장 영역으로 고려될 필요가 있다.

55. 다음 빈 칸을 순서대로 채우시오.

철근콘크리트 구조물은 시간이 경과하여 오랜 기간이 지나게 되면 대기중에 탄산가스(CO_2)와 화학반응을 일으켜 (　①　)을 잃고 (　②　)되어 콘크리트 속의 철근을 부식시킴으로써 콘크리트가 균열하여 물리적 수명을 다하게 된다.

56. 리모델링 마케팅 기본전략 중 하나로 자사 제품과 경쟁사 제품과 다른 차별화된 특징을 보유하고 있음을 고객에게 인지시키는 전략은?

57. 다음은 무엇에 대한 정의인가?

개발형 리모델링의 마케팅에 사용되는 전략 중 하나로 상품의 기능을 따분하게 설명하는 것이 아니라 상품에 담겨 있는 의미나 개인적인 이야기를 제시함으로써 상품에 대한 몰입과 재미를 불러일으키는 마케팅 기법

58. 다음은 무엇에 대한 정의인가?

쾌적하고 건강한 거주환경을 제공하기 위하여 에너지 효율을 높이고, 온실가스 배출을 낮추며 기존 노후 건축물의 가치를 향상시키기 위한 것을 목표로 하는 리모델링 방식

59. 다음 빈 칸에 공통으로 들어갈 말은?

> (　　　　　)이란 독립된 프로젝트로부터 발생하는 미래 현금흐름을 상환재원으로 자금을 조달하는 금융기법을 말한다. (　　　　　)은 금융기관 위주에서 추진되어 해당 프로젝트에 대한 시공사의 보증이 용이하고, 리스크가 많지 않다고 판단되는 신규 분양형 사업 위주이다.

2024 RMP교재개편 집필위원

정용식
- 건국대학교 건축공학과 졸업
- 건축공학박사 (재건축과 리모델링)
- 건축시공기술사
- 건설기술교육원 전임교수
- '건축리모델링 계획과 실무' 저자
- (사)한국리모델링협회 리모델링사업관리사(RMP) 과정 전문강사

이근수
- 동국대학교 북한학과 졸업 (정치 학사)
- 이촌동 현대아파트리모델링주택조합 조합장
- 서울시 리모델링주택조합협의회 수석부회장
- 전 하나은행지점장

민현준
- 한양대학교 건축공학과 졸업
- 건축사/(주)잘그린건축연구소 대표
- 서울특별시 녹색건축 자문위원, BRP 융자심의위원
- 남양주시 건축위원회 위원
- 경기도 공동주택 리모델링 자문위원
- 한국건설기술연구원 녹색건축인증 전문위원
- 국토안전관리원 그린리모델링 심의위원회 위원
- 공공건축물 그린리모델링 지역거점 플랫폼 사업 기술자문위원

리모델링 사업

2024년 3월 15일 1판 1쇄 인쇄
2024년 3월 25일 1판 1쇄 발행

저 자	사단법인 한국리모델링협회
발 행 인	전 혜 자
발 행 처	예 학 사
주 소	서울시 성동구 무학봉28길 4(5층)
전 화	02) 2296-9333(代)~4
팩 스	02) 2296-9335
출판등록	1994. 4. 2(4-254)
I S B N	978-89-89668-72-5 93540
정 가	17,500원

검인생략